现代水利工程质量监督及检测技术实践

李洪德　杨　鹏　关　衡◎著

吉林科学技术出版社

图书在版编目（CIP）数据

现代水利工程质量监督及检测技术实践 / 李洪德，杨鹏，关衡著. -- 长春 : 吉林科学技术出版社，2023.5
ISBN 978-7-5744-0525-7

Ⅰ. ①现… Ⅱ. ①李… ②杨… ③关… Ⅲ. ①水利工程一质量管理 Ⅳ. ①TV512

中国国家版本馆 CIP 数据核字(2023)第 103803 号

现代水利工程质量监督及检测技术实践

作　　者　李洪德　杨　鹏　关　衡
出 版 人　宛　霞
责任编辑　乌　兰
幅面尺寸　185mm×260mm
开　　本　16
字　　数　376千字
印　　张　16.5
版　　次　2023 年 5 月第 1 版
印　　次　2023 年 5 月第 1 次印刷

出　　版　吉林科学技术出版社
发　　行　吉林科学技术出版社
地　　址　长春市净月区福祉大路 5788 号
邮　　编　130118
发行部电话/传真　0431-81629529　81629530　81629531
81629532　81629533　81629534
储运部电话　0431-86059116
编辑部电话　0431-81629518
印　　刷　北京四海锦诚印刷技术有限公司

书　　号　ISBN 978-7-5744-0525-7
定　　价　100.00 元

版权所有 翻印必究 举报电话：0431-81629508

前　言

水利工程是为控制和调配自然界的地表水及地下水，达到兴利除害的目的而修建的工程，也称为水工程。水是人类生产和生活必不可少的宝贵资源，但其自然存在的状态并不完全符合人类的需要。因此，只有修建水利工程，控制水流，防止洪涝灾害，并进行水量的调节和分配，才能满足人们对水资源的需要。水利工程需要修建坝、堤、溢洪道、水闸、进水口、渠道、渡槽、筏道、鱼道等不同类型的水工建筑物，以实现其目标。随着经济不断向前发展，以及各个领域对水资源的需求量不断增加，直接推动了水利工程建设事业的发展，现阶段我国水利工程施工技术已经得到了有效的更新换代，并且取得了突出成就，但是在水利工程质量监督管理工作开展过程中，还面临着不少突出问题。为了进一步提升水利工程监督质量改革效率，需要根据实际情况了解当前实例工程的质量监督管理体系，根据水利工程质量监管需求，按照新型的质量监督管理条例，构建完善的质量监督管理制度。

水利工程建设是一个十分复杂且系统化的施工工程。因此，建设施工单位须构建一套完善的监督管理机制，保证整个项目工程的施工质量，本书从水利工程监督的基础理论出发，对水利工程质量监督的程序和内容进行了系统描述，然后对水利工程建立质量管理体系做了简单论述，并对质量监督的关键点进行了分析，最后重点就水利工程水工建筑的检测技术和水闸检测技术做了阐述，本书可为水利工程质量检测与管理人员提供参考。

在撰写过程中，笔者引用、参考了很多相关专业教科书、著作、论文等，对列出和未列出的专业教科书、著作、论文等的作者，在此一并表示衷心的感谢。

由于笔者水平有限，加之时间仓促，难免会有疏漏和不足之处，我们诚挚地欢迎广大读者予以批评指正，提出改进意见。

目　录

第一章　水利工程监督管理概述

第一节　工程质量管理的基本概念

水利水电工程项目的施工阶段是根据设计图纸和设计文件的要求，通过工程参建各方及其技术人员的劳动形成工程实体的阶段。这个阶段的质量控制无疑是极其重要的，其中心任务是通过建立健全有效的工程质量监督体系，确保工程质量达到合同规定的标准和等级要求。为此，在水利水电工程项目建设中，建立了质量管理的三个体系，即施工单位的质量保证体系、建设（监理）单位的质量检查体系和政府部门的质量监督体系。

一、工程项目质量和质量控制的概念

（一）工程项目质量

质量是反映实体满足明确或隐含需要能力的特性之总和。工程项目质量是国家现行的有关法律、法规、技术标准、设计文件及工程承包合同对工程的安全、适用、经济、美观等特征的综合要求。

从功能和使用价值来看，工程项目质量体现在适用性、可靠性、经济性、外观质量与环境协调等方面。由于工程项目是依据项目法人的需求而兴建的，故各工程项目的功能和使用价值的质量应满足不同项目法人的需求，并无一个统一的标准。

从工程项目质量的形成过程来看，工程项目质量包括工程建设各个阶段的质量，即可行性研究质量、工程决策质量、工程设计质量、工程施工质量、工程竣工验收质量。

工程项目质量具有两个方面的含义：一是指工程产品的特征性能，即工程产品质量；二是指参与工程建设各方面的工作水平、组织管理等，即工作质量。工作质量包括社会工作质量和生产过程工作质量。社会工作质量主要是指社会调查、市场预测、维修服务等。生产过程工作质量主要包括管理工作质量、技术工作质量、后勤工作质量等，最终将反映在工序质量上，而工序质量的好坏，直接受人、原材料、机具设备、工艺及环境等五方面因素的影响。因此，工程项目质量的好坏是各环节、各方面工作质量的综合反映，而不是单纯靠质量检验查出来的。

（二）工程项目质量控制

质量控制是指为达到质量要求所采取的作业技术和活动，工程项目质量控制，实际上就是对工程在可行性研究、勘测设计、施工准备、建设实施、后期运行等各阶段、各环节、各因素的全过程、全方位的质量监督控制。工程项目质量有个产生、形成和实现的过程，控制这个过程中的各环节，以满足工程合同、设计文件、技术规范规定的质量标准。在我国的工程项目建设中，工程项目质量控制按其实施者的不同，包括如下三个方面：

1.项目法人的质量控制

项目法人方面的质量控制，主要是委托监理单位依据国家的法律、规范、标准和工程建设的合同文件，对工程建设进行监督和管理。其特点是外部的、横向的、不间断的控制。

2.政府方面的质量控制

政府方面的质量控制是通过政府的质量监督机构来实现的，其目的在于维护社会公共利益，保证技术性法规和标准的贯彻执行。其特点是外部的、纵向的、定期或不定期的抽查。

3.承包人方面的质量控制

承包人主要是通过建立健全质量保证体系，加强工序质量管理，严格施行“三检制”（即初检、复检、终检），避免返工，提高生产效率等方式来进行质量控制。其特点是内部的、自身的、连续的控制。

二、工程项目质量的特点

建筑产品位置固定、生产流动性、项目单件性、生产一次性、受自然条件影响大等特点，决定了工程项目质量具有以下特点：

（一）影响因素多

影响工程质量的因素是多方面的，如人的因素、机械因素、材料因素、方法因素、环境因素等均直接或间接地影响着工程质量。尤其是水利水电工程项目主体工程的建设，一般由多家承包单位共同完成，故其质量形式较为复杂，影响因素多。

（二）质量波动大

由于工程建设周期长，在建设过程中易受到系统因素及偶然因素的影响，产品质量产生波动。

（三）质量变异大

由于影响工程质量的因素较多，任何因素的变异，均会引起工程项目的质量变异。

（四）质量具有隐蔽性

由于工程项目实施过程中，工序交接多，中间产品多，隐蔽工程多，取样数量受到各种因素、条件的限制，产生错误判断的概率增大。

（五）终检局限性大

建筑产品位置固定等自身特点，使质量检验时不能解体、拆卸，所以，在工程项目终检验收时难以发现工程内在的、隐蔽的质量缺陷。

此外，质量、进度和投资目标三者之间既对立又统一的关系，使工程质量受到投资、进度的制约。因此，应针对工程质量的特点，严格控制质量，并将质量控制贯穿于项目建设的全过程。

三、工程项目质量控制的原则

在工程项目建设过程中，对其质量进行控制应遵循以下几项原则：

（一）质量第一原则

百年大计，质量第一，工程建设与国民经济的发展和人民生活的改善息息相关。质量的好坏，直接关系到国家繁荣富强、人民生命财产的安全、子孙幸福，所以，必须树立强烈的“质量第一”的思想。

要确立质量第一的原则，必须弄清并且摆正质量和数量、质量和进度之间的关系。不符合质量要求的工程，数量和进度都将失去意义，也没有任何使用价值，而且数量越多，进度越快，国家和人民遭受的损失也将越大。因此，好中求多、好中求快、好中求省，才是符合质量管理所要求的质量水平。

（二）预防为主原则

对于工程项目的质量，我们长期以来采取事后检验的方法，认为严格检查，就能保证质量，实际上这是远远不够的。应该从消极防守的事后检验变为积极预防的事先管理。因为好的建筑产品是好的设计、好的施工所产生的，不是检查出来的。必须在项目管理的全过程中，事先采取各种措施，消灭种种不符合质量要求的因素，以保证建筑产品质量。如果各质量因素（人、机、料、法、环）预先得到保证，工程项目的质量就有了可靠的前提条件。

（三）为用户服务原则

建设工程项目，是为了满足用户的要求，尤其要满足用户对质量的要求。真正好的质量是用户完全满意的质量。进行质量控制，就是要把为用户服务的原则，作为工程项目管理的出发点，贯穿到各项工作中去。同时，要在项目内部树立“下道工序就是用户”的思想。各个部门、各种工作、各种人员都有个前、后的工作顺序，在自己这道工序的工作一定要保证质量，凡达不到质量要求的，不能交给下道工序，一定要使“下道工序”这个用户感到满意。

（四）用数据说话原则

质量控制必须建立在有效的数据基础之上，必须依靠能够确切反映客观实际的数字和资料，否则就谈不上科学的管理。一切用数据说话，就需要用数理统计方法，对工程实体或工作对象进行科学的分析和整理，从而研究工程质量的波动情况，寻求影响工程质量的主次原因，采取改进质量的有效措施，掌握保证和提高工程质量的客观规律。

在很多情况下，我们评定工程质量，虽然也按规范标准进行检测计量，也有一些数据，但是这些数据往往不完整、不系统，没有按数理统计要求积累数据、抽样选点，所以，难以汇总分析，有时只能统计加估计，抓不住主要问题，既不能完全表达工程的内在质量状态，也不能有针对性地进行质量教育，提高企业素质。所以，必须树立起“用数据说话”的意识，从积累的大量数据中，找出控制质量的规律性，以保证工程项目的优质建设。

四、工程项目质量控制的任务

工程项目质量控制的任务就是根据国家现行的有关法规、技术标准和工程合同规定的工程建设各阶段质量目标实施全过程的监督管理。由于工程建设各阶段的质量目标不同，因此，需要分别确定各阶段的质量控制对象和任务。

（一）工程项目决策阶段质量控制的任务

（1）审核可行性研究报告是否符合国民经济发展的长远规划、国家经济建设的方针政策。

（2）审核可行性研究报告是否符合工程项目建议书或业主的要求。

（3）审核可行性研究报告是否具有可靠的基础资料和数据。

（4）审核可行性研究报告是否符合技术经济方面的规范标准和定额等指标。

（5）审核可行性研究报告的内容、深度和计算指标是否达到标准要求。

（二）工程项目设计阶段质量控制的任务

（1）审查设计基础资料的正确性和完整性。

（2）编制设计招标文件，组织设计方案竞赛。

（3）审查设计方案的先进性和合理性，确定最佳设计方案。

（4）督促设计单位完善质量保证体系，建立内部专业交底及专业会签制度。

（5）进行设计质量跟踪检查，控制设计图纸的质量。在初步设计和技术设计阶段，主要检查生产工艺及设备的选型，总平面布置，建筑与设施的布置，采用的设计标准和主要技术参数；在施工图设计阶段，主要检查计算是否有错误，选用的材料和做法是否合理，标注的各部分设计标高和尺寸是否有错误，各专业设计之间是否有矛盾等。

（三）工程项目施工阶段质量控制的任务

施工阶段质量控制是工程项目全过程质量控制的关键环节。根据工程质量形成的时间，施工阶段的质量控制又可分为事前控制、事中控制和事后控制，其中，事前控制为重点控制。

1.事前控制

（1）审查承包商及分包商的技术资质。

（2）协助承建商完善质量体系，包括完善计量及质量检测技术和手段等，同时对承包商的实验室资质进行考核。

（3）督促承包商完善现场质量管理制度，包括现场会议制度、现场质量检验制度、质量统计报表制度和质量事故报告及处理制度等。

（4）与当地质量监督站联系，争取其配合、支持和帮助。

（5）组织设计交底和图纸会审，对某些工程部位应下达质量要求标准。

（6）审查承包商提交的施工组织设计，保证工程质量具有可靠的技术措施。审核工程中采用的新材料、新结构、新工艺、新技术的技术鉴定书；对工程质量有重大影响的施工机械、设备，应审核其技术性能报告。

（7）对工程所需原材料、构配件的质量进行检查与控制。

（8）对永久性生产设备或装置，应按审批同意的设计图纸组织采购或订货，到场后进行检查验收。

（9）对施工场地进行检查验收。检查施工场地的测量标桩、建筑物的定位放线以及高程水准点，重要工程还应复核，落实现场障碍物的清理、拆除等。

（10）把好开工关。对现场各项准备工作检查合格后，方可发开工令；停工的工程，未发复工令者不得复工。

2.事中控制

（1）督促承包商完善工序控制措施。工程质量是在工序中产生的，工序控制对工程质量起着决定性的作用。应把影响工序质量的因素都纳入控制状态中，建立质量管理点，及时检查和审核承包商提交的质量统计分析资料和质量控制图表。

（2）严格工序交接检查。主要工作作业包括隐蔽作业须按有关验收规定经检查验收后，方可进行下一工序的施工。

（3）重要的工程部位或专业工程（如混凝土工程）要做试验或技术复核。

（4）审查质量事故处理方案，并对处理效果进行检查。

（5）对完成的分项分部工程，按相应的质量评定标准和办法进行检查验收。

（6）审核设计变更和图纸修改。

（7）按合同行使质量监督权和质量否决权。

（8）组织定期或不定期的质量现场会议，及时分析、通报工程质量状况。

3.事后控制

（1）审核承包商提供的质量检验报告及有关技术性文性。

（2）审核承包商提交的竣工图。

（3）组织联动试车。

（4）按规定的质量评定标准和办法，进行检查验收。

（5）组织项目竣工总验收。

（6）整理有关工程项目质量的技术文件，并编目、建档。

（四）工程项目保修阶段质量控制的任务

（1）审核承包商的工程保修书。

（2）检查、鉴定工程质量状况和工程使用情况。

（3）对出现的质量缺陷，确定责任者。

（4）督促承包商修复缺陷。

（5）在保修期结束后，检查工程保修状况，移交保修资料。

五、工程项目质量影响因素的控制

在工程项目建设的各个阶段，对工程项目质量影响的主要因素就是“人、机、料、法、环”五大方面。为此，应对这五个方面的因素进行严格的控制，以确保工程项目建设的质量。

（一）对“人”的因素的控制

人是工程质量的控制者，也是工程质量的“制造者”。工程质量的好与坏，与人的因素是密不可分的。控制人的因素，即调动人的积极性、避免人的失误等，是控制工程质量的关键因素。

1.领导者的素质

领导者是具有决策权力的人，其整体素质是提高工作质量和工程质量的关键，因此，在对承包商进行资质认证和选择时一定要考核领导者的素质。

2.人的理论和技术水平

人的理论水平和技术水平是人的综合素质的表现，它直接影响工程项目质量，尤其是技术复杂，操作难度大，要求精度高，工艺新的工程对人员素质要求更高，否则，工程质量就很难保证。

3.人的生理缺陷

根据工程施工的特点和环境，应严格控制人的生理缺陷，如患有高血压、心脏病的人，不能从事高空作业和水下作业；反应迟钝、应变能力差的人，不能操作快速运行、动作复杂的机械设备等，否则将影响工程质量，引起安全事故。

4.人的心理行为

影响人的心理行为因素很多，而人的心理因素如疑虑、畏惧、抑郁等很容易使人产生愤怒、怨恨等情绪，使人的注意力转移，由此引发质量、安全事故。所以，在审核企业的资质水平时，要注意企业职工的凝聚力如何，职工的情绪如何，这也是选择企业的一条标准。

5.人的错误行为

人的错误行为是指人在工作场地或工作中吸烟、打盹、错视、错听、误判断、误动作等，这些都会影响工程质量或造成质量事故。所以，在有危险的工作场所，应严格禁止吸烟、嬉戏等。

6.人的违纪违章

人的违纪违章是指人的粗心大意、注意力不集中、不履行安全措施等不良行为，会对工程质量造成损害，甚至引起工程质量事故。所以，在使用人的问题上，应从思想素质、业务素质和身体素质等方面严格控制。

（二）对材料、构配件的质量控制

1.材料质量控制的要点

（1）掌握材料信息，优选供货厂家。应掌握材料信息，优先选有信誉的厂家供货，对主要材料、构配件在订货前，必须经监理工程师论证同意后，才可订货。

（2）合理组织材料供应。应协助承包商合理地组织材料采购、加工、运输、储备。尽量加快材料周转，按质、按量、如期满足工程建设需要。

（3）合理地使用材料，减少材料损失。

（4）加强材料检查验收。用于工程上的主要建筑材料，进场时必须具备正式的出厂合格证和材质化验单。否则，应做补检。工程中所有各种构配件，必须具有厂家批号和出厂合格证。

凡是标志不清或质量有问题的材料，对质量保证资料有怀疑或与合同规定不相符的一般材料，应进行一定比例的材料试验，并需要追踪检验。对于进口的材料和设备以及重要工程或关键施工部位所用材料，则应进行全部检验。

（5）重视材料的使用认证，以防错用或使用不当。

2. 材料质量控制的内容

（1）材料质量的标准

材料质量的标准是用以衡量材料标准的尺度，并作为验收、检验材料质量的依据。其具体的材料标准指标可参见相关材料手册。

（2）材料质量的检验、试验

材料质量的检验目的是通过一系列的检测手段，将取得的材料数据与材料的质量标准相比较，用以判断材料质量的可靠性。

① 材料质量的检验方法

a. 书面检验

书面检验是通过对提供的材料质量保证资料、试验报告等进行审核，取得认可方能使用。

b. 外观检验

外观检验是对材料从品种、规格、标志、外形尺寸等进行直观检查，看有无质量问题。

c. 理化检验

理化检验是借助试验设备和仪器对材料样品的化学成分、机械性能等进行科学的鉴定。

d. 无损检验

无损检验是在不破坏材料样品的前提下，利用超声波、X射线、表面探伤仪等进行检测。

② 材料质量检验程度

材料质量检验程度分为免检、抽检和全部检查三种。

a.免检

免检就是免去质量检验工序。对有足够质量保证的一般材料，以及实践证明质量长期稳定而且质量保证资料齐全的材料，可予以免检。

b.抽检

抽检是按随机抽样的方法对材料抽样检验。如对材料的性能不清楚，对质量保证资料有怀疑，或对成批生产的构配件，均应按一定比例进行抽样检验。

c.全检

对进口的材料、设备和重要工程部位的材料，以及贵重的材料，应进行全部检验，以确保材料和工程质量。

③ 材料质量检验项目

材料检验项目一般可分为一般检验项目和其他检验项目。

④ 材料质量检验的取样

材料质量检验的取样必须具有代表性，也就是所取样品的质量应能代表该批材料的质量。在采取试样时，必须按规定的部位、数量及采选的操作要求进行。

⑤ 材料抽样检验的判断

抽样检验是对一批产品（个数为m），一次抽取n个样品进行检验，用其结果来判断该批产品是否合格。

（3）材料的选择和使用要求

材料的选择不当和使用不正确，会严重影响工程质量或造成工程质量事故。因此，在施工过程中，必须针对工程项目的特点和环境要求及材料的性能、质量标准、适用范围等多方面综合考察，慎重选择和使用材料。

（三）对方法的控制

对方法的控制主要是指对施工方案的控制，也包括对整个工程项目建设期内所采用的技术方案、工艺流程、组织措施、检测手段、施工组织设计等的控制。对一个工程项目而言，施工方案恰当与否，直接关系到工程项目质量，关系到工程项目的成败，所以应重视对方法的控制。这里说的方法控制，在工程施工的不同阶段，其侧重点也不相同，但都是围绕确保工程项目质量这个纲。

（四）对施工机械设备的控制

施工机械设备是工程建设不可缺少的设施，目前，工程建设的施工进度和施工质量都与施工机械关系密切。因此，在施工阶段，必须对施工机械的性能、选型和使用操作等方面进行控制。

1.机械设备的选型

机械设备的选型应因地制宜，按照技术先进、经济合理、生产适用、性能可靠、使用安全、操作和维修方便等原则来选择施工机械。

2.机械设备的主要性能参数

机械设备的性能参数是选择机械设备的主要依据，为满足施工的需要，在参数选择上可适当留有余地，但不能选择超出需要很多的机械设备，否则，容易造成经济上的不合理。机械设备的性能参数很多，要综合各参数，确定合适的施工机械设备。在这方面，要结合机械施工方案，择优选择机械设备，要严格把关，对不符合需要和有安全隐患的机械，不准进场。

3.机械设备的使用、操作要求

合理使用机械设备，正确地进行操作，是保证工程项目施工质量的重要环节，应贯彻“人机固定”的原则，实行定机、定人、定岗位的制度。操作人员必须认真执行各项规章制度，严格遵守操作规程，防止出现安全质量事故。

（五）对环境因素的控制

影响工程项目质量的环境因素很多，有工程技术环境、工程管理环境、劳动环境等。环境因素对工程质量的影响复杂而且多变，因此，应根据工程特点和具体条件，对影响工程质量的环境因素严格控制。

第二节　质量体系建立与运行

一、施工阶段的质量控制

（一）质量控制的依据

施工阶段的质量管理及质量控制的依据，大体上可分为两类，即共同性依据及专门技术法规性依据。

共同性依据是指那些适用于工程项目施工阶段与质量控制有关的，具有普遍指导意义和必须遵守的基本文件。主要有工程承包合同文件，设计文件，国家和行业现行的有关质量管理方面的法律、法规文件。

工程承包合同中分别规定了参与施工建设的各方在质量控制方面的权利和义务，并据此对工程质量进行监督和控制。

有关质量检验与控制的专门技术法规性依据是指针对不同行业、不同的质量控制对象而制定的技术法规性的文件，主要包括：

（1）已批准的施工组织设计。它是承包单位进行施工准备和指导现场施工的规划性、指导性文件，详细规定了工程施工的现场布置，人员设备的配置，作业要求，施工工序和工艺，技术保证措施，质量检查方法和技术标准等，是进行质量控制的重要依据。

（2）合同中引用的国家和行业的现行施工操作技术规范、施工工艺规程及验收规范。它是维护正常施工的准则，与工程质量密切相关，必须严格遵守执行。

（3）合同中引用的有关原材料、半成品、配件方面的质量依据。如水泥、钢材、骨料等有关产品技术标准；水泥、骨料、钢材等有关检验、取样、方法的技术标准；有关材料验收、包装、标志的技术标准。

（4）制造厂提供的设备安装说明书和有关技术标准。这是施工安装承包人进行设备安装必须遵循的重要技术文件，也是进行检查和控制质量的依据。

（二）质量控制的方法

施工过程中的质量控制方法主要有旁站检查、测量、试验等。

1.旁站检查

旁站是指有关管理人员对重要工序（质量控制点）的施工所进行的现场监督和检查，以避免质量事故的发生。旁站也是驻地监理人员的一种主要现场检查形式。根据工程施工难度及复杂性，可采用全过程旁站、部分时间旁站两种方式。对容易产生缺陷的部位，或产生了缺陷难以补救的部位，以及隐蔽工程，应加强旁站检查。

在旁站检查中，必须检查承包人在施工中所用的设备、材料及混合料是否符合已批准的文件要求，检查施工方案、施工工艺是否符合相应的技术规范。

2.测量

测量是对建筑物的尺寸控制的重要手段。应对施工放样及高程控制进行核查，不合格者不准开工。对模板工程、已完工程的几何尺寸、高程、宽度、厚度、坡度等质量指标，按规定要求进行测量验收，不符合规定要求的须进行返工。测量记录，均要事先经工程师审核签字后方可使用。

3.试验

试验是工程师确定各种材料和建筑物内在质量是否合格的重要方法。所有工程使用的材料，都必须事先经过材料试验，质量必须满足产品标准，并经工程师检查批准后，方可使用。材料试验包括水源、粗骨料、沥青、土工织物等各种原材料，不同等级混凝土的配合比试验，外购材料及成品质量证明和必要的试验鉴定，仪器设备的校调试验，加工后的成品强度及耐用性检验，工程检查等。没有试验数据的工程不予验收。

（三）工序质量监控

1. 工序质量监控的内容

工序质量控制主要包括对工序活动条件的监控和对工序活动效果的监控。

（1）工序活动条件的监控

所谓工序活动条件监控，就是指对影响工程生产因素进行的控制。工序活动条件的控制是工序质量控制的手段。尽管在开工前对生产活动条件已进行了初步控制，但在工序活动中有的条件还会发生变化，使其基本性能达不到检验指标，这正是生产过程产生质量不稳定的重要原因。因此，只有对工序活动条件进行控制，才能达到对工程或产品的质量性能特性指标的控制。工序活动条件包括的因素较多，要通过分析，分清影响工序质量的主要因素，抓住主要矛盾，逐渐予以调节，以达到质量控制的目的。

（2）工序活动效果的监控

工序活动效果的监控主要反映在对工序产品质量性能的特征指标的控制上。通过对工序活动的产品采取一定的检测手段进行检验，根据检验结果分析、判断该工序活动的质量效果，从而实现对工序质量的控制，其步骤如下：首先是工序活动前的控制，主要要求人、材料、机械、方法或工艺、环境能满足要求；然后采用必要的手段和工具，对抽出的工序子样进行质量检验；应用质量统计分析工具（如直方图、控制图、排列图等）对检验所得的数据进行分析，找出这些质量数据所遵循的规律。根据质量数据分布规律的结果，判断质量是否正常；若出现异常情况，寻找原因，找出影响工序质量的因素，尤其是那些主要因素，采取对策和措施进行调整；再重复前面的步骤，检查调整效果，直到满足要求，这样便可达到控制工序质量的目的。

2. 工序质量监控实施要点

对工序活动质量监控，首先，应确定质量控制计划，它是以完善的质量监控体系和质量检查制度为基础。一方面，工序质量控制计划要明确规定质量监控的工作程序、流程和质量检查制度；另一方面，须进行工序分析，在影响工序质量的因素中，找出对工序质量产生影响的重要因素，进行主动的、预防性的重点控制。例如，在振捣混凝土这一工序中，振捣的插点和振捣时间是影响质量的主要因素，为此，应加强现场监督并要求施工单位严格予以控制。

其次，在整个施工活动中，应采取连续的动态跟踪控制，通过对工序产品的抽样检验，判定其产品质量波动状态，若工序活动处于异常状态，则应查出影响质量的原因，采取措施排除系统性因素的干扰，使工序活动恢复到正常状态，从而保证工序活动及其产品质量。此外，为确保工程质量，应在工序活动过程中设置质量控制点，进行预控。

3. 质量控制点的设置

质量控制点的设置是进行工序质量预防控制的有效措施。质量控制点是指为保证工程质量而必须控制的重点工序、关键部位、薄弱环节。应在施工前，全面、合理地选择质量控制点，并对设置质量控制点的情况及拟采取的控制措施进行审核。必要时，应对质量控制实施过程进行跟踪检查或旁站监督，以确保质量控制点的施工质量。

设置质量控制点的对象，主要有以下几方面：

（1）关键的分项工程。如大体积混凝土工程、土石坝工程的坝体填筑、隧洞开挖工程等。

（2）关键的工程部位。如混凝土面板堆石坝面板趾板及周边缝的接缝、土基上水闸的地基基础、预制框架结构的梁板节点、关键设备的设备基础等。

（3）薄弱环节。指经常发生或容易发生质量问题的环节，或承包人无法把握的环节，或采用新工艺（材料）施工的环节等。

（4）关键工序。如钢筋混凝土工程的混凝土振捣，灌注桩钻孔，隧洞开挖的钻孔布置、方向、深度、用药量和填塞等。

（5）关键工序的关键质量特性。如混凝土的强度、耐久性，土石坝的干容重、黏性土的含水率等。

（6）关键质量特性的关键因素。如冬季混凝土强度的关键因素是环境（养护温度）、支模的关键因素是支撑方法、泵送混凝土输送质量的关键因素是机械、墙体垂直度的关键因素是人等。

控制点的设置应准确有效，因此，究竟选择哪些作为控制点，需要由有经验的质量控制人员进行选择。一般可根据工程性质和特点来确定，表 1-1 列举出某些分部分项工程的质量控制点，可供参考。

表 1–1　质量控制点的设置

<table>
<tr><th colspan="2">分部分项工程</th><th>质量控制点</th></tr>
<tr><td colspan="2">建筑物定位</td><td>标准轴线桩、定位轴线、标高</td></tr>
<tr><td colspan="2">地基开挖及清理</td><td>开挖部位的位置、轮廓尺寸、标高；岩石地基钻爆过程中的钻孔、装药量、起爆方式；开挖清理后的建基面；断层、破碎带、软弱夹层、岩熔的处理；渗水的处理</td></tr>
<tr><td rowspan="3">基础处理</td><td>基础灌浆帷幕灌浆</td><td>造孔工艺、孔位、孔斜；岩芯获得率；洗孔及压水情况；灌浆情况；灌浆压力、结束标准、封孔</td></tr>
<tr><td>基础排水</td><td>造孔、洗孔工艺；孔口、孔口设施的安装工艺</td></tr>
<tr><td>锚桩孔</td><td>造孔工艺锚桩材料质量、规格、焊接；孔内回填</td></tr>
</table>

（续表）

分部分项工程		质量控制点
混凝土生产	砂石料生产	毛料开采、筛分、运输、堆存；砂石料质量（杂质含量、细度模数、级配）、含水率、骨料降温措施
	混凝土拌和	原材料的品种、配合比、称量精度；混凝土拌和时间、温度均匀性；拌和物的坍落度；温控措施（骨料冷却、加冰、加冰水）、外加剂比例
混凝土浇筑	建基面清理	岩基面清理（冲洗、积水处理）
	模板、预埋件	位置、尺寸、标高、平整性、稳定性、刚度、内部清理；预埋件型号、规格、埋设位置、安装稳定性、保护措施
	钢筋	钢筋品种、规格、尺寸、搭接长度、钢筋焊接、根数、位置
	浇筑	浇筑层厚度、平仓、振捣、浇筑间歇时间、积水和泌水情况、埋设件保护、混凝土养护、混凝土表面平整度、麻面、蜂窝、露筋、裂缝、混凝土密实性、强度
土石料填筑	土石料	土料的黏粒含量、含水率、砾质土的粗粒含量、最大粒径、石料的粒径、级配、坚硬度、抗冻性
	土料填筑	防渗体与岩石面或混凝土面的接合处理、防渗体与砾质土、黏土地基的接合处理、填筑体的位置、轮廓尺寸、铺土厚度、铺填边线、土层接面处理、土料碾压、压实干密度
	石料砌筑	砌筑体位置、轮廓尺寸、石块重量、尺寸、表面顺直度、砌筑工艺、砌体密实度、砂浆配比、强度
	砌石护坡	石块尺寸、强度、抗冻性、砌石厚度、砌筑方法、砌石孔隙率、垫层级配、厚度、孔隙率

4. 见证点、停止点的概念

在工程项目实施控制中，通常是由承包人在分项工程施工前制订施工计划时，就选定设置控制点，并在相应的质量计划中进一步明确哪些是见证点，哪些是停止点。所谓见证点和停止点是国际上对于重要程度不同及监督控制要求不同的质量控制对象的一种区分方式。见证点监督也称为W点监督。凡是被列为见证点的质量控制对象，在规定的控制点施工前，施工单位应提前24h通知监理人员在约定的时间内到现场进行见证并实施监督。如监理人员未按约定到场，施工单位有权对该点进行相应的操作和施工。停止点也称为待检查点或H点，它的重要性高于见证点，是针对那些由于施工过程或工序施工质量不易或不能通过其后的检验和试验而充分得到论证的“特殊过程”或“特殊工序”而言的。凡被列入停止点的控制点，要求必须在该控制点来临之前24h通知监理人员到场实验监控，如监理人员未能在约定时间内到达现场，施工单位应停止该控制点的施工，并按合同规定等待监理方，未经认可不能超过该点继续施工，如水闸闸墩混凝土结构在钢筋架立后，混凝土浇筑之前，可设置停止点。

在施工过程中，应加强旁站和现场巡查的监督检查；严格实施隐蔽式工程工序间交接检查验收、工程施工预检等检查监督；严格执行对成品保护的质量检查。只有这样才能及早发现问题，及时纠正，防患于未然，确保工程质量，避免导致工程质量事故。

为了对施工期间的各分部、分项工程的各工序质量实施严密、细致和有效的监督、控制，应认真地填写跟踪档案，即施工和安装记录。

（四）施工合同条件下的工程质量控制

工程施工是使业主及工程设计意图最终实现并形成工程实体的阶段，也是最终形成工程产品质量和工程项目使用价值的重要阶段。由此可见，施工阶段的质量控制不但是工程师的核心工作内容，也是工程项目质量控制的重点。

1.质量检查（验）的职责和权力

施工质量检查（验）是建设各方质量控制必不可少的一项工作，它可以起到监督、控制质量，及时纠正错误，避免事故扩大，消除隐患等作用。

（1）承包商质量检查（验）的职责

提交质量保证计划措施报告,保证工程施工质量是承包商的基本义务。承包商应按ISO 9000系列标准建立和健全所承包工程的质量保障计划，在组织上和制度上落实质量管理工作，以确保工程质量。

承包商质量检查（验）职责。根据合同规定和工程师的指示，承包商应对工程使用的材料和工程设备以及工程的所有部位及其施工工艺进行全过程的质量自检，并做质量检查（验）记录，定期向工程师提交工程质量报告。同时，承包商应建立一套全部工程的质量记录和报表，以便于工程师复核检验和日后发现质量问题时查找原因。当合同发生争议时，质量记录和报表还是重要的当时记录。

自检是检验的一种形式，它是由承包商自己来进行的。在合同环境下，承包商的自检包括：班组的“初检”；施工队的“复检”；公司的“终检”。自检的目的不仅在于判定被检验实体的质量特性是否符合合同要求，更为重要的是用于对过程的控制。因此，承包商的自检是质量检查（验）的基础，是控制质量的关键。为此，工程师有权拒绝对那些“三检”资料不完善或无“三检”资料的过程（工序）进行检验。

（2）工程师的质量检查（验）权力

按照我国有关法律、法规的规定：工程师在不妨碍承包商正常作业的情况下，可以随时对作业质量进行检查（验）。这表明工程师有权对全部工程的所有部位及其任何一项工艺、材料和工程设备进行检查和检验，并具有质量否决权。具体内容包括：

① 复核材料和工程设备的质量及承包商提交的检查结果。

② 对建筑物开工前的定位定线进行复核签证，未经工程师签认不得开工。

③ 对隐蔽工程和工程的隐蔽部位进行覆盖前的检查（验），上道工序质量不合格的不得进入下一工序施工。

④ 对正在施工中的工程在现场进行质量跟踪检查（验），发现问题及时纠正等。

这里需要指出，承包商要求工程师进行检查（验）的意向，以及工程师要进行检查（验）的意向均应提前24 h通知对方。

2. 材料、工程设备的检查和检验

《水利水电土建工程施工合同条件》通用条款及技术条款规定，材料和工程设备的采购分两种情况：承包商负责采购的材料和工程设备；发包方负责采购的工程设备，承包商负责采购的材料。

对材料和工程设备进行检查和检验时应区别对待以上两种情况。

（1）材料和工程设备的检验和交货验收

对承包商采购的材料和工程设备，其产品质量承包商应对发包方负责。材料和工程设备的检验和交货验收由承包商负责实施，并承担所需费用，具体做法：承包商会同工程师进行检验和交货验收，查验材质证明和产品合格证书。此外，承包商还应按合同规定进行材料的抽样检验和工程设备的检验测试，并将检验结果提交给工程师。工程师参加交货验收不能减轻或免除承包商在检验和验收中应负的责任。

对发包方采购的工程设备，为了简化验交手续和重复装运，发包方应将其采购的工程设备由生产厂家直接移交给承包商。为此，发包方和承包商在合同规定的交货地点（如生产厂家、工地或其他合适的地方）共同进行交货验收，由发包方正式移交给承包商。在交货验收过程中，发包方采购的工程设备检验及测试由承包商负责，发包方不必再配备检验及测试用的设备和人员，但承包商必须将其检验结果提交工程师，并由工程师复核签认检验结果。

（2）工程师检查或检验

工程师和承包商应商定对工程所用的材料和工程设备进行检查和检验的具体时间和地点。通常情况下，工程师应到场参加检查或检验，如果在商定时间内工程师未到场参加检查或检验，且工程师无其他指示（如延期检查或检验），承包商可自行检查或检验，并立即将检查或检验结果提交给工程师。除合同另有规定外，工程师应在事后确认承包商提交的检查或检验结果。

对于承包商未按合同规定检查或检验材料和工程设备，工程师指示承包商按合同规定补做检查或检验。此时，承包商应无条件地按工程师的指示和合同规定补做检查或检验，并应承担检查或检验所需的费用和可能带来的工期延误责任。

（3）额外检验和重新检验

① 额外检验

在合同履行过程中，如果工程师需要增加合同中未做规定的检查和检验项目，工程师有权指示承包商增加额外检验，承包商应遵照执行，但应由发包方承担额外检验的费用和工期延误责任。

② 重新检验

在任何情况下，如果工程师对以往的检验结果有疑问，有权指示承包商进行再次检验即重新检验，承包商必须执行工程师指示，不得拒绝。“以往检验结果”是指已按合同规定要求得到工程师的同意，如果承包商的检验结果未得到工程师同意，则工程师指示承包商进行的检验不能称为重新检验，应为合同内检测。

重新检验带来的费用增加和工期延误责任的承担，视重新检验结果而定。如果重新检验结果证明这些材料、工程设备、工序不符合合同要求，则应由承包商承担重新检验的全部费用和工期延误责任；如果重新检验结果证明这些材料、工程设备、工序符合合同要求，则应由发包方承担重新检验的费用和工期延误责任。

当承包商未按合同规定进行检查或检验，并且不执行工程师有关补做检查或检验指示和重新检验的指示时，工程师为了及时发现可能的质量隐患，减少可能造成的损失，可以指派自己的人员或委托其他人进行检查或检验，以保证质量。此时，不论检查或检验结果如何，工程师因采取上述检查或检验补救措施而造成的工期延误和增加的费用均应由承包商承担。

（4）不合格工程、材料和工程设备

① 禁止使用不合格材料和工程设备

工程使用的一切材料、工程设备均应满足合同规定的等级、质量标准和技术特性。工程师在工程质量的检查或检验中发现承包商使用了不合格材料或工程设备时，可以随时发出指示，要求承包商立即改正，并禁止在工程中继续使用这些不合格的材料和工程设备。

如果承包商使用了不合格材料和工程设备，其造成的后果应由承包商承担责任，承包商应无条件地按工程师指示进行补救。发包方提供的工程设备经验收不合格的应由发包方承担相应责任。

② 不合格工程、材料和工程设备的处理

第一，如果工程师的检查或检验结果表明承包商提供的材料或工程设备不符合合同要求，工程师可以拒绝接收，并立即通知承包商。此时，承包商除立即停止使用外，应与工程师共同研究补救措施。如果在使用过程中发现不合格材料，工程师应视具体情况，下达运出现场或降级使用的指示。

第二，如果检查或检验结果表明发包方提供的工程设备不符合合同要求，承包商有权拒绝接收，并要求发包方予以更换。

第三，如果因承包商使用了不合格材料和工程设备造成了工程损害，工程师可以随时发出指示，要求承包商立即采取措施进行补救，直至彻底清除工程的不合格部位及不合格材料和工程设备。

第四，如果承包商无故拖延或拒绝执行工程师的有关指示，则发包方有权委托其他承包商执行该项指示。由此而造成的工期延误和增加的费用由承包商承担。

3. 隐蔽工程

隐蔽工程和工程隐蔽部位是指已完成的工作面经覆盖后将无法事后查看的任何工程部位和基础。由于隐蔽工程和工程隐蔽部位的特殊性及重要性，因此，没有工程师的批准，工程的任何部分均不得覆盖或使之无法查看。

对于将被覆盖的部位和基础在进行下一道工序之前，首先由承包商进行自检（“三检”），确认符合合同要求后，再通知工程师进行检查，工程师不得无故缺席或拖延，承包商通知时应考虑到工程师有足够的检查时间。工程师应按通知约定的时间到场进行检查，确认质量符合合同规定要求，并在检查记录上签字后，才能允许承包商进入下一道工序，进行覆盖。承包商在取得工程师的检查签证之前，不得以任何理由进行覆盖，否则，承包商应承担因补检而增加的费用和工期延误责任。如果由于工程师未及时到场检查，承包商因等待或延期检查而造成工期延误则承包商有权要求延长工期和赔偿其停工、窝工等损失。

4. 放线

（1）施工控制网

工程师应在合同规定的期限内向承包商提供测量基准点、基准线和水准点及其书面资料。发包方和工程师应对测量点、基准线和水准点的正确性负责。

承包商应在合同规定期限内完成测设自己的施工控制网，并将施工控制网资料报送工程师审批。承包商应对施工控制网的正确性负责。此外，承包商还应负责保管全部测量基准和控制网点。工程完工后，应将施工控制网点完好地移交给发包方。

工程师为了监理工作的需要，可以使用承包商的施工控制网，并不为此另行支付费用。此时，承包商应及时提供必要的协助，不得以任何理由加以拒绝。

（2）施工测量

承包商应负责整个施工过程中的全部施工测量放线工作，包括地形测量、放样测量、断面测量、支付收方测量和验收测量等，并应自行配置合格的人员、仪器、设备和其他物品。

承包商在施测前，应将施工测量措施报告报送工程师审批。

工程师应按合同规定对承包商的测量数据和放样成果进行检查。工程师认为必要时还可指示承包商在工程师的监督下进行抽样复测，并修正复测中发现的错误。

5.完工和保修

（1）完工验收

完工验收指承包商基本完成合同中规定的工程项目后，移交给发包方接收前的交工验收，不是发包方对整个项目的验收。基本完成是指不一定要合同规定的工程项目全部完成，有些不影响工程使用的尾工项目，经工程师批准，可待验收后在保修期中去完成。

① 完工验收申请报告

当工程具备了下列条件，并经工程师确认时，承包商即可向发包方和工程师提交完工验收申请报告，并附上完工资料：

第一，除工程师同意可列入保修期完成的项目外，已完成了合同规定的全部工程项目。

第二，已按合同规定备齐了完工资料，包括：工程实施概况和大事记，已完工程（含工程设备）清单，永久工程完工图，列入保修期完成的项目清单，未完成的缺陷修复清单，施工期观测资料，各类施工文件、施工原始记录等。

第三，已编制了在保修期内实施的项目清单和未修复的缺陷项目清单以及相应的施工措施计划。

② 工程师审核

工程师在接到承包商完工验收申请报告后的28d内进行审核并做出决定，或者提请发包方进行工程验收，或者通知承包商在验收前尚应完成的工作和对申请报告的异议，承包商应在完成工作后或修改报告后重新提交完工验收申请报告。

③ 完工验收和移交证书

发包方在接到工程师提请进行工程验收的通知后，应在收到完工验收申请报告后56d内组织工程验收，并在验收通过后向承包商颁发移交证书。移交证书上应注明由发包方、承包商、工程师协商核定的工程实际完工日期。此日期是计算承包商完工工期的依据，也是工程保修期的开始。从颁交证书之日起，照管工程的责任即应由发包方承担，且在此后14d内，发包方应将保留金总额的50%退还给承包商。

④ 分阶段验收和施工期运行

水利水电工程中分阶段验收有两种情况：第一种情况是在全部工程验收前，某些单位工程，如船闸、隧洞等已完工，经发包方同意可先行单独进行验收，通过后颁发单位工程移交证书，由发包方先接管该单位工程；第二种情况是发包方根据合同进度计划的安排，须提前使用尚未全部建成的工程，如大坝工程达到某一特定高程可以满足初期发电时，可对该部分工程进行验收，以满足初期发电要求。验收通过应签发临时移交证书。工程未完成部分仍由承包商继续施工。对通过验收的部分工程由于在施工期运行而使承包商增加了修复缺陷的费用，发包方应给予适当的补偿。

⑤ 发包方拖延验收

如发包方在收到承包商完工验收申请报告后，不及时进行验收，或在验收通过后无故不颁发移交证书，则发包方应从承包商发出完工验收申请报告56d后的次日起承担照管工程的费用。

（2）工程保修

① 保修期（FIDIC条款中称为缺陷通知期）

工程移交前，虽然已通过验收，但是还未经过运行的考验，而且还可能有一些尾工项目和修补缺陷项目未完成，所以，还必须有一段时间用来检验工程的正常运行，这就是保修期。水利水电土建工程保修期一般为1年，从移交证书中注明的全部工程完工日期开始起算。在全部工程完工验收前，发包方已提前验收的单位工程或部分工程，若未投入正常运行，其保修期仍按全部工程完工日期起算；若验收后投入正常运行，其保修期应从该单位工程或部分工程移交证书上注明的完工日期起算。

② 保修责任

a.保修期内，承包商应负责修复完工资料中未完成的缺陷修复清单所列的全部项目。

b.保修期内如发现新的缺陷和损坏，或原修复的缺陷又遭损坏，承包商应负责修复。至于修复费用由谁承担，须视缺陷和损坏的原因而定，由于承包商施工中的隐患或其他承包商原因所造成，应由承包商承担；若由于发包方使用不当或发包方其他原因所致，则由发包方承担。

保修责任终止证书（F1DIC条款中称为履约证书）。在全部工程保修期满，且承包商不遗留任何尾工项目和缺陷修补项目，发包方或授权工程师应在28d内向承包商颁发保修责任终止证书。

保修责任终止证书的颁发，表明承包商已履行了保修期的义务，工程师对其满意，也表明了承包商已按合同规定完成了全部工程的施工任务，发包方接受了整个工程项目。但此时合同双方的财务账目尚未结清，可能有些争议还未解决，故并不意味合同已履行结束。

（3）清理现场与撤离

圆满完成清场工作是承包商进行文明施工的一个重要标志。一般而言，在工程移交证书颁发前，承包商应按合同规定的工作内容对工地进行彻底清理，以便业主使用已完成的工程。经业主同意后也可留下部分清场工作在保修期满前完成。

承包商应按下列工作内容对工地进行彻底清理，并须经工程师检验合格为止：

① 工程范围内残留的垃圾已全部焚毁、掩埋或清除出场。

② 临时工程已按合同规定拆除，场地已按合同要求清理和平整。

③ 承包商设备和剩余的建筑材料已按计划撤离工地，废弃的施工设备和材料亦已清除。

④ 施工区内的永久道路和永久建筑物周围的排水沟道，均已按合同图纸要求和工程师指示进行疏通和修整。

⑤ 主体工程建筑物附近及其上、下游河道中的施工堆积场，已按工程师的指示予以清理。

此外，在全部工程的移交证书颁发后42d内，除了经工程师同意，由于保修期工作需要留下部分承包商人员、施工设备和临时工程外，承包商的队伍应撤离工地，并做好环境恢复工作。

二、全面质量管理的基本概念

全面质量管理（简称TQM）是企业管理的中心环节，是企业管理的纲，它和企业的经营目标是一致的。这就是要求将企业的生产经营管理和质量管理有机地结合起来。

（一）全面质量管理的基本概念

全面质量管理是以组织全员参与为基础的质量管理模式，最早起源于美国，它代表了质量管理的最新阶段。费根堡姆指出：全面质量管理是为了能够在最经济的水平上，并充分考虑到满足用户的要求的条件下进行市场研究、设计、生产和服务，把企业内各部门研制质量、维持质量和提高质量的活动构成为一体的一种有效体系。他的理论经过世界各国的继承和发展，得到了进一步的扩展和深化。1994版ISO 9000族标准中对全面质量管理的定义为：一个组织以质量为中心，以全员参与为基础，目的在于通过让顾客满意和本组织所有成员及社会受益而达到长期成功的管理途径。

（二）全面质量管理的基本要求

1.全过程的管理

任何一个工程（和产品）的质量，都有一个产生、形成和实现的过程；整个过程是由多个相互联系、相互影响的环节所组成的，每一环节都或重或轻地影响着最终的质量状况。因此，要搞好工程质量管理，必须把形成质量的全过程和有关因素控制起来，形成一个综合的管理体系，做到以防为主，防检结合，重在提高。

2.全员的质量管理

工程（产品）的质量是企业各方面、各部门、各环节工作质量的反映。每一环节，每一个人的工作质量都会不同程度地影响着工程（产品）最终质量。工程质量人人有责，只有人人都关心工程的质量，做好本职工作，才能完成高质量的工程。

3.全企业的质量管理

全企业的质量管理一方面要求企业各管理层次都要有明确的质量管理内容，各层次的侧重点要突出，每个部门应有自己的质量计划、质量目标和对策，层层控制；另一方面就是要把分散在各部门的质量职能发挥出来。如水利水电工程中的“三检制”，就充分反映了这一观点。

4.多方法的管理

影响工程质量的因素越来越复杂：既有物质的因素，又有人为的因素；既有技术因素，又有管理因素；既有内部因素，又有企业外部因素。要搞好工程质量，就必须把这些影响因素控制起来，分析它们对工程质量的不同影响。灵活运用各种现代化管理方法来解决工程质量问题。

（三）全面质量管理的基本指导思想

1.质量第一、以质量求生存

任何产品都必须达到所要求的质量水平，否则就没有或未实现其使用价值，从而给消费者、给社会带来损失。从这个意义上讲，质量必须是第一位的。贯彻“质量第一”就要求企业全员，尤其是领导层，要有强烈的质量意识；要求企业在确定质量目标时，首先应根据用户或市场的需求，科学地确定质量目标，并安排人力、物力、财力予以保证。当质量与数量、社会效益与企业效益、长远利益与眼前利益发生矛盾时，应把质量、社会效益和长远利益放在首位。

“质量第一”并非“质量至上”。质量不能脱离当前的市场水准，也不能不问成本一味地讲求质量。应该重视质量成本的分析，把质量与成本加以统一，确定最适合的质量。

2.用户至上

在全面质量管理中，这是一个十分重要的指导思想。“用户至上”就是要树立以用户为中心，为用户服务的思想。要使产品质量和服务质量尽可能满足用户的要求。产品质量的好坏最终应以用户的满意程度为标准。这里，所谓用户是广义的，不仅指产品出厂后的直接用户，而且指在企业内部，下道工序是上道工序的用户。如混凝土工程，模板工程的质量直接影响混凝土浇筑这一下道关键工序的质量。每道工序的质量不仅影响下道工序质量，也会影响工程进度和费用。

3.质量是设计、制造出来的，而不是检验出来的

在生产过程中，检验是重要的，它可以起到不允许不合格品出厂的把关作用，同时还可以将检验信息反馈到有关部门。但影响产品质量好坏的真正原因并不在检验，而主要在

于设计和制造。设计质量是先天性的，在设计的时候就已经决定了质量的等级和水平；而制造只是实现设计质量，是符合性质的。二者不可偏废，都应重视。

4.强调用数据说话

这就是要求在全面质量管理工作中具有科学的工作作风，在研究问题时不能满足于一知半解和表面，对问题不仅有定性分析还尽量有定量分析，做到心中有“数”，这样才可以避免主观盲目性。

在全面质量管理中广泛地采用了各种统计方法和工具，其中，用得最多的有“7种工具”，即因果图、排列图、直方图、相关图、控制图、分层法和调查表。常用的数理统计方法有回归分析、方差分析、多元分析、实验分析、时间序列分析等。

5.突出人的积极因素

从某种意义上讲，在开展质量管理活动过程中，人的因素是最积极、最重要的因素。与质量检验阶段和统计质量控制阶段相比较，全面质量管理阶段格外强调调动人的积极因素的重要性。这是因为现代化生产多为大规模系统，环节众多，联系密切复杂，远非单纯靠质量检验或统计方法就能奏效的。必须调动人的积极因素，加强质量意识，发挥人的主观能动性，以确保产品和服务的质量。全面质量管理的特点之一就是全体人员参加的管理。“质量第一，人人有责”。

要提高质量意识，调动人的积极因素，一靠教育，二靠规范，需要通过教育培训和考核，同时还要依靠有关质量的规定以及必要的行政手段等各种激励及处罚措施。

（四）全面质量管理的工作原则

1.预防原则

在企业的质量管理工作中，要认真贯彻预防为主的原则，凡事要防患于未然。在产品制造阶段应该采用科学方法对生产过程进行控制，尽量把不合格品消灭在发生之前。在产品的检验阶段，不论是对最终产品或是在制品，都要把质量信息及时反馈并认真处理。

2.经济原则

全面质量管理强调质量，但无论质量保证的水平或预防不合格的深度都是没有止境的，必须考虑经济性，建立合理的经济界限，这就是所谓经济原则。因此，在产品设计制定质量标准，在生产过程进行质量控制，在选择质量检验方式为抽样检验或全数检验等场合时，都必须考虑其经济效益。

3.协作原则

协作是大生产的必然要求。生产和管理分工越细，就越要求协作。一个具体单位的质量问题往往涉及许多部门，如无良好的协作是很难解决的。因此，强调协作是全面质量管理的一条重要原则，也反映了系统科学全局观点的要求。

4.按照PDCA循环组织活动

PDCA循环是质量体系活动所应遵循的科学工作程序，周而复始，内外嵌套，循环不已，以求质量不断提高。

（五）全面质量管理的运转方式

质量保证体系运转方式是按照计划（P）、执行（D）、检查（C）、处理（A）的管理循环进行的。它包括四个阶段和八个工作步骤。

1.四个阶段

（1）计划阶段

按使用者要求，根据具体生产技术条件，找出生产中存在的问题及其原因，拟订生产对策和措施计划。

（2）执行阶段

按预定对策和生产措施计划，组织实施。

（3）检查阶段

对生产成品进行必要的检查和测试，即把执行的工作结果与预定目标对比，检查执行过程中出现的情况和问题。

（4）处理阶段

把经过检查发现的各种问题及用户意见进行处理。凡符合计划要求的予以肯定，成文标准化。对不符合设计要求和不能解决的问题，转入下一循环以进一步研究解决。

2.八个步骤

（1）分析现状，找出问题，不能凭印象和表面做判断。结论要用数据表示。

（2）分析各种影响因素，要把可能因素一一加以分析。

（3）找出主要影响因素，要努力找出主要因素进行解剖，才能改进工作，提高产品质量。

（4）研究对策，针对主要因素拟定措施，制订计划，确定目标。

以上属P阶段工作内容。

（5）执行措施为D阶段的工作内容。

（6）检查工作成果，对执行情况进行检查，找出经验教训，为C阶段的工作内容。

（7）巩固措施，制定标准，把成熟的措施制定成标准（规程、细则）形成制度。

（8）遗留问题转入下一个循环。

以上（7）和（8）为A阶段的工作内容。

3.PDCA循环的特点

（1）四个阶段缺一不可，先后次序不能颠倒。就好像一只转动的车轮，在解决质量问题中滚动前进，逐步使产品质量提高。

（2）企业的内部PDCA循环各级都有，整个企业是一个大循环，企业各部门又有自己的循环。大循环是小循环的依据，小循环又是大循环的具体和逐级贯彻落实的体现。

（3）PDCA循环不是在原地转动，而是在转动中前进。每个循环结束，质量便提高一步。循环上升表明每一个PDCA循环都不是在原地周而复始地转动，而是像爬楼梯那样，每转一个循环都有新的目标和内容。因而就意味前进了一步，从原有水平上升到了新的水平，每经过一次循环，也就解决了一批问题，质量水平就有新的提高。

（4）A阶段是一个循环的关键，这一阶段（处理阶段）的目的在于总结经验，巩固成果，纠正错误，以利于下一个管理循环。为此必须把成功和经验纳入标准，定为规程，使之标准化、制度化，以便在下一个循环中遵照办理，使质量水平逐步提高。

必须指出，质量的好坏反映了人们质量意识的强弱，也反映了人们对提高产品质量意义的认识水平。有了较强的质量意识，还应使全体人员对全面质量管理的基本思想和方法有所了解。这就需要开展全面质量管理，必须加强质量教育的培训工作，贯彻执行质量责任制并形成制度，持之以恒，才能使工程施工质量水平不断提高。

第二章　水利工程质量监督的程序和内容

第一节　建设初期质量监督

工程质量监督工作同其他工作一样，也遵从一定的规律。人们把对某一工程项目的质量监督工作从建设初期监督、建设过程监督、工程验收监督，称为质量监督工作程序。

建设初期监督主要是办理质量监督手续，明确监督组织，编制质量监督工作计划，对责任主体质量管理体系进行备案等；建设过程监督主要是对责任主体的质量管理体系的运行情况、建设行为、工程实体质量等进行监督；工程验收监督主要是参加政府组织的验收、编写质量监督报告等工作。

一、受理质量监督事宜

在工程具备开工条件备案前，项目法人应向水利工程质量监督机构申请办理质量监督手续。办理质量监督手续时，应填写水利工程质量监督申请表，书面申报或通过网上申报均可。同时提交工程项目初步设计批准文件（或复印件）；项目法人与设计、监理、施工等单位签订的合同（或协议）副本；填有建设、设计、监理、施工单位质量管理体系基本情况的水利工程质量监督申请表及相关资料。对提供各类证书原件的，质量监督机构应及时安排有关人员，将原件与复印件进行核对、查验，以便及时将其退还给报送单位，并填写水利水电工程质量监督备案表。对审查合格的，办理水利工程质量监督手续，签发质量监督通知书。如不合格，补充资料，直至合格。对责任主体有关证书和资料的备案核查，可以通过网络核查其电子文档，还可以借助网络资源，如借助信用体系建设的有关资料对其进行核查，既提高了工作效率，也减少报送单位的工作量。水利工程质量监督书的内容通常包括：项目名称，建设地点，项目主管部门，项目法人单位，建设单位（或代建机构），质量监督单位及其负责人与联系电话；初步设计批准文号，工程建设规模，计划开竣工时间；设计、施工、监理单位的资质等级及证书编号，法人代表，项目负责人的姓名及联系电话；参建单位质量体系构成情况；受监工程项目质量监督的组织形式和委派的质量监督员等。实行水利工程质量监督备案的项目，水利工程质量监督书的内容可适当简化，避免部分工作内容重叠。

质量监督手续办好后，就应安排拟承担该工程质量监督工作任务的工程质量监督员，熟悉设计图纸，查阅地质勘察资料和设计文件。以便了解设计意图，初步掌握工程质量控制的关键环节和质量监督到位点，为编制质量监督计划提供依据。

二、明确质量监督的组织形式

质量监督机构在接受工程项目的质量监督任务后，根据受监工程的规模、特点及重要性等，应设立质量监督组织，落实专职或兼职质量监督人员。质量监督机构可根据工程建设的规模和特点设立工程质量监督项目站或质量监督组，明确采用巡回监督或驻地监督的工作方式，质量监督项目站或质量监督组都必须按照质量监督机构授权开展工程质量监督工作，履行质量监督职责。

质量监督项目站或监督组经批准设立后，应及时制定质量监督管理制度、质量监督人员岗位责任制度、质量监督检查工作制度等有关规章制度，切实开展质量监督工作。有的项目质量监督机构还根据工程特点制定质量监督工作大纲和质量监督实施细则等质量监督工作制度。

三、编制质量监督计划

质量监督计划是质量监督员针对特定工程项目开展质量监督工作的具体工作计划。它主要明确在工程项目实施期间质量监督工作做什么、怎样做、何时做、谁来做以及有什么要求等。有了质量监督计划，可以避免质量监督工作的盲目性和随意性，增强质量监督工作的计划性、主动性和针对性，使质量监督工作有的放矢，到位又不越位。

质量监督计划的种类一般可分为三种：总计划、年度计划、阶段计划。总计划是在质量监督组织成立初期，编制整个监督期的工作计划；年度计划在每年的年初编制，一般情况下将单个项目全年的监督计划工作编成一个文件，也可以单位工程为单位分别编制年度监督计划；阶段计划是在工程实施处在某一特定时期的监督计划，阶段计划更具有针对性和可操作性。

工程质量监督书下达后，受指派的质量监督员要根据工程概况、设计意图、工程特点和关键部位，编制质量监督计划。监督计划的繁简程度主要取决于工程规模的大小，建设内容多寡，工程本身的复杂程度和工程所处的地理位置等因素，一般包括如下内容：编制目的；确定质量监督的组织形式，明确质量监督人员；联系方式；质量监督的到位计划；工程项目划分确认程序；质量体系审查；明确重要隐蔽单元工程或关键部位单元工程、分部工程和单位工程签证或验收等质量监督到位点；工程外观质量评定；质量事故处理；工程质量等级核定（备）和需要建设、监理、设计、施工等单位配合的工作内容等。

编制质量监督计划应掌握以下原则：尽可能地掌握和了解受监工程的情况，计划的依据应可靠；计划书编写应及时，尽可能做到在施工单位进场前将质量监督计划发出；突出重点，要抓住关键工序和重点部位；应体现质量监督是以抽查为主的监督原则；能细则细的原则，对于能吃得准、拿得住又觉得需要指出的问题，一定要在监督计划中反映出来，对吃不准的事可以不写，必要时可以粗写，但在监督工作中对这部分内容应多留意；对于由多个单位工程组成的项目，质量监督计划可以分开写，分批下发。质量监督计划下发之前，最好能召开一次计划沟通会议，请建设、监理和有关单位的领导参加，沟通思想，交流信息，征求意见，取得有关单位的支持与配合。

质量监督计划应以质量监督机构文件的形式下发给项目法人，并抄送给设计、施工、监理单位。质量监督计划下发后，如遇工程建设内容或建设计划调整，要及时调整质量监督计划，并告知有关单位。质量监督计划一经下达，就要严格执行，以维护质量监督计划的严肃性和水利工程质量监督机构的权威。

四、水利工程质量监督的示例

×××节制闸工程质量监督计划

（一）基本情况。

×××节制闸工程，共有47孔，每孔净宽12.5m，最大流量13 200m³/s，总投资2.56亿元。工程建设内容主要为闸体和上下游河道整治。工程于2013年9月25日开工，批准建设工期为2年。

根据国务院《建设工程质量管理条例》、水利部《水利工程质量管理规定》和《水利工程质量监督管理规定》及×××省《×××省水利工程质量监督实施细则》等，对×××节制闸工程建设的工程质量进行监督。为增强质量监督工作的计划性，提高监督工作水平，增加透明度，使监督工作走向制度化、程序化和科学化，现根据有关文件精神，特制订×××节制闸工程项目质量监督计划，具体内容如下：

（二）质量监督的具体内容

（1）对建管局质量检查体系、勘察设计单位的现场服务体系、监理单位的质量控制体系和施工单位的质量保证体系的建立与运行情况进行监督检查。

（2）对工程项目划分和外观质量评定标准进行确认。

（3）检查各参建单位对规程、规范、技术质量标准及强制性标准执行情况。

（4）检查施工单位“三检制”的落实情况，监理单位复核签证情况。

（5）检查监理单位旁站监理、跟踪检测和平行检测的落实与执行情况。

（6）检查设计单位现场服务情况。

（7）抽查原材料及中间产品的质量检验、试验与控制情况。

（8）参与基础处理单元工程验收签证。

（9）参与闸门和启闭机出厂验收。

（10）调阅施工记录、闸门和启闭机制造与质量检测记录是否齐全、准确、完整。

（11）调阅监理日记和监理月报的记录和编制是否规范、准确、完整。

（12）抽查施工质量检验与评定情况。

（13）参与质量事故与缺陷的调查、分析和处理工作。

（14）参与重要的技术质量会议。

（15）对竣工质量检测项目和数量进行确认。

（16）参与分部工程、单位工程、竣工技术预验收和竣工验收。

（三）质量监督到位计划

水利工程质量监督实行以抽查为主的监督方式，按照国家和水利行业有关工程建设法规、技术标准和设计文件实施工程质量监督，对施工现场影响工程质量的行为进行监督检查。工程竣工验收前，站点将对工程质量等级进行核定。

为了更好地完成上述任务，配合有关部门工作，本站明确质量监督到位点，请住建局在工程进行到以下阶段时，提前通知站点，以便根据情况安排质监人员及时到位。质监人员未到位或未签证认可，不得进行后续工程施工。

（1）施工图技术交底会。

（2）重要隐蔽单元工程和关键部位单元工程验收签证。

（3）枢纽建筑物分部工程验收，其他分部工程验收会议。

（4）发生质量事故及其他有关质量的重要问题。

（5）工程阶段验收。

（6）外观质量评定。

（7）单位工程验收。

（8）竣工验收（包括竣工技术预验收）。

（四）质量监督工作要点

1.工程项目划分

工程开工前，住建局应组织监理、设计和施工单位，按部颁《水利水电工程施工质量检验与评定规程》和《水利水电工程单元工程施工质量验收评定标准》的要求进行工程项目划分，并将划分情况报质量监督站审查认可。

2. 开工前监督

（1）审查设计单位资质是否与承担工程等级相适应，施工图纸签证是否完善，是否盖出图章，设计单位现场服务是否落实，是否已向有关单位进行过施工图交底。

（2）审查施工单位资质等级与投标时是否相符，质量管理体系是否完善，规章制度是否健全，质检人员是否持证上岗，主要工种人员及机械设备是否到位，质量检验的条件是否完备等。

（3）审查建设单位组建是否符合有关规定，质量管理体系是否健全，法定代表人、技术负责人及质量管理人员的技术水平和工作能力是否符合有关规定。

（4）监理单位是否按合同组建项目监理部，主要监理人员是否与合同一致，总监、监理工程师和监理员是否有资格证书。质量控制体系是否健全，制度是否完善，质量控制手段是否完备等。

3. 施工过程监督

质量监督站对工程质量监督的重点是重要隐蔽单元工程以及影响使用功能的关键部位单元工程和主要建筑物分部工程，其余工程均进行不定期抽查。

分部工程和单位工程完工后，施工单位技术部门或质量部门首先进行质量自评，监理单位复核，再报建设单位认定，按有关规定完成分部工程和单位工程验收后，由住建局将分部工程和单位工程验收的质量结论和有关资料报站点核定（备）。

4. 施工过程现场抽查要点

（1）抽查各单位工程、分部工程及单元工程，施工单位是否按标准自检、自评，自检、自评资料监理单位代表是否复核，建设单位是否认定，如抽查发现有与标准明显不符或有较大出入的，则责令施工单位重新自检、自评，直至全部符合要求。

（2）检查进场原材料是否合格，砂、石骨料质量是否符合规范要求，水泥、钢材是否有质保书、出厂证明以及按规定进行复检，混凝土应由有资质的检测单位提供的配合比单和试块试验报告。

（3）检查工程预制构件是否有出厂合格证或制作检验资料。

（4）工程质量通病是否消除或纠正。

（5）其他日常质量检查主要由施工单位、监理单位和建设单位负责。

5. 工程外观质量评定

主体工程开工初期，住建局应当成立由建设、监理、设计和施工等单位参加的外观质量评定组，制定制闸工程的外观质量评定标准，报站点确认。单位工程完工后，竣工验收前，建设管理部门应组织监理、设计及施工等单位组成的外观质量评定组，现场进行工程外观质量检验评定，并将评定结论报站点核定。

6. 质量事故处理

工程建设过程中，如发生质量事故，应按水利部《水利工程质量事故处理暂行规定》的要求进行严肃处理。本着事故原因不查清楚不放过，主要事故责任者和职工未受到教育不放过，补救和防范措施不落实不放过的原则，认真调查事故原因，研究处理措施，查明事故责任，做好事故处理工作。通过质量事故处理，增强人们的质量意识，进一步提高工程质量。

（五）工程质量等级评定

1. 单元工程施工质量评定

单元工程施工质量由施工单位质检部门组织评定，监理单位复核并签字认可，质量监督抽查。

2. 重要隐蔽单元工程及关键部位单元工程施工质量评定

重要隐蔽单元工程及关键部位单元工程在施工单位自评合格、监理单位复核后，由建设管理部门（或委托监理机构）、监理、设计、施工、工程运行管理等单位组成联合小组，共同核定其质量等级并填写签证表，报站点核备。

3. 分部工程施工质量评定

分部工程质量，在施工单位自评合格后，由监理单位复核，建设管理局认定。分部工程验收的质量结论由建设管理局报站核备。大型枢纽工程主要建筑物的分部工程验收的质量结论由项目法人报站点核定。

4. 单位工程施工质量评定

单位工程质量，在施工单位自评合格后，由监理单位复核，建设管理局认定。单位工程验收的质量结论由项目法人报站点核定。

5. 工程项目的质量等级

工程项目质量，在单位工程施工质量评定合格后，由监理单位进行统计并评定工程项目质量等级，经项目法人认定后，报站点核定。

第二节　责任主体质量行为监督

参与工程建设的项目法人、勘察设计单位、监理单位、施工单位、材料设备供应单位和质量检测单位等有关参建单位，他们是工程建设的责任主体，应对其各自承担建设任务的质量负责。质量监督机构应对各参建单位影响工程质量的建设行为进行监督检查，监督检查的主要内容包括对勘察设计单位、监理单位、施工单位、材料设备供应单位和质量检测等单位的资质等级进行复核，看其是否在资质允许的范围内承揽工程建设任务，有无转包和非法分包现象。项目法人的质量检查体系、监理单位的质量控制体系、施工单位和材料设备供应单位的质量保证体系，以及勘察设计和质量检测单位的现场服务体系是否健全和完善，运行是否正常；各参建单位的人员、设备和材料等的配备是否符合合同约定和工程建设需要，持证上岗情况如何，主要人员的变化和调整是否按规定履行了有关手续；各种施工技术方案、检测试验方案及其成果、设计变更等程序是否符合有关规定；施工质量检验评定是否符合有关要求；质量事故和缺陷处理是否符合有关规定；工程验收手续是否齐全完备等。

一、项目法人质量行为监督

项目法人制是适应社会主义市场经济，转换项目建设与经营体制，提高投资效益，实现我国建设管理模式与国际接轨，在项目建设与经营全过程中运用现代企业制度进行管理的一项具有战略意义的重大改革。这项制度推行之初，由于人们对这一新生事物的理解、认识和支持程度不同，项目法人组织形式多种多样，人员组成、技术力量也各不相同，有的仅是简单地将原工程建设指挥部换了个名字，难以达到预期的效果。《关于贯彻落实〈国家计委、财政部、水利部、住房和城乡建设部关于加强公益性水利工程建设管理的若干意见的通知〉的实施意见》对《关于加强公益性水利工程建设管理的若干意见》的规定加以细化、补充和完善，使其更具有可操作性。根据规定，项目主管部门应在可行性研究报告批复后，工程开工前完成项目法人组建。组建项目法人要按项目的管理权限报上级主管部门审批和备案。具体要求见表2-1。

表2-1　项目法人组建的负责单位和审批、备案方式

<table>
<tr><th>项目类别</th><th>项目法人组建负责单位</th><th>审批或备案</th></tr>
<tr><td rowspan="2">中央项目</td><td>水利部</td><td>—</td></tr>
<tr><td>流域机构</td><td>报水利部备案</td></tr>
<tr><td>地方项目</td><td>县级以上人民政府或委托同级水行政主管部门</td><td>上级人民政府或其委托的水行政主管部门审批</td></tr>
<tr><td>总投资在2亿元以上的地方大型水利项目</td><td>项目所在地的省（自治区、直辖市）人民政府或其委托的水行政主管部门</td><td>—</td></tr>
<tr><td>1、2级堤防</td><td>—</td><td>报项目所在地的流域机构备案</td></tr>
</table>

根据规定，新建项目一般应按建管一体的原则组建项目法人。除险加固、续建配套、

改建扩建等项目，原管理单位基本具备项目法人条件的，原则上由原管理单位作为项目法人或以其为基础组建项目法人。

《堤防工程建设管理暂行办法》的有些规定与其后颁发的《关于加强公益性水利工程建设管理的若干意见》住房和城乡建设部不一致的，不应再执行，但有些规定与其并无矛盾，应继续执行。《堤防工程建设管理暂行办法》对项目法人的组建规定为要按照报批的整体建设项目明确建设项目的责任主体，组建项目法人。项目法人根据工程需要应设立具体实施工程建设管理的建设单位。

根据上述规定，大中型建设项目的项目法人应具备的基本条件是：法人代表应为专职人员，应熟悉水利工程建设的方针、政策、法规，有丰富的建设管理经验和较强的组织协调能力；技术负责人应具有高级专业技术职称，有丰富的技术管理经验和扎实的专业理论知识，负责过中型以上水利工程的建设管理，能独立处理工程建设中的重大技术问题；人员结构合理，应包括满足工程建设需要的技术、经济、财务、招标、合同管理等方面的管理人员，大型工程项目具有各类专业技术职称的人员一般不少于总人数的50%；有适应工程需要的组织机构，并建立完善的规章制度。

项目法人在建设阶段的职责主要包括：组织初步设计文件的编制、审核、申报；组建现场管理机构；负责办理工程质量监督手续；按照基本建设程序和批准的建设规模、内容、标准组织工程建设；负责组织各项招标并签订合同；负责组织编制竣工决算；负责组织或参与验收工作等。

现场建设管理机构是项目法人的派出机构，其职责应根据实际情况由项目法人制定，一般应有：协助配合地方政府进行征地、拆迁和移民工作；编制、上报年度计划，负责按批准后的年度建设计划组织实施；加强施工现场管理，严禁转包和违法分包行为；按时办理工程结算；组织编制度汛方案，落实安全度汛措施；按照规定编报计划、财务、工程建设情况的统计报表等。

地方人民政府在公益性水利工程建设中的作用是：负责协调工程建设的外部条件和与地方有关的征地移民等重大问题；负责落实地方配套资金。

对项目法人质量行为的监督检查主要包括以下内容：

1.质量检查体系的建立、落实和运行情况。项目法人应根据工程建设情况建立相应的质量管理机构，配备专职质量管理人员，人员数量和素质应符合工程建设需要。制定质量管理制度，主要制度内容应符合有关规定。按照制定的规章制度、工作规划、实施细则有效地开展工作，使工程质量处于受控状态。对参建单位的质量行为和实体质量进行定期和不定期监督检查，质量检查的结果应采取适当的方式记录和发布。项目法人在工程开工前，应向水利工程质量监督机构办理工程质量监督手续。

2.施工图的审查、落实情况。项目法人应组织设计和施工单位进行设计交底。

3.施工、监理、设计及材料、设备采购合同的签署、执行情况。

4.设计变更的手续履行、落实与完善情况，对于重大设计变更应报请上级有关部门批准。

5.是否有明示或暗示有关单位违反工程建设强制性标准，降低工程建设标准的行为。

6.对于经常规质量检验评定难以反映工程质量状况的工程建设内容，项目法人是否委托了有资质的质量检测单位进行质量检测，情况如何。

7.是否有未经验收或验收不合格的工程擅自交付使用。

8.参与或组织联合小组对重要隐蔽单元工程和关键部位单元工程进行验收签证，组织或参与分部工程验收。

9.是否对施工单位自评并经监理机构复核的分部工程、单位工程和工程项目的质量等级及时进行确认。

10.是否及时组织单位工程验收、水电站（泵站）中间机组启动验收和合同工程完工验收等情况。

11.是否将重要隐蔽单元工程（关键部位单元工程）验收签证成果、分部工程验收结论、单位工程验收结论和工程项目质量等级评定结果及相关资料及时报送工程质量监督机构进行核定（核备）。

12.对质量缺陷、质量事故的报告、处理记录。对施工中出现的工程质量事故，项目法人应按规定进行调查报告，并组织进行分析、处理。

13.对其他各参建单位工程质量行为的监督管理情况。

14.与工程质量有关的规程、规范、技术标准特别是强制性标准的执行情况。

二、勘察设计单位质量行为监督

对勘察设计单位的质量监督目前一般只能做到对勘察设计单位的资格和其勘察设计成果质量的监督。勘察设计成果主要是地质勘察报告、设计文件和设计图纸。地质勘察报告是设计文件的主要依据之一，其质量的好坏直接影响基础处理方案的选择。水利工程项目的设计文件一般要经过水行政主管部门审批后才能实施。对施工图进行较深程度的审查，就目前各地水利工程质量监督站的技术力量来说还难以达到。但如果有硬性规定要对设计图纸进行审查，可以借助社会中介或咨询机构的技术力量。实际上，对施工图设计文件的审查也需要具备一定的资质能力。住房和城乡建设部在《建筑工程施工图设计文件审查暂行办法》中对设计审查人员的经历、年龄、业务水平和工作能力等都做了规定。对设计审查机构的法人地位、人员结构、人员数量、审查人员的专业配备、管理水平及注册资金等都做了规定。这些规定也说明了对施工图设计文件审查的要求比较高，不是一般人和一般单位可以胜任的。水利工程施工图审查《建设工程勘察设计管理条例》中已做了明确规定，各地也在创造条件开展这项工作，但全面铺开还有一定的难度。因此，质量监督员对施工图的审查只是初步的，主要是熟悉工程概况，了解设计意图，施工图纸审签是否完善，是否盖有出图章等方面。对勘察设计单位资质审查的重点应放在其质量体系建立及运行情况和现场服务体系。如果勘察设计单位建立了比较完善的质量体系，并使之有效运行，每一作业过程的质量就有了保证，从而就可以保证最终勘察设计成果的质量。勘察设计单位的现场服务体系是否落实，是否已按勘察设计合同规定派驻勘察设计代表，其人数、业务水平能否满足工程建设需要，施工图是否已向有关方面进行过施工图交底。

在工程实施过程中，质量监督机构对勘察设计单位的质量监督工作主要是对其现场服务体系的落实情况及设计单位的现场服务工作进行监督检查，这种检查是不定期的，检查结果应做好记录。

对勘察设计单位施工过程服务行为的监督检查主要包括以下内容：

1.承揽的建设工程勘察、设计业务与其资质等级范围是否相符，有关专业技术人员是否符合执业资格要求。

2.设计现场服务体系是否落实，设计项目负责人是否常驻工地，现场设代人员的资格和专业配备是否满足合同要求。

3.勘察报告、资料及设计文件是否完整、规范、真实、准确，签发（含变更）手续是否合法齐全。

4.设计方案修改、变更是否符合有关程序，图纸供应与设计通知是否及时。

5.对钻孔和基础面、边坡与洞室开挖工程施工过程中揭示的工程地质情况是否及时进行地质描述和地质评价。

6.在施工前，设计人员应向建设、监理和施工单位进行施工图纸技术交底，及时解决施工中存在的设计问题。

7.参加地基验槽、基础、主体结构及重要隐蔽单元工程（关键部位单元工程）验收签证和其他工程的验收情况。

8.是否按规定参加有关工程质量问题的调查、分析与处理。

9.是否有指定建筑材料、专用设备的生产、供应厂商的行为。

三、监理单位质量行为监督

建设监理制度自20世纪80年代在我国试点以来，现已逐渐被人们所认识、理解和接受。水利部早在20世纪90年代就明确要求在水利工程建设中要全面推行建设监理制度，并要求采用招标的方式选择监理单位。建设监理制度在我国走过了由试点、发展到成熟、完善的过程，尤其是20世纪90年代后期国家加大对基础设施投入以后，强制推行建设监理制度，使建设监理制度得到了迅速的发展。

随着建设监理制度的发展和成熟，水利部又组织力量对《水利工程建设监理单位管理办法》进行了修改，颁发了《水利工程建设监理单位资质管理办法》，这些规定都从技术负责人、专业技术人员、注册资金和工程监理业绩等方面对水利工程监理单位资质提出了要求。新规定中将水利工程监理单位资质分为水利工程施工监理、水土保持工程施工监理、机电及金属结构设备制造监理和水利工程建设环境保护监理4个专业。其中，水利工程施工监理专业资质和水土保持工程施工监理专业资质分为甲级、乙级和丙级3个等级，机电及金属结构设备制造监理专业资质分为甲、乙2个等级，水利工程建设环境保护监理专业资质暂不分级。

工程质量监督机构应对监理单位质量控制工作进行监督检查，检查主要包括以下内容：

1.对监理机构的资质进行复核，看其是否与承担的任务相适应。

2.监理单位是否依据合同约定组建监理机构，配置的监理人员的人数和专业是否满足监理工作需要，持证情况如何。

3.更换总监理工程师和其他主要监理人员应符合监理合同约定。

4.监理机构是否按监理合同的约定和监理规范的要求开展平行检测工作。

5.是否按监理规范要求编制监理规划，内容是否齐全，程序是否规范。

6.是否针对工程实际编制了监理实施细则，内容是否齐全，程序是否规范。

7.岗位责任制是否建立，责任是否落实。

8.质量控制制度是否制定，内容是否齐全、规范。

9.工程建设期间总监理工程师是否按合同约定常驻工地，其他主要监理人员是否按工程需要及时到岗、到位。

10.监理人员是否熟悉和掌握质量控制标准和要求。

11.监理机构是否对施工单位及设备制造单位的质量保证体系进行检查，并对其存在的问题提出明确意见，是否跟踪落实。

12.监理工程师是否对施工单位主要人员出勤情况进行考核。

13.是否对施工单位执行法律、法规、规程、规范特别是强制性标准的情况进行检查。

14.关键部位和工序是否进行了旁站，重要隐蔽单元工程（关键部位单元工程）是否进行联合验收。

15.是否及时对承包人提交的施工技术方案、施工技术措施、试验方案、试验成果等文件进行审批、审核和确认。

16.是否对施工单位的自检行为及时进行了检查。

17.是否坚持监理例会制度，存在问题是否及时得到解决。

18.监理日志、巡视监理、旁站监理等记录填写是否及时、规范、完整。

19.工程质量缺陷是否按规定进行处理、消缺备案，质量缺陷备案报告编写是否及时、规范、完整。

20.按有关规定参与工程质量事故的调查和处理。

21.是否及时对工序、单元工程、分部工程和单位工程的质量等级进行了复核。

22.是否对原材料、构配件及设备质量进行了验收。

23.跟踪检测数量是否符合规范要求。

24.月报编写是否及时、规范。

25.档案资料是否齐全、完整、规范。

四、施工单位质量行为监督

为了保证水利水电工程施工的顺利进行和工程质量、工期与工程费用的控制实现预期的目标，住房和城乡建设部印发的《建筑业企业资质管理规定》中对从事水利水电工程建设的施工企业，根据其企业资产、企业主要人员和企业工程业绩，将水利水电施工企业资质等级标准分为1个水利水电工程施工总承包企业资质等级标准和水工金属结构制作与安装工程、水利水电机电设备安装工程、河湖整治工程等3个专业承包企业资质等级标准。其中，水利水电工程施工总承包企业资质分为特级、一级、二级和三级4个等级标准，3个专业承包企业资质均分为一级、二级和三级3个等级标准。

对承包商的资质复查，主要看其资质等级和承包范围是否符合有关规定和要求。如果工程需要分包的，分包单位的资质、分包方式、分包程序等都必须符合水利部《水利工程建设项目施工分包管理暂行规定》的有关规定。

工程质量监督机构对施工承包商质量行为的监督检查主要包括以下内容：

1.施工单位资质、项目经理、管理人员的资格及配备和到位情况。

2.施工单位是否有质量管理机构，配备有专门质量管理人员，制定有质量管理制度，建立质量责任制度，运行是否正常。

3.主要专业工种上岗操作人员资格及配备和到位情况怎样。合同规定的技术负责人是否常驻工地，质检人员是否熟悉各项质量标准，质量检验是否规范及时。

4.分包单位资质审查及对分包单位的管理情况如何，是否有转包或者违法分包工程的行为。

5.是否编制合理完整的施工组织设计，重要的分部工程是否单独编制施工方案。施工组织设计或施工方案审批及执行情况如何。

6.现场施工操作技术规程及国家有关规范、标准，特别是强制性标准的执行情况如何。若采用没有国家和行业标准的新技术、新材料、新方法、新工艺时，采用前是否经过有关部门组织的专家论证和评审。

7.工程技术标准及经审查批准的施工图设计文件和设计变更文件的执行情况。有无擅自修改工程设计或偷工减料的行为。

8.工地试验室的设置和配备情况如何。

9.进场建筑材料、构配件、设备、混凝土的检验试验以及主要建筑材料存放情况。

10.原材料、中间产品的质量检测项目、数量是否满足规范和设计要求。计量器具的校验及混凝土、砂浆试件养护情况怎样。是否按照工程设计要求、施工技术标准和合同约定，对建筑材料、建筑构配件、设备和商品混凝土进行检验，检验是否有书面记录和专人签字，未经检验或检验不合格的材料是否用于工程。

11.施工质量“三检制”是否做到了班组初检、队（处）复检、施工单位专职质检员终检。

12.工序验收的手续是否齐全，有无漏序检测现象。单元工程、分部工程、单位工程质量的检验评定情况怎样。重要部位、关键工序、隐蔽工程的质量检验评定和报验情况如何。

13.工程实体质量检测项目、点数是否满足规范和设计要求。质量检测结果是否满足规范和设计要求，各项检测记录是否及时、齐全，记录、校对、审核等签字手续是否完备。

14.对涉及结构安全的试块、试件以及有关材料，是否在项目法人或者监理单位的见证下现场取样送检，质量检测单位是否具有相应资质。

15.是否建立、健全施工质量的检验制度，是否做好隐蔽工程的质量检查和记录，隐蔽工程在隐蔽前，是否通知建设、监理和其他有关部门参加。

16.是否按建立的技术交底制度进行技术交底。

17.质量问题的整改和质量事故的处理情况，对历次检查中发现的质量问题的整改处理情况。施工质量缺陷有无私自掩盖行为，是否及时进行了描述、备案，是否及时进行了处理。

18.工程技术资料收集、整理情况。

19.原材料、中间产品质量检测及单元工程质量等级评定结果是否按月汇总报建设、监理单位。

五、其他单位质量行为监督

在工程实施阶段，工程的原材料供应单位、中间产品制作单位、施工协作单位、质量检测单位等，会在不同的施工阶段，以不同的方式和不同的程度参与工程建设，质量监督机构应在适当的时候采用合适的方式，对这些单位的质量行为进行监督检查，并认真做好记录。这里仅以质量检测单位为例进行介绍，其他单位可根据需要确定。

工程质量监督机构对质量检测单位质量行为的监督检查主要包括以下内容：

1.单位资质是否符合有关规定，是否超越核准的类别、业务范围承接任务。质量检测单位是否取得省级以上计量认证合格证，检测内容是否与认证参数相符。是否取得水利部或省、自治区、直辖市人民政府水行政主管部门颁发的水利工程质量检测单位资质证书。

2.质量体系是否完善，运行是否正常。

3.关键岗位人员是否经过培训，是否做到持证上岗。

4.质量检测内容是否符合委托要求、检测方法是否规范。

5.提交的技术报告的签发程序、数据与结论的符合情况。质量检测报告是否具有有效的“CMA标识与编号”章。

6.原材料、中间产品、金属结构与机电设备等的生产、采购、供应是否有合格证、出厂试验、检验报告，按规定需要进行监造和出厂验收的，手续是否齐全、规范。

7.现场作业、配合或服务人员是否履行了合同规定的职责和义务。

第三节　工程实体质量监督

工程实体质量监督是指质量监督机构依据国家法律、法规，工程建设强制性标准，规程、规范和技术标准，以及批准的设计文件和工程建设合同等，对施工过程中形成的工程实体质量和质量控制资料进行监督检查的活动，是质量监督工作的重点。在工程建设实施阶段，工程实体质量的监督主要是对工程施工过程中使用的原材料、中间产品及工程实体质量进行监督检查。施工单位应根据规程、规范和建设合同的规定，及时对工程使用的原材料、中间产品和工程实体质量进行检测、检验和试验。监理单位应对原材料、中间产品及工程实体的质量进行严格控制，应根据监理规范和监理合同的有关规定对其进行见证取样、跟踪检测和平行检测。项目法人也应视工程建设具体情况，及时委托有资质的检测单位对原材料、中间产品质量和工程实体质量进行检测和试验。质量监督机构可根据自身条件适时进行监督检测或督促项目法人委托质量检测单位对原材料、中间产品及工程实体质量进行检测，对质量有异议的原材料、中间产品及工程实体质量提出监督意见，必要时以质量监督检查结果通知书的形式，通知项目法人，并抄送有关单位；问题严重时，及时报上级主管部门。

一、原材料质量监督

由于工程材料质量是构成工程的实体，所以，工程材料的质量好坏将直接影响工程实体质量，而搞好工程材料质量的监督，在很大程度上就能保证工程的施工质量。由于水利水电工程中需要的原材料品种多、数量大、涉及的部门多而复杂，因此，要严格控制进入施工现场原材料的质量，在建立严格的材料采购、订货、运输、验收、保管和发放等方面制度的同时，还需要建设、监理和施工等单位的共同努力。不论是施工单位还是项目法人采购的材料，在确定订购前，都必须将生产厂家的资信简介、有关技术资料、试验数据和样品报监理工程师，经认可、同意后才能订货。必要时可组织有关方面人员对生产厂家的生产工艺、管理方式、质量控制检测手段等进行实地考察，再确定是否订货。对进入施工现场的材料，必须将其材质证明、出厂合格证和按有关规程、规范和标准的要求应进行取样试验的资料，以及填写的进场材料质量检验报告单，报监理工程师审核验收。

质量监督员核查材料的质量时，主要是审查监理工程师签发的材料采购单、进场材料质量检验报告单，抽查材质证明书和试验报告单，并赴施工现场和材料存贮地进行现场检查，主要检查外形、颜色、尺寸、形状、气味并从其包装、标识等方面检查其型号、品种、数量、性能等指标，若对某种材料的质量有怀疑时，可要求项目法人委托有资格的检测单位进行复检。检查中若发现有明显不符合规定的做法，可责成有关部门改正，情节严重的，可签发质量监督整改通知书。

二、工程实体质量监督

工程实体质量监督应以工程安全为重点，特别关注工程关键部位和重要隐蔽工程的实体质量的监督检查。如穿堤坝构筑物、高速水流区、重要承重结构、重要复杂表面结构、防渗反滤部位、重要焊缝、机械间隙、安装水平度和平整度、电气参数等。检查工程外观有无明显质量缺陷。

对于土方工程实体质量监督主要内容有：监督抽查河道开挖的河道中心线、河底高程和宽度、边坡坡度、检测记录；对于水下土方，检查挖泥船河道开挖时船位校测情况记录、水位标尺设置情况、河底两侧坡脚线1/4河底宽度范围超深情况及其他河底高程、河口水面线是否基本顺直；堤防工程的清基、新老堤接合面的清理刨毛、击实及碾压试验情况，筑堤土料是否符合要求、铺土厚度及压实情况及其检测、试验记录；堤防中心线、堤顶高程、堤顶宽度和断面尺寸；基坑开挖、降排水效果及土方回填质量；防渗体的质量；土堤土坝灌浆加固布孔、造孔、灌浆压力记录情况和泥墙厚度；观测设施的类型、规格、数量及埋设位置；对地面及周边建筑物沉降的观测记录等。

对于砌石及堤岸防护工程实体质量监督主要内容有：监督抽查原材料合格证及进场检验记录，施工用柴枕、石笼、软体沉排等物料的尺寸、重量、结构等是否符合设计要求，监理抽检记录；砌体或防护体施工工艺；砌体混凝土或砂浆强度试验记录及反滤层、滤料的铺筑质量；工程高程、尺寸、垂直度、平整度等；草皮护坡或防浪林的草、树的品种和种植的面积、数量、成活率等质量；工程施工质量检验和评定资料等。

对于基础处理工程实体质量监督主要内容有：监督抽查原材料进场验收记录和材料试验报告（预制桩须有产品合格证、检验报告或验收记录）；基础工程施工方案；桩基承载力和桩身质量检验报告；复合地基承载力试验情况；基础钢筋制作与绑扎质量；基础轴线与标高；防渗墙各段板块间接合情况及渗水试验；砂浆、混凝土试块强度检测报告；沉井的尺寸、封底情况、井内回填情况；土工防渗膜的铺设、拼接及开槽深度、回填情况检查记录，防渗效果检验记录；基础工程施工质量检验评定和验收资料等。

对于混凝土工程实体质量监督主要内容有：监督抽查原材料合格证、进场检验记录、抽检记录；钢筋、模板、止水、伸缩缝等制作与安装、连接（焊接、绑扎）质量；混凝土强度、钢筋保护层及构造物几何尺寸；混凝土配合比及计量情况；混凝土浇筑、振捣工艺及养护等情况；新老混凝土接合面处理情况；混凝土工程裂缝、漏（渗）水等缺陷处理情况；钢筋混凝土防腐涂料的产品合格证，涂料前混凝土表面清洁处理情况等。

对于金属结构制作安装及启闭机安装工程实体质量监督主要内容有：监督抽查原材料（钢材、焊接材料、高强螺栓、铸件等）合格证、检验记录；金属结构和启闭机出厂前检验记录和合格证；金属结构和启闭机运至现场后复测记录；金属结构及其防腐处理的抽检质量情况；金属结构及启闭机安装记录和现场安装质量；启闭机出厂前整体组装和试运行情况；金属结构及启闭机试运行情况等。

对于机泵安装工程实体质量监督主要内容有：监督抽查主机泵设备及装置性材料的厂方检验合格证；主机泵设备进场验收记录；主机泵设备基础及埋件质量检查记录；主机泵设备安装质量及调试记录；辅机设备进场验收记录及辅机系统安装质量记录（含气、水、油、通风系统安装及其管路制作安装等）；泵站起重设备（含轨道与车挡、桥式起重机、悬挂式起重机、电动葫芦等）出厂合格证及出厂检验记录和安装质量记录。对非标设备，应有技术监督部门的鉴定书；起重机的空负荷、静负荷试验和动负荷试运转情况记录；泵站机组启动试运行检验情况记录等。

对于电气工程实体质量监督主要内容有：监督抽查设备出厂合格证、安装说明书、进场检验记录；电气设备安装调试记录；变压器油质和渗漏试验报告，变压器运行试验报告；变压器、高低压开关柜、配电箱（盘）、控制柜（屏、台）、动力、电缆等安装；电气接地和避雷接地；绝缘和接地电阻测试记录、低压电气设备试验和运行记录；电气工程质量验收记录等。

对于房屋建筑工程实体质量监督主要内容有：监督抽查设备、原材料及构配件合格证、进场验收记录、复试报告；地基与基础工程质量验收情况；砌体、混凝土、钢结构、木结构等主体结构质量验收情况；装饰装修工程质量验收情况；建筑屋面工程质量验收情况；给排水及采暖工程质量验收情况；建筑电气工程质量验收情况；电梯、通风与空调工程安装质量和验收记录等。

对于交通道路工程实体质量监督主要内容有：监督抽查原材料出厂合格证、检验报告、进场验收及抽检记录；道路地基及基础处理情况；路基基层及面层的中线高程、压实度、强度、平整度；路基、路面弯沉值测定情况记录；道路工程质量检验评定资料等。

对于桥梁工程实体质量监督主要内容有：监督抽查原材料（含外加剂）出厂合格证、检验报告、进场验收及抽检记录；基础工程质量；现浇混凝土工程质量；预应力施工和张拉情况；墩、台及梁、板等混凝土预制件等安装质量；支座、拱的安装及轴线放样、标高等检查记录；桥面铺装质量检查记录；伸缩缝产品合格证及安装质量，人行道板铺设等施工质量检查记录等。

对于信息与自动化工程实体质量监督主要内容有：监督抽查设备出厂合格证、进场检验记录；线缆敷设及防护等措施；各种设备安装的安全性、美观性；试运行检验情况记录及测试报告；工程质量验收记录等。

三、质量事故与质量缺陷处理监督

在施工过程中，出现影响结构安全和使用功能的重大质量问题，以及发生重大质量事故，建设、监理单位或施工单位应在规定的时间内通知质量监督部门，并按规定的处理程序进行处理。对于施工过程中发现的质量缺陷，施工单位除采取必要的临时安全维护措施外，不能随意采取措施进行处理，未经有关部门同意而擅自处理或掩盖的，必须清除已处理部分，恢复其原状。不论什么样的质量缺陷，都应按规定的处理权限，将处理方案报有关部门，经批准后才能进行处理和掩盖。对于局部不影响结构安全和使用功能的质量缺陷，施工单位也要将质量缺陷处理方案报建设、监理单位批准认可，必要时还应经设计单位同意，并做好质量缺陷描述记录和质量缺陷处理过程记录。质量监督员应当了解质量缺陷、质量问题和质量事故真相，监督其处理过程，并参与质量事故的调查。对于隐瞒事故真相，逃避责任的单位或个人，质量监督部门应当建议水行政主管部门给予通报批评，严重的要移送司法机关处理。在质量事故的调查、分析、处理过程中，质量监督员对其过程要认真进行监督，检查其是否按“三不放过”的原则进行了处理，是否认真吸取了教训，返工质量是否符合要求等内容。

在施工过程中，因特殊原因使得工程个别部位或局部发生达不到技术标准和设计要求（但不影响使用），且未能及时进行处理的工程质量缺陷问题（质量评定仍定为合格），应以工程质量缺陷备案形式进行记录备案。质量缺陷备案表由监理单位组织填写，内容应真实、准确、完整。各工程参建单位代表应在质量缺陷备案表上签字，若有不同意见应明确记载。质量缺陷备案表应及时报工程质量监督机构备案。

第四节　工程验收监督

水利水电工程施工过程需要经历各种各样的验收，如原材料、配件和设备进场的验收、金属结构制作出厂前的验收、工序交接验收、单元工程完工验收、分部工程完工验收、单位工程完工验收、使用前验收、机组启动验收、工程竣工验收等。这些验收有的是在施工单位内部进行的；有的须经建设、监理单位认可；有的不仅需要建设、监理单位参与，还需勘察设计单位参与；有的是质量监督部门参加；有的还需主管部门参与。就其验收的组织单位来说，有的是施工单位自己组织的，有的是建设单位组织的，有的是监理单位组织的，有的还需要建设主管部门来组织。一般来说，施工单位自己组织的通常是细部、局部的验收，建设、监理单位组织的是完工验收或参建各方主体之间的交接验收，主管部门组织的往往是涉及公共利益、安全、卫生、环境等方面的阶段性验收或整体验收或最终验收。

按照现行水利水电建设工程验收规定，按验收主持单位可分为法人验收和政府验收。法人验收是指在项目建设过程中由项目法人（或其委托的监理单位）组织进行的验收，如工程建设完成分部工程、单位工程、单项合同工程，或者中间机组启动前等，由法人组织的验收。法人验收应包括分部工程验收、单位工程验收、水电站（泵站）中间机组启动验收、合同工程完工验收等。政府验收是指由有关人民政府、水行政主管部门或者由其委托的其他有关部门组织进行的验收，包括专项验收、阶段验收和竣工验收。专项验收包括环境保护、水土保持、移民安置、安全设施和工程档案等专项验收。阶段验收是指工程建设进入枢纽工程导（截）流、水库下闸蓄水、引（调）排水工程通水、首（末）台机组启动等关键阶段进行的验收。竣工验收又分为竣工技术预验收和竣工验收2个阶段。验收主持单位可根据工程建设需要增设验收的类别和具体要求。

工程验收是对工程建设情况的一次系统检验，质量监督部门应尽可能参与有关的验收工作，以便较好地掌握和了解工程建设的有关情况，为更好地开展质量监督工作创造有利条件。对于质量监督计划中明确的特别是有关规定中要求质量监督部门必须到位的工程项目建设内容的验收点，一方面施工过程中有关方面应及时通知质量监督部门到场；另一方面，质量监督部门也要随时掌握和了解工程建设的进展情况，便于提前进行工作安排，做好足够的思想准备。如果没有特别重要的理由，负责该项目的质量监督人员都务必亲自到场，以维护良好的信誉。如果真正有特别重要理由不能到场，也应委托他人代行自己的职责，最好有正式的书面委托。还可借助现代社会信息传递方便、快捷的条件，事先向有关方面说明其不能到场的原因。工程验收质量监督工作的重点是从程序上把关，在不同的验收阶段，质量监督工作有不同的重点。现就质量监督机构在各类验收中的有关工作内容做如下介绍：

一、分部工程验收质量监督工作内容

质量监督机构对在分部工程验收前检查中发现的问题，应以质量监督检查结果通知书的形式，及时通知建设、监理单位及有关单位予以纠正。对在分部工程验收期间发现的问题，应及时通知验收工作组予以考虑。根据有关规定，质量监督机构在分部工程验收阶段工作包括如下主要内容：

1.抽查单元工程质量验收评定资料，对重要隐蔽单元工程和关键部位单元工程质量验收评定资料进行核备，看其程序是否规范，内容是否完整、真实，签证手续是否齐全。

2.抽查工程原材料、中间产品及工程实体的质量检验统计分析资料，看其统计分析方法是否正确。

3.检查分部工程施工中是否发生过质量事故和质量缺陷，是否进行了处理，结果如何，是否已经过复查验收合格。

4.检查提交验收的分部工程是否具备了验收的基本条件。

5.了解和掌握原材料、中间产品及混凝土（砂浆）试件、金属结构及启闭机制造和机电产品质量情况。

6.根据单元工程质量验收评定统计资料和有关工程质量检验资料，审查、核对分部工程施工质量评定资料。分部工程施工质量评定应经施工单位自评、监理单位复核，项目法人认定的程序。由项目法人（或委托监理机构）组织进行分部工程验收，并将分部工程验收的质量结论报质量监督机构核备，对大型水利枢纽主要建筑物的分部工程验收的质量结论由质量监督机构进行核定。

7.列席大型水利枢纽主要建筑物分部工程验收会议。

二、单位工程验收质量监督工作内容

根据有关规定，质量监督机构在单位工程验收阶段的工作主要包括以下内容：

1.检查分部工程施工质量评定资料是否齐全，是否符合有关规定要求。

2.检查工程原材料、中间产品、金属结构及启闭机制造、机电产品及工程实体的质量检验资料是否齐全，统计分析方法是否正确，结果是否满足规程、规范和设计要求。

3.检查工程施工过程中是否发生过质量缺陷和质量事故，是否进行了处理，处理结果如何，是否已有明确结论，是否验收合格，是否已经按规定进行了缺陷备案。

4.由项目法人主持并组织监理、设计、施工、运行管理单位组成的外观质量评定组，对建筑物外观质量进行评定，根据外观质量标准、质量评定项目及检测结果，给单位工程建筑物外观质量打分，计算外观质量得分率。质量监督机构可以派员参与其外观质量评定的工作过程，并对其进行监督检查，以便为核定外观质量评定结论了解和掌握更多的情况和信息。

5.检查施工单位提供的单位工程施工质量检验资料是否齐全，监理是否进行了复查，是否符合有关规定要求。

6.检查各分部工程验收鉴定书中遗留问题的处理情况或有监理机构出具的书面处理意见。

7.检查工程施工期及试运行期单位工程观测资料分析结果是否符合国家和行业技术标准以及合同约定的标准要求。

8.根据分部工程质量验收评定统计资料和有关工程质量检验资料，审查、核对单位工程施工质量评定资料。单位工程施工质量评定应经施工单位自评、监理单位复核，项目法人认定的程序。由项目法人组织进行单位工程验收，并将单位工程验收的质量结论报质量监督机构核定。

9.列席项目法人组织的单位工程验收会议。

三、合同工程完工验收质量监督工作内容

当合同工程仅包含一个单位工程或一个分部工程时，宜将单位工程或分部工程验收与合同工程完工验收一并进行。当受监的工程项目需要进行合同完工验收时，质量监督机构在合同工程完工验收期间的工作主要包括以下内容：

1.检查合同范围内工程项目和工作内容是否全部完成。

2.检查施工现场清理是否达到合同要求。

3.检查已投入使用工程运行情况是否正常，是否满足运行要求。

4.检查验收资料整理、归档情况。

5.检查工程施工质量的鉴定是否合理。

6.检查历次验收遗留问题的处理情况。

7.必要时，列席合同工程完工验收会议。

四、阶段验收质量监督工作内容

根据有关规定，质量监督机构在工程阶段验收期间的工作主要包括以下内容：

1.检查单元工程质量评定汇总资料及分部工程施工质量评定资料是否符合有关规定要求。

2.检查工程原材料、中间产品、金属结构及启闭机制造、机电产品及工程实体的质量

检验资料是否齐全，统计分析方法是否正确，是否满足规程、规范和设计要求。

3.检查被验收工程是否发生过质量缺陷和质量事故，是否进行了处理，处理结果如何，是否已按规定经验收合格。

4.编写工程阶段验收的质量评价意见。

5.参加工程阶段验收委员会的工作，向工程阶段验收委员会提交工程质量监督评价意见。

五、竣工验收质量监督工作内容

根据有关规定，质量监督机构在工程项目竣工验收阶段的工作主要包括以下内容：

1.堤防工程竣工验收前，项目法人应委托具有相应资质等级的质量检测单位进行检测，工程质量抽检项目和数量由工程质量监督机构确定。其他工程竣工质量抽样检测的项目、内容和数量，经质量监督机构审核后报竣工验收主持单位核定。

2.检查分部工程施工质量评定资料是否齐全，是否符合有关规定要求。

3.检查施工过程中发生过质量事故和质量缺陷，是否进行了处理，结果如何，是否已经过复查验收合格。

4.检查各单位工程验收鉴定书中遗留问题的处理情况。

5.检查工程施工期及试运行期单位工程观测资料分析结果是否符合国家和行业技术标准以及合同约定的标准要求。

6.根据单位工程质量验收评定统计资料和有关工程质量检验资料，审查、核对工程项目施工质量评定资料。工程项目施工质量评定应经施工单位自评、监理单位复核，项目法人认定的程序。由项目法人将工程项目质量等级评定结果报质量监督机构核定。

7.列席项目法人组织的竣工验收自查会议。

8.编写工程质量监督报告。

9.参加工程项目竣工技术预验收委员会工作，并宣读工程质量监督报告。

10.参加竣工验收会议。

第五节　质量保修期监督

一、监督依据

根据水利部印发《关于进一步明确水利工程建设质量与安全监督责任的意见》的通知指出的注重施工阶段质量监督向工程建设全过程监督转变的要求，水利水电建设工程的质量保修期也应属质量监督范围。

工程移交前，虽已经过验收，有时某些工程还未经过使用考验，还可能有一些尾工项目尚未完成，需要在某一规定的期限内经过正常使用的检验，在这一期限内，施工承包商应按合同规定完成全部尾工项目和修补好可能出现的缺陷。这一规定期限就是保修期。根据《水利工程建设项目管理规定》，由中央或者地方财政全部投资或者部分投资的大中型水利工程（含1级、2级、3级堤防工程）保修期从通过单项合同工程完工验收之日算起，保修期限一般为1年，合同有约定的按合同约定执行。

若项目法人要求提前验收的单位工程或部分工程在验收后即可投入正常使用，其保修期应从该单位工程或部分工程移交证书上写明的完工日算起，同一合同中的不同工程项目可有多个不同的保修期。

在保修期内，承包商负责未移交的工程和工程设备的全部日常维护和缺陷修复工作，对已移交项目法人使用的工程和工程设备，则由项目法人负责日常维护工作，但承包商应按移交证书中所列的缺陷修复清单进行修复，直至有关方面验收合格为止。

项目法人在保修期内使用工程或工程设备过程中，发现新的缺陷或原修复的缺陷部位或部件又遭损坏，则承包商应按有关方面要求负责修复，直至其检验合格为止。经有关方面检验，确属由于承包商施工中隐存的或由于承包商责任造成的缺陷或损坏，应由承包商承担修复费用；若确属发包人使用不当或由于其他承包商责任造成的缺陷或损坏，则应由项目法人承担修复费用。

二、处理原则

保修义务的承担及维修的经济责任的承担一般按下列原则处理：

1.施工单位未按国家有关规范、标准和设计文件要求施工，造成的质量缺陷，由施工单位负责返修并承担经济责任。

2.由于设计方面的原因造成的质量缺陷，先由施工单位负责维修，其经济责任按有关规定通过项目法人向设计单位索赔。

3.因建筑材料、构配件和设备质量不合格引起的质量缺陷，先由施工单位负责维修，其经济责任属于施工单位采购的或经其验收同意的，由施工单位承担经济责任；属于项目法人采购的，由项目法人承担经济责任。

4.因项目法人（含监理单位）错误管理造成的质量缺陷，先由施工单位负责维修，其经济责任由项目法人承担，如属监理单位责任，则由项目法人向监理单位索赔。

5.因使用单位使用不当造成的损坏问题，先由施工单位负责维修，其经济责任由使用单位自行负责。

6.因地震、洪水、台风等不可抗拒原因造成的损坏问题，先由施工单位负责维修，建设参与各方根据国家具体政策分担经济责任。

对在保修期限和保修范围内发生质量问题的，一般应先由项目法人组织勘察、设计、施工等单位分析质量问题的原因，确定保修方案，由施工单位负责保修。但当问题严重、紧急时，不管是什么原因造成的，均先由施工单位履行保修义务。对引起质量问题的原因则实事求是，科学分析，分清责任，按责任大小由责任方承担不同比例的经济赔偿。

保修责任的终止以有关方面签署或颁发的保修责任终止证书给承包商时结束，时间一般应在保修期满28d以内。若保修期满还有缺陷未修补，或工程质量出现永久缺陷，其保修责任可不受保修期限制，具体时间可经有关方面协商确定。

水利水电工程在保修期间，质量监督员的主要任务是监督设计单位和施工单位进行质量回访；检查、了解工程运行中的质量状况；参与和监督质量问题的调查、分析和处理工作；监督施工单位进行质量保修；监督和参与质量问题的责任鉴定和处理工作等。

第三章　水利工程质量监督的管理体系

第一节　水利工程质量监督体制

水利工程质量监督机构是受水行政主管部门的委托，代替其行使水利工程质量监督职能的机构，对水利工程质量具体实施监督管理，并对水行政主管部门负责。自20世纪80年代水利电力部成立了水利电力工程质量监督总站至今，水利行业已经基本形成了“部、省、市、县”四级设置、职责明确、人员齐备、制度完善、程序规范、执行有力、效果显著的工程质量监督体系。

一、质量监督机构的职责

水利部主管全国水利工程质量监督工作，设置水利部水利工程质量与安全监督总站。水利水电规划设计管理局设置水利工程设计质量监督分站，各流域机构设置流域水利工程质量监督分站作为总站的派出机构。各省、自治区、直辖市水利（水电）厅（局），新疆生产建设兵团水利局设置水利工程质量监督中心站。地（市）水利（水保）局设置水利工程质量监督站。各县（区）水利（水保）局设置县（区）水利工程质量监督站。

各级质量监督机构隶属于同级水行政主管部门，业务上接受上一级质量监督机构的指导。各级质量监督机构的正副站长由其主管部门任命，并报上一级质量监督机构备案。水利工程质量监督项目站（组），是相应质量监督机构的派出单位。水利工程质量监督机构的基本职责是依据法律、法规和国家强制性标准对参加建设工程活动的各方主体行为以及建设工程的实体质量进行监督、检查。

（一）水利部水利工程质量与安全监督总站及分站的主要职责

1.总站主要职责

（1）贯彻执行国家和水利部有关工程建设质量管理的方针、政策。

（2）制定水利工程质量监督、检测有关规定和办法，并监督实施。

（3）归口管理全国水利工程的质量监督工作，指导各分站、中心站的质量监督工作。

（4）对部直属重点工程组织实施质量监督。参加工程的阶段验收和竣工验收。

（5）监督有争议的重大工程质量事故的处理。

（6）掌握全国水利工程质量动态。组织交流全国水利工程质量监督工作经验，组织培训质量监督人员。开展全国水利工程质量检查活动。

2. 分站主要任务

水利工程设计质量监督分站受总站委托承担的主要任务如下：

（1）归口管理全国水利工程的设计质量监督工作。

（2）负责设计全面质量管理工作。

（3）掌握全国水利工程的设计质量动态，定期向总站报告设计质量监督情况。

3. 各流域分站主要职责

各流域水利工程质量监督分站的主要职责为：

（1）对本流域内下列工程项目实施质量监督：

① 总站委托监督的部属水利工程。

② 中央与地方合资项目，监督方式由分站和中心站协商确定。

③ 省（自治区、直辖市）界及国际边界河流上的水利工程。

（2）监督受监督水利工程质量事故的处理。

（3）参加受监督水利工程的阶段验收和竣工验收。

（4）掌握本流域内水利工程质量动态，及时上报质量监督工作中发现的重大问题，开展水利工程质量检查活动，组织交流本流域内的质量监督工作经验。

（二）各省、自治区、直辖市水利工程质量监督中心站的职责

（1）贯彻执行国家、水利部和省、自治区、直辖市有关工程建设质量管理的方针、政策。

（2）管理辖区内水利工程的质量监督工作；指导本省、自治区、直辖市的市（地区）质量监督站工作。

（3）对辖区内除全国水利工程质量监督总站、流域水利工程质量监督分站规定以外的水利工程实施质量监督；协助配合由部总站和流域分站组织监督的水利工程的质量监督工作。

（4）参加受监督水利工程的阶段验收和竣工验收。

（5）监督受监督水利工程质量事故的处理。

（6）掌握辖区内水利工程质量动态和质量监督工作情况，定期向总站报告，同时抄送流域分站。

（7）组织培训质量监督人员，开展水利工程质量检查活动，组织交流质量监督工作经验。

（三）市（地区）水利工程质量监督站的职责

（1）贯彻执行国家、水利部和省、自治区、直辖市有关工程建设质量管理的方针、政策。

（2）管理辖区内水利工程的质量监督工作。

（3）指导本市县（区）质量监督站工作。

（4）对辖区内除全国水利工程质量监督总站、流域水利工程质量监督分站、省中心站规定以外的水利工程实施质量监督。

（5）协助配合中心总站和流域分站组织监督的水利工程的质量监督工作。

（6）参加受监督水利工程的阶段验收和竣工验收。

（7）监督受监督水利工程质量事故的处理。

（8）掌握辖区内水利工程质量动态和质量监督工作情况，定期向中心站报告。

（9）组织培训县（区）质量监督人员，开展水利工程质量检查活动，组织交流质量监督工作经验。

（四）县（区）水利工程质量监督站的职责

（1）贯彻执行国务院、水利部、省、市有关水利工程建设质量管理方针政策和法规、规定。

（2）配合由市监督水利工程的质量监督工作。

（3）负责本县（区）域内的项目质量监督工作。

（4）负责对参与水利工程建设的监理、施工等单位的质量管理体系的检查和关键岗位人员、资质的核查。

（5）参加水利工程的阶段验收和竣工验收。

（6）监督受监督水利工程质量事故的调查处理。

（7）掌握境内水利工程质量动态和质量监督工作情况，定期向上级质量监督部门报告，竣工验收提交的工程质量监督报告。

（8）组织质量管理相关培训，开展质量检查活动，总结质量管理经验。

二、工程质量监督人员

各级质量监督机构应配备一定数量的专职质量监督员。质量监督员的数量由同级水行政主管部门根据工作需要和专业配套的原则确定。国务院令第279号《建设工程质量管理条例》中质量监督员是一种岗位职务。质量监督员按专业性质设置岗位。只有在工程质量监督单位工作，并从事工程质量监督工作的专业技术人员才可以成为工程质量监督员。也就是说，对于已取得质量监督员资格，如果他脱离了工程质量监督单位，不再从事质量监督工作，其质量监督员资格也就被取消。质量监督员的工作是代表其质量监督单位对其管辖范围内的工程质量进行监督，如果其工作超出其单位的管辖范围或离开质量监督单位，就不能再履行工程质量监督员的职责。

（一）水利工程质量监督员条件

工程质量监督员是代表质量监督站对工程质量进行监督的执法人员，在政治上和业务上都有特定的要求。住建部不仅对质量监督人员的资格做了统一规定，同时还对各级工程质量监督站站长的技术水平做了统一要求。

以前，水利工程质量监督机构定位于独立的全额拨款性事业单位，水利部要求水利工程质量监督员必须具备以下条件：

第一，取得工程师职称，或具有大专以上学历并有5年以上从事水利水电工程设计、施工、监理、咨询或建设管理工作的经历。

第二，坚持原则，秉公办事，认真执法，责任心强。

第三，经过培训并通过考核取得“水利工程质量监督员证”。

随着全国事业单位改革的不断深入，很多地方的质量监督机构列入公益一类机构，质量监督机构人员的选录都按照公务员录用的方式进行全社会公开选拔，上述要求条件也就无法达到了。目前，各地从质量监督队伍建设的实际情况出发，要求水利工程质量监督员应具备的条件如下：

（1）机构编制内正式人员，持有相关工作证件。

（2）项目质量监督负责人及质量等级核备（备案）人员，应具有工程类专科以上学历或中级以上职称、3年以上水利工程质量监督、建设管理、勘察设计、施工、监理、质量检测等工作经历。

（3）坚持原则，秉公办事，认真执法，责任心强。

（4）熟悉国家工程建设质量管理的法律、法规、方针和政策，国家及行业的有关技术标准、规程和规范。

质量监督机构可聘任符合条件的工程技术人员作为工程项目的兼职质量监督员。为保证质量监督工作的公正性、权威性，凡从事该工程监理、设计、施工、设备制造的人员不得担任该工程的兼职质量监督员。

（二）水利工程质量监督员业务素质要求

（1）质量监督员应具有较高的政策理论水平。由于工程质量监督机构是以其政府主管部门的名义进行质量监督活动的，质量监督员的工作实质上是政府行为，质量监督员就必须有较高的工程建设方面的政策理论水平，熟练地掌握并能正确运用工程建设方面的方针、政策和技术质量标准，以便在监督工作中能抓住中心，正确地把握质量监督工作的大方向和大原则。

（2）质量监督员应当熟知有关工程建设的法律、法规和技术质量标准。质量监督的行为过程，实质上是行政执法的过程，同时也是有关法律、法规、规程规范和质量标准的执行和运用过程。质量监督员只有充分了解和熟练掌握工程建设有关的法律、法规、规程规范和技术质量标准，才能正确运用手中的权力，客观、公正、科学、准确地处理好每一个问题，真正树立质量监督工作的权威。

（3）质量监督员应当具有较高的专业技术水平。专业技术是质量监督员从事质量监督工作所必需的知识和技能，它是对理论知识的应用。质量监督员在工作中会遇到应用各种技术、技能的情况，如果不了解、不熟悉，就可能发现不了质量问题，发现了质量问题也不易查出其原因，影响质量监督的效果，也就不能树立质量监督的权威。因此，质量监督员只有经过多个工程建设实际的反复锻炼，熟悉和掌握影响工程质量的关键环节和技术，丰富和提高自己的专业技术水平，才能增强自己对质量问题的判断和鉴别能力。也可以说具有工程经验，是一名合格质量监督员应具备的重要条件。进行质量监督工作，要善于发现质量问题，并能指出其症结所在。而发现质量问题并能分析其原因的能力，取决于质量监督员的经验和阅历。见多识广，就会对常见的质量问题非常敏感，提请有关方面注意，从而采取主动的控制措施。经验丰富，就能练就识别和判断异常质量问题的本领，及时提醒有关方面采取有效方法进行处理。有丰富的工程经验（包括参与工程质量事故调查、分析和处理的工作经历），就拥有识别工程质量通病的敏锐性，具有发现鉴别异常质量问题的能力，这是胜任质量监督员工作的基础。

（4）质量监督员应具有一定的组织协调能力。工程质量是在项目法人、勘察设计、施工和监理单位等方面的建设活动过程中形成的。一方面，工程建设过程中出了质量问题需要质量监督员进行监督和仲裁；另一方面，质量监督机构是独立于参加建设各方主体行为之外的另一方，常常能够站在比较公正的立场上，建设过程中各方主体之间有一些问题、矛盾和纠纷，往往需要质量监督员出面进行协调，同时，质量监督工作本身也需要有关方面的支持与配合等，都需要工程质量监督员具有一定的组织和协调能力。

（三）质量监督员业务素质提升的五个层次

1. 入门级

工程类专业专科以上学历，有工程建设管理或设计、监理、检测、施工等工作经历，理解并能执行水利行业的各种质量规程、规范和标准。

2. 合格级

有工程类专业职称，了解水利基本建设的有关规定，有水利工程建设管理或设计、监理、检测、施工等工作经历，理解并能执行水利行业的各种质量规程、规范和标准，能发现工程建设过程中存在的质量问题。

3. 骨干级

有工程类专业中级职称，了解水利基本建设的有关规定，有水利工程建设质量管理岗位的经历，能结合工程特点执行水利行业的各种质量规程、规范和标准，对各类工程质量管理的重点、难点及质量通病有所了解，能发现工程建设过程中存在的质量问题，提请有关单位采取主动的应对措施。

4. 头领级

有工程类专业高级职称，了解水利基本建设程序和行政监督的有关规定，全面掌握水利行业的各种质量规程、规范和标准并能结合工程特点执行，有一定的工程建设质量管理的经验，对各类工程质量管理的重点、难点及质量通病都有一定的掌握，能发现工程建设过程中存在的质量问题，提请有关单位采取主动的应对措施。

5. 专家级

有工程类专业高级职称，熟悉水利基本建设程序和行政监督的有关规定，熟练掌握水利行业的各种质量规程、规范和标准，有了丰富的工程建设经验，对各类工程质量管理的重点、难点及质量通病都有深入的把握，能敏锐地发现工程建设过程中存在的质量问题和隐患，并能分析出其产生的原因，指导参建各方采取主动的应对措施。建设过程中各方主体在质量管理方面出现问题、矛盾和纠纷时，能够客观、公正、科学、准确地协调解决，在工程建设各方中有极高的威信。

质量监督工作是一项政策性、专业性、技术性和实践性都很强的工作，质量监督员必须加强学习，不断丰富专业基础知识，提高政策理论水平，经常深入工程建设实践，及时总结经验，才能更好地胜任工程质量监督工作。

三、工程质量监督的工作内容

工程质量监督是依据国家有关工程建设方面的法律、法规和强制性标准对建设工程的实体质量和参加建设各方主体的行为进行监督管理，期限为自工程办理完善质量监督手续之日起，至工程通过竣工验收之日止。

质量监督程序一般包括办理质量监督手续、制订质量监督计划、质量监督工作交底、复核参建单位资质、检查参建单位质量管理体系、项目划分确认、质量监督检查、列席法人验收、质量结论备案与核备、参加政府验收并提交质量评价意见或质量监督报告等。

水利工程质量监督工作的主要内容有以下几个方面：

1.复核各质量责任主体的资质及其派驻现场的项目负责人、有关从业人员的资格，对质量责任主体质量管理体系建立、运行等质量行为进行监督检查。

2.对参建单位贯彻执行法律法规、工程建设强制性条文和技术标准情况进行监督。

3.对工程项目划分进行确认。

4.对工程实体质量进行监督抽查。

5.监督检查工程质量检验和质量评定情况。

6.按规定列席法人验收会议，对法人验收活动进行监督，对重要隐蔽（关键部位）单元工程、分部工程、单位工程验收质量结论和工程项目质量等级进行备案、核备。

7.受理工程质量缺陷备案，监督工程质量事故的调查处理。

8.参加政府验收，提交质量评价意见或质量监督报告。

9.整理质量监督工作档案资料并归档。

四、工程质量监督的权限

质量监督人员在检查中发现工程质量存在问题时，有权签发整改通知，责令限期改正；发现存在涉及结构安全和使用功能的严重质量缺陷、工程质量管理失控时，有权责令暂停施工或局部暂停施工等强制措施，以便立即改正；对发现结构质量隐患的工程有权责令进行检测，根据检测结果，要求项目法人整改。需要行政处罚的，由工程质量监督机构报相应的政府部门查处。

具体地说，水利工程质量监督具有下列权限：

1.对监理、设计、施工、检测等单位的资质等级、经营范围进行核查，发现越级承包工程等不符合规定要求的，责成项目法人单位限期改正，并向水行政主管部门报告。

2.进入施工现场执行质量监督，对工程有关部位进行检查，调阅建设、监理单位和施工单位的检测试验成果、检查记录和施工记录。

3.对违反技术规程、规范、质量标准或设计文件的施工单位，责成项目法人、监理单位采取纠正措施。

4.对使用未经检验或检验不合格的原材料、构配件及设备等，责成项目法人单位采取措施纠正，并提请有关部门进行处罚。

5.提请有关部门奖励先进质量管理单位及个人。

6.提请有关部门或司法机关追究造成重大工程质量事故的单位和个人的行政、经济、刑事责任。

五、工程质量监督工作的要求

工程质量监督工作要努力做到以下四个方面：

（一）坚持原则，不徇私情

质量监督过程是行政执法过程，对于严重违反工程建设方面的法律、法规和强制性标准的现象和行为，监督人员要坚决予以制止，在原则面前不能有半点让步。在监督工作中，原则就是大局，不能因为是同学、熟人或朋友就可以不坚持原则；也不能在面对利诱、贿赂、抵制、威胁甚至是刁难的情况下，就丧失原则。监督人员应通过耐心的解释、说服和教育工作，帮助责任方分析问题，找出原因，使其认识到问题的严重性，增强执行规定的自觉性；监督人员切忌简单地以个人好恶，强行要求他人执行自己的意见。

（二）机警敏锐，洞若观火

工程施工过程中，影响工程质量的因素是多方面的，有暴露的，有隐藏的，有潜在的。监督人员在工地现场检查，一定要采取少讲、多看、多问、多听的方式，力争在较短的时间内获取较多的信息，仔细查看、分析、询问，及时发现问题。在检查中，如遇到复杂的情况或突发事件，要保持镇静，不要因激动而丧失客观性。在调查了解客观证据的过程中，如遇工作复杂，调查量大等情况，要把工作做细做好，把证据收集齐全，切忌马虎草率，轻易下结论、轻率出文件；对于吃得准、拿得住的问题，特别是比较严重的问题，要督促有关方面采取坚决的措施予以纠正，并进行跟踪监督，直至问题得到圆满解决。在质量监督工作中，应坚持以客观证据为基础，严格按有关法律、法规、标准等做出判断，切忌自以为是、主观臆断，切忌先入为主、凭印象判断。

（三）精准处理，不留隐患

要坚持“客观、冷静、及时、规范”地处理质量问题。发现问题要冷静地分析，按照质量问题造成的经济损失情况，界定问题的性质是属于质量事故、质量缺陷、质量不达标等3种中的哪一种，按照规范规定的程序区别对待、及时整改，落实补救措施，彻底消除质量隐患。作为质量监督人员，不能对不同单位、不同的人采取不同的态度或采用不同的尺度和标准，不能无限上纲，也不能大事化小；既不能证据不足就提一堆问题，也不能抱着“不找出问题不罢休”；对于下发质量监督整改通知书，特别是停工通知书，一定要慎重。

（四）技术指导，金牌服务

要按照建设服务型政府的要求，提供金牌技术服务。第一，加强宣传和教育，让人们切实认识到水利工程质量不仅关系到工程经济效益和社会效益的发挥，更关系到工程涉及地区的广大人民生命财产的安全，关系到社会的稳定。第二，要在组织上和制度上采取措施，明确各自的质量责任，使其具有较高的质量意识，努力做好工作，把提高工程质量变成其自觉行动。第三，要强化技术服务意识，要求有关参建单位提供资料时，要提前一次性公示告知，争取一次办完；不论发生什么样的质量问题，都抱着满腔热情和谦虚谨慎、以理服人的态度与有关方面进行分析、讨论，达到既维护工程质量的严密性，又与有关方面沟通思想交流感情，以取得其理解和信任，使其理解、配合、支持质量监督工作；要尊重别人，耐心地听取别人的介绍或意见，不要盛气凌人，在监督工作中要始终保持彬彬有礼的风度，任何情况都不要发脾气、使性子。

第二节　水利工程质量监督手续办理与工作计划

办理质量监督手续是法定程序，不办理质量监督手续的，建设行政主管部门和其他有关专业部门不签发施工许可证或批准工程开工报告，工程不准开工。目前，国务院虽然取消了工程开工行政许可，但工程质量监督手续依然作为开工备案手续的重要内容，项目法人单位应于工程建设开工前，携带有关资料到相应的工程质量监督机构办理工程质量监督手续。

工程质量监督工作计划是质量监督机构针对具体的水利工程项目实施质量监督活动的指导性文件。做好工程质量监督工作计划，可以增强质量监督工作的计划性、主动性和针对性，促进质量监督工作有的放矢，到位又不越位。

一、工程质量监督备案表

办理质量监督手续的工程质量监督备案表一般都是采取各省统一格式，在水行政主管部门的官方网站提供电子文本，项目法人单位自行下载后填写。建立了信息化管理系统的地方也有采取电子版本网上申报和纸质文件同时上报的管理形式，大大提高了工作效率和管理水平。

二、应提供的资料

项目法人单位应于工程建设开工前，携带有关资料到相应的工程质量监督机构办理工程质量监督备案手续，需要的材料主要如下：

1.项目初步设计报告或实施方案、概算、地质勘察报告、图纸原件及批复文件。

2.项目法人批复成立文件及内设质量管理机构设立文件；实行代建制的项目，要提供项目代建合同及现场管理机构设立文件。

3.勘察设计单位资质证书，项目负责人和技术人员职称证书。

4.施工单位资质证书，单位中标通知书、施工合同，施工项目部成立文件，项目建造师资质证书。

5.监理单位资质证书，单位中标通知书、监理合同，监理项目部成立文件，监理人员资格证书。

6.工程质量检测单位资质，第三方检测合同，类似工程经历一览表，工程质量检测方案，项目质量检测人员资格证书。

7.其他需要提供的文件资料。

三、办理程序

要求提供各类证书原件的，工程质量监督机构应及时安排有关人员，将原件与相应复印件进行核对、验证，及时将其退还给报送单位；质量监督机构5个工作日内审核完毕，符合规定的由质量监督机构发给《水利工程质量监督书》4份。

由多家质量监督机构共同监督的水利工程，各方应签订工作协议或采取其他方式明确监督责任主体、质量监督职责与分工。

四、办理手续的意义

办理质量监督备案手续，不仅仅是一项简单的工作程序，它实质上是全面落实各方主体工程质量责任，特别是强化项目法人单位的首要责任和勘察设计、施工、监理单位主体责任的一种具体形式。

（一）落实从业单位质量主体责任

项目法人、勘察、设计、施工、监理及质量检测等从业单位是水利工程质量的责任主体。项目法人对水利工程质量负总责，勘察、设计单位对勘察、设计质量负责，施工单位对施工质量负责，监理单位对工程质量承担监理责任，质量检测、工程监测、鉴定评估等单位对检测、监测和鉴定评估结果负责。相关单位违反国家规定、降低工程质量标准的，依法追究责任，由此发生的费用由责任单位承担。

（二）落实从业单位领导人责任

项目法人、勘察、设计、施工、监理等单位的法定代表人或主要负责人，要按各自职责对所承建项目的工程质量负领导责任。因工作失误导致重大工程质量事故的，除追究直接责任人责任外，还要追究参建单位法定代表人或主要负责人的领导责任。

（三）落实从业人员责任

勘察设计工程师对其签字的设计文件负责。施工单位确定的工程项目建造师、技术负责人和施工管理责任人按照各自职责对施工质量负责。总监理工程师、监理工程师按各自职责对监理工作负责。质量检测、工程监测、鉴定评估等从业人员按照各自职责对其工作成果负责。建立企业质量控制关键岗位责任制，强化对关键岗位持证上岗情况的检查，严格按照质量规范操作。造成质量事故的，要依法追究有关从业人员的责任。

（四）落实质量终身责任制

项目法人、勘察设计、施工、监理及质量检测等从业单位的工作人员，按各自职责对其经手的工程质量负终身责任。因调动工作、退休等原因离开原单位的相关人员，如发现在原单位工作期间违反工程质量管理有关规定，或未切实履行相应职责，造成重大质量事故的，也要依法追究法律责任。

办完质量监督备案手续，各方责任人正式得到确定，各个质量责任制开始正式履行，质量管理体系开始运行，工程建设的序幕正式拉开。

五、准备工作

质量监督机构在接受工程项目的质量监督任务后，根据受监工程的规模、特点及重要性等落实专职或兼职质量监督人员，应指定不少于2名质量监督人员组成工程质量监督组，负责具体的质量监督工作；质量监督组必须按照质量监督机构授权开展工程质量监督工作，履行质量监督职责，但不代替工程建设参建各方的质量管理工作。

质量监督组经批准设立后，要及时制定质量监督管理制度、质量监督人员岗位责任制度、质量监督检查工作制度等有关规章制度。要安排拟承担该工程质量监督工作任务的监督员熟悉设计图纸，查阅地质勘察资料和设计文件，了解设计意图，初步掌握工程质量控制的关键环节和质量监督到位点，为编制质量监督计划做好准备。

对设计审查中发现的问题，应与项目法人、勘察设计单位交换意见。对于一般性的问题，经项目法人、勘察设计单位认可或同意后，即可对施工图的内容进行修改，并履行设计变更签证手续；对于较大问题，或涉及方案变更等重大问题，还要报请主管部门的设计原批准单位批准同意，方可修改、变更。

六、质量监督计划的制订

工程质量监督工作计划是质量监督机构针对具体的水利工程项目特点，根据有关法律、法规和技术标准编制的，对该水利工程实施质量监督活动的指导性文件。质量监督计划主要明确在工程项目实施期间质量监督工作做什么、怎样做、何时做、谁来做以及有什么要求等。有了质量监督计划，可以避免质量监督工作的盲目性和随意性，增强质量监督工作的计划性、主动性和针对性，使质量监督工作有的放矢，到位又不越位。

（一）计划类别

工程质量监督计划一般分为年度计划和总体计划。

总体质量监督计划是整个工程项目建设阶段编制的质量监督工作的整体工作计划，总体质量监督计划在项目建设初期编制。

年度质量监督计划主要针对规模比较大、建设期比较长的工程项目，增强质量监督计划的针对性和可操作性，需要编制年度质量监督计划，年度质量监督计划一般在每年的年初编制。

由此看出，对常见的规模比较小、建设期比较短的中小型水利工程而言，质量监督计划是指总体质量监督计划。

（二）计划内容

工程质量监督书下达后，受指派的质量监督员要根据工程概况、设计意图、工程特点和关键部位，编制质量监督计划。监督计划的繁简程度主要取决于工程规模的大小，建设内容多寡，工程本身的复杂程度和工程所处的地理位置等因素。

工程质量监督计划一般包括如下内容：

（1）项目概况。

（2）质量监督依据。

（3）质量监督组织形式和期限。

（4）质量监督范围和方式。

（5）质量监督权限。

（6）质量监督内容（包括早期工作的监督、施工过程的监督、工程验收的监督、工程质量的核备）。

（7）质量监督成果。

（三）编写原则

编写工程质量监督计划应掌握以下原则：

（1）尽可能地掌握和了解受监工程的情况，编写计划的依据应可靠。

（2）计划书编写应及时，尽可能做到在施工单位进场前将质量监督计划发出。

（3）计划书应体现质量监督是以抽查为主的原则。

（4）计划书编写要突出重点，抓住关键工序和重点部位。

（5）计划书编写中，对于能吃得准拿得住又觉得需要指出的问题一定要在监督计划中反映出来，对吃不准的事可以不写，必要时可以粗写。

质量监督计划下发之前，最好能与项目法人、监理和有关单位的负责人沟通思想、交流信息、征求意见，取得有关单位的支持与配合。

（四）下发确定

工程质量监督计划应以质量监督站文件的形式下发给项目法人，并抄送给勘察设计、施工、监理单位。质量监督计划下发后，如遇工程建设内容或建设计划调整，要及时调整质量监督计划并告知有关单位。质量监督计划一经下达，就要严格执行，以维护质量监督计划的严肃性和水利工程质量监督机构的权威。

七、首次质量监督会议

质量监督会议是质量监督工作过程中质量监督人员与参建各方交流沟通的主要手段。工程项目质量监督负责人应适时召开由参建各方参加的首次进场监督会议，就质量监督的内容和要求进行交底，并将质量监督工作计划的主要内容通报参建各方。

首次质量监督会议是现场质量监督工作的序幕，首次会议的召开就表明现场监督工作的正式开始。在受理工程质量监督手续后，质量监督机构应在15个工作日内到工地现场开展质量监督工作，召开质量监督会议。质量监督会议也可结合设计交底会议一并进行。

首次质量监督会议由工程质量监督机构主持，项目法人、勘察设计、施工、监理、质量检测和主要原材料、产品制作和供应单位参加。

会议主要内容一般包括：

1.宣布工程质量监督机构的职责、工作方式、主要工作内容，与各参建单位建立沟通联络机制。

2.查看工程实地情况、设计图纸和技术要求，进一步熟悉工程情况。

3.听取有关单位关于工程质量管理体系和质量责任制的建立、工作计划的制订等情况的汇报。

4.检查参建各单位建立质量体系文件。

5.检查施工和监理日志、质量评定表格准备情况，施工自检、监理平行检测、工程质量检测合同签订及检测方案制订情况等。

6.将质量监督工作计划的有关要求向各参建单位进行交底，现场交换意见，对重要工作提出明确要求。

根据首次质量监督会的实际情况，质量监督机构可向项目法人下达书面处置意见，凡检查不符合要求的，应责令有关责任单位限期整改到位。

第三节　水利工程项目划分确认

工程项目划分是工程质量管理的规划工作，是工程质量验收评定的基础，是工程建设实施过程中必不可少的内容，也是工程质量监督工作的基本功。目前，许多中小型水利工程点多、线长，牵涉到的专业多，要在依据项目划分大原则的前提下，从施工单位的施工能力出发，因地制宜地确定项目划分。

一、项目划分的目的

1.将项目合理划分成单位、分部、单元工程，便于整个工程质量管理和验收评定工作有序进行。

2.合理的项目划分，有助于参建各方关注目标、厘清职责，促进工程建设做到宏观控制、微观管理，从微观到宏观全面监控。

3.项目划分便于估算工程量，明确每个任务持续的时间，需要的成本和资源估计，更好地分析和控制项目的风险。

4.通过项目划分，可以对水利工程建设项目的施工质量进行分项、分块、分段、分期的全覆盖和全过程管理。

二、项目划分的依据

1.设计文件，包括设计图纸和技术要求。

2.合同文件，包括施工合同和监理合同。

3.施工部署，包括年度计划、项目法人要求及施工计划安排等。

三、项目划分的原则

（一）项目划分的总原则

1.原则性

即根据批准的设计所列项目划分。

2.灵活性

即根据批准的设计和施工部署的实际划分。

3.适用性

即项目划分的结果有利于现场质量控制，组织质量验收评定，竣工资料的整理及资料按规定归档。

4.易操作性

对质量和进度控制考核时易操作。

（二）单位工程划分原则

1.新建水利工程

（1）枢纽工程

按每座独立的建筑物或一个建筑物具有独立施工条件的一部分划为一个单位工程。

（2）堤防工程

按招标标段或工程结构划为一个单位工程。

（3）渠道工程

按招标标段、工程结构及每座独立的建筑物划为一个单位工程。

2.除险加固工程

按招标标段或加固内容，并结合工程量划为一个单位工程。

（三）分部工程划分原则

按主要组成部分和功能进行划分；同一个单位工程中，同类型的各个分部工程的工程量不宜相差太大，分部工程数量不宜少于5个。

1.新建水利工程

（1）枢纽工程

土建部分按设计的主要组成部分划分，金属结构及启闭机安装工程和机电设备安装工程按在一个建筑物内能组合发挥功能的安装工程划分分部工程。

（2）堤防工程

依据设计、施工部署按长度或功能划分分部工程。

（3）渠道工程

依据设计、施工部署按长度划分分部工程；中型工程按建筑物或构筑物工程部位划分分部工程。

2.除险加固工程

按加固内容或部位划分分部工程。

（四）单元工程划分原则

依据结构和施工组织要求，建筑工程按层、块、段划分单元工程，金属结构、水力机械、电气设备、自动化等工程按孔、台、类划分单元工程；同一分部工程中，同类单元工程的工程量或投资不宜相差太大。

1. 土方填筑工程

线性土方填筑工程按填筑层、施工部署段划分单元工程，在施工段内，每层划分为一个单元工程；块性土方填筑工程填筑区域不大、填筑层数不多时（如建筑物基础回填处理等），划分为一个单元工程，除其他工序外，每层应为一个工序；填筑区域大，填筑层数多时，每区、每层一个单元工程。

2. 混凝土工程

大体积混凝土浇筑时，应该每仓一个单元工程；小体积混凝土建筑物，划分为一个单元工程时，除其他工序外，分次浇筑时，每浇筑一次应该是一个工序。

3. 枢纽工程

土建部分依据设计结构、施工部署或质量考核要求划分的层、块、段划分单元工程。金属结构、启闭机、水利机械、电气设备安装等均按几个工种施工完成的最小综合体划分单元工程。

4. 堤防和渠道工程

按施工方法、部署及便于质量控制和考核的原则划分单元工程。

四、项目划分的方法

（一）单位工程划分方法

（1）枢纽工程，每座独立的建筑物划分为一个单位工程。

（2）河道、堤防工程，按工程结构或招标标段划分单位工程，规模较大的交叉连接建筑物，将每座独立的建筑物划分为一个单位工程。

（3）含有多座规模较小独立建筑物的工程，可将若干座独立建筑物划分为一个单位工程，其中每座建筑物作为一个子单位工程。

（4）小型水库除险加固和更新改造工程，一般划分为一个单位工程。

（5）独立的房屋建筑物工程和公路工程，各划分为一个单位工程。

（6）其他工程，一般按招标标段划分。

（二）分部工程划分方法

建筑物中，建筑工程按结构划分分部工程，金属结构、水力机械、电气设备、自动化按组合功能划分分部工程。

河道、堤防工程，将每个单位工程划分为若干段（层），每段（层）作为一个分部工程。河道开挖结合堤防填筑并有防护工程的，可将每段河道的开挖、堤防填筑、防护工程分别作为一个分部工程。有质量要求的排泥场或弃土区宜单独划分为分部工程。

水下工程阶段验收前应完成的工程与阶段验收后完成的工程宜划分为不同的分部工程。

五、常见单元工程划分

（一）土石方工程

1.土方明挖

土方明挖工程宜以工程设计结构或施工检查验收的区、段划分，每一区、段划分为一个单元工程。单元工程宜分为表土及土质岸坡清理、软基和土质岸坡开挖2个工序，其中，软基和土质岸坡开挖为主要工序。

2.河道开挖

河道开挖以长度100 ~ 500m为一个单元工程，开挖标准相同和顺直段取大值；建筑物上下游引河开挖以长度50 ~ 100m为一个单元工程；独立的施工段、渐变段和地形复杂段可作为一个单元工程。

3.建筑物基础土方开挖

以工程设计结构或工区、段划分，护坡与格坡、护底（坦）土方开挖为护坡与护底单元工程中的一个工序。

4.土质洞室开挖

土质洞室开挖工程宜以施工检查验收的区、段、块划分，每一个施工检查验收的区、段、块（仓）10 ~ 20m，划分为一个单元工程。

5.岩石岸坡开挖

岩石岸坡开挖工程宜以施工检查验收的区、段划分，每一区、段150 ~ 300m为一个单元工程。单元工程宜分为岩石岸坡开挖、地质缺陷处理2个工序，其中，岩石岸坡开挖工序为主要工序。

6.岩石地基开挖

岩石地基开挖工程宜以施工检查验收的区、段划分，每一区、段为一个单元工程。单元工程宜分为岩石地基开挖、地质缺陷处理2个工序，其中，岩石地基开挖为主要工序。

7.岩石洞室开挖

岩石平洞开挖工程宜以施工检查验收的区、段或混凝土衬砌的设计分缝确定的块划分，每一个施工检查验收的区、段或一个浇筑块，沿洞轴线每10 ~ 20m划为一个单元工程。岩石竖井（斜井）开挖工程宜以施工检查验收段每5 ~ 15m划分为一个单元工程。

8.建筑物基础土方回填

以工程设计结构或工区、段划分，也可以按层划分。

9.碾压式堤（坝）身填筑

单元工程宜以工程设计结构或施工检查验收的区、段、层划分，通常每一区、段的每一层即为一个单元工程。新堤（坝）身填筑以轴线长100 ~ 500m为一个单元工程；老堤（坝）加高培厚按填筑量500 ~ 2000m^3为一个单元工程。

土料铺填施工单元工程宜分为接合面处理、卸料及铺填、土料压实、接缝处理4个工序，其中，土料压实工序为主要工序。

砂砾料铺填施工单元工程宜分为砂砾料铺填、压实2个工序，其中，砂砾料压实工序为主要工序。

堆石料铺填施工单元工程宜分为堆石料铺填、压实2个工序，其中，堆石料压实工序为主要工序。

反滤（过渡）料铺填单元工程宜分为反滤（过渡）料铺填、压实2个工序，其中，反滤（过渡）料压实工序为主要工序。

垫层料铺填单元工程施工宜分为垫层料铺填、压实2个工序，其中，垫层料压实工序为主要工序。

10.坝体排水

以砂砾料、石料作为排水体的坝体贴坡排水、棱体排水和褥垫排水等单元工程宜以排水工程施工的区、段划分；每一区、段100 ~ 200m为基准划分一个单元工程。

11.干砌石

干砌石工程宜以施工检查验收的区、段划分，沿长度方向50 ~ 100m为一个单元工程。

干砌石护坡与护底单元工程分为土方开挖、土工织物铺设、砂石垫层铺筑、干砌石砌筑等,4个工序。

12.水泥砂浆砌石体

水泥砂浆砌石体工程宜以施工检查验收的区、段、块划分，每一个（道）墩、墙划分为一个单元工程，或每一施工段、块的一次连续砌筑层（砌筑高度一般为3 ~ 5m）长度50 ~ 100m为一个单元工程。

一般水泥砂浆砌石体施工单元工程宜分为浆砌石体层面处理、砌筑、伸缩缝3个工序，其中，砌筑工序为主要工序。

水泥砂浆砌石体护坡与护底单元工程分为土方开挖、土工织物铺设、砂石垫层铺筑、浆（灌）砌石砌筑等工序。

13.混凝土砌石体

混凝土砌石体工程宜以施工检查验收的区、段、块划分，每一个（道）墩、墙或每一施工段、块的一次连续砌筑层（砌筑高度一般为3 ~ 5m）长度50 ~ 100m划分为一个单元工程。

一般混凝土砌石体单元工程施工宜分为砌石体层面处理、砌筑、伸缩缝3个工序，其中，砌石体砌筑工序为主要工序。

混凝土砌石体护坡与护底单元工程分为土方开挖、土工织物铺设、砂石垫层铺筑、浆（灌）砌石砌筑等4个工序。

14.水泥砂浆勾缝

浆砌石体迎水面水泥砂浆防渗砌体勾缝，或其他部位的水泥砂浆勾缝工程宜以水泥砂浆勾缝的砌体面积或相应的砌体分段、分块划分。

15.土工织物滤层与排水

土工织物滤层与排水工程宜以设计和施工铺设的区、段划分。平面形式每500 ~ 1000m^2划分为一个单元工程；圆形、菱形或梯形断面（包括盲沟）形式每50 ~ 100延米划分为一个单元工程。

土工织物施工单元工程宜分为场地清理与垫层料铺设、织物备料、土工织物铺设、回填和表面防护4个工序，其中，土工织物铺设工序为主要工序。

16.土工膜防渗

土工膜防渗工程宜以施工铺设的区、段划分，每一次连续铺填的区、段或每500 ~ 1000m^2划分为一个单元工程。土工膜防渗体与刚性建筑物或周边连接部位，应按其连续施工段（一般30 ~ 50m）划分为一个单元工程。

土工膜防渗体单元工程施工宜分为下垫层和支持层、土工膜备料、土工膜铺设、土工膜与刚性建筑物或周边连接处理、上垫层和防护层5个工序，其中，土工膜铺设工序为主要工序。

17.弃土区及排泥场堆填

每个独立的陆上土方弃土区、河道疏浚施工排泥场为一个单元工程，排泥场单元工程分为排泥场围堰填筑、排泥场外观质量检查2个工序。

（二）混凝土工程

1.普通浇混凝土

普通混凝土单元工程宜以混凝土浇筑仓号或一次检查验收范围划分。对混凝土浇筑仓号，应按每一仓号分为一个单元工程；对排架、梁、板、柱等构件，应按一次检查验收的范围分为一个单元工程。护坡、护底、挡墙沿长度方向50 ~ 100m为一个单元工程；洞室混凝土衬砌沿洞轴线方向每一仓10 ~ 20m为一个单元工程。

底板、墩墙、流道、廊道、排架、胸墙、闸门槽、梁板柱等单元工程分为基础或施工缝处理、模板安装、钢筋制作与安装、止水片及伸缩缝制作与安装、混凝土浇筑、外观质量检查等6个工序。

护坡、护坦（护底）单元工程分为土方开挖、土工织物铺设、砂石垫层铺筑、模板安装、钢筋制作与安装、混凝土浇筑、外观质量检查等工序。

格梗单元工程分为土方开挖、模板安装、钢筋制作与安装、混凝土浇筑、外观质量检查等工序。

河道堤防挡墙单元工程分为基础或施工缝处理、模板安装、钢筋制作与安装、预埋件制作与安装、混凝土浇筑、外观质量检查等工序。

2.碾压混凝土

以一次连续填筑的段、块划分，每一段、块为一单元工程。

碾压混凝土单元工程分为基础面及层面处理、模板安装、预埋件制作及安装、混凝土浇筑、成缝、外观质量检查6个工序，其中，基础面及层面处理、模板安装、混凝土浇筑宜为主要工序。

3.混凝土面板工程

以每块面板或每块趾板划分为一个单元工程。

混凝土面板单元工程分为基面清理、模板安装、钢筋制作及安装、预埋件制作及安装、混凝土浇筑（含养护）、外观质量检查6个工序，其中，钢筋制作及安装、混凝土浇筑（含养护）宜为主要工序。

4.预应力混凝土工程

以混凝土浇筑段或预制件的一个制作批次划分为一个单元工程。

预应力混凝土单元工程分为基础面或施工缝处理、模板安装、钢筋制作及安装、预埋件（止水、伸缩缝等设置）制作及安装、混凝土浇筑（养护、脱模）、预应力筋孔道预留、预应力筋制作及安装、预应力筋张拉、灌浆、外观质量检查等工序，其中，混凝土浇筑、预应力筋张拉宜为主要工序。

5.混凝土预制构件安装工程

以每一次检查验收的根、组、批划分，或者按安装的桩号、高程划分，每一根、组、批或某桩号、高程之间的预制构件安装为一个单元工程。

预制混凝土梁板柱构件安装单元工程分为构件外观质量检查、吊装、接缝及接头处理3个工序，其中，吊装宜为主要工序。

预制混凝土块铺砌护坡、护底，沿长度方向50 ~ 100m为一个单元工程，分为护坡与格埂土方开挖、土工织物铺设、砂石垫层铺筑、预制混凝土块铺砌等4个工序，其中，预制混凝土块铺砌宜为主要工序。

6.混凝土坝坝体接缝灌浆工程

以设计、施工确定的灌浆区（段）划分，每一灌浆区（段）为一个单元工程。

混凝土坝坝体接缝灌浆单元工程分为灌浆前检查和灌浆2个工序，其中，灌浆宜为主要工序。

7.混凝土防腐蚀涂层

混凝土防腐蚀涂层以施工部位或闸孔划分为一个单元工程。

（三）地基处理与基础工程

1.岩石地基帷幕灌浆

帷幕灌浆宜按一个坝段（块）或相邻的10 ～ 20个孔划分为一个单元工程；对于3排以上帷幕，宜沿轴线相邻不超过30个孔划分为一个单元工程。

岩石地基帷幕灌浆单孔施工工序宜分为钻孔（包括冲洗和压水试验）、灌浆（包括封孔）2个工序，其中，灌浆为主要工序。

2.岩石地基固结灌浆

固结灌浆宜按混凝土浇筑块（段）划分，或按施工分区划分为一个单元工程。

岩石地基固结灌浆单孔施工工序宜分为钻孔（包括冲洗）、灌浆（包括封孔）2个工序，其中，灌浆为主要工序。

3.覆盖层地基灌浆

宜按一个坝段（块）或相邻的20 ～ 30个灌浆孔划分为一个单元工程。

循环钻灌法单孔施工工序宜分为钻孔（包括冲洗）、灌浆（包括灌浆准备、封孔）2个工序，其中，灌浆为主要工序。

预埋花管法单孔施工工序宜分为钻孔（包括清孔）、花管下设（包括花管加工、花管下设及填料）、灌浆（包括注入填料、冲洗钻孔、封孔）3个工序，其中，灌浆为主要工序。

4.隧洞回填灌浆

隧洞回填灌浆单元工程以施工形成的区段划分，宜按50m一个区段划分为一个单元工程。

隧洞回填灌浆单孔施工工序宜分为灌浆区（段）封堵与钻孔（或对预埋管进行扫孔）、灌浆（包括封孔）2个工序，其中，灌浆为主要工序。

5.钢衬接触灌浆

钢衬接触灌浆宜按50m一段钢管划分为一个单元工程，可根据实际脱空区情况适当增减，各单元工程长度不要求相同。

钢衬接触灌浆单孔施工工序宜分为钻（扫）孔（包括清洗）、灌浆2个工序，其中灌浆为主要工序。

6. 劈裂灌浆

劈裂灌浆宜按沿坝（堤）轴线相邻的10 ~ 20个灌浆孔和检查孔划分为一个单元工程。

劈裂灌浆单孔施工工序宜分为钻孔、灌浆（包括多次复灌、封孔）2个工序，其中，灌浆为主要工序。

7. 混凝土防渗墙

混凝土防渗墙宜以施工区、段或3 ~ 10个槽段划分为一个单元工程。

施工工序宜分为造孔、清孔（包括接头处理）、混凝土浇筑（包括钢筋笼、预埋件、观测仪器安装埋设）3个工序，其中，混凝土浇筑为主要工序。

8. 高压喷射灌浆防渗板墙

以施工区、段或沿轴线50 ~ 100m，或以相邻的30 ~ 50个高喷孔或连续600 ~ 1000m^2的防渗墙体划分为一个单元工程，分为钻孔和灌浆2个工序，宜为重要隐蔽单元工程。

9. 水泥土搅拌防渗墙

水泥土搅拌防渗墙宜按沿堤坝轴线每20m划分为一个单元工程。

10. 排水孔排水

排水孔排水主要用于坝肩、坝基、隧洞及需要降低渗透水压力工程部位的岩体排水。单元工程宜按排水工程的施工区（段）划分，每一区（段）或20个孔左右划分为一个单元工程。

排水孔单孔施工工序宜分为钻孔（包括清洗）、孔内及孔口装置安装（须设置孔内、孔口保护和须做孔口测试时）、孔口测试（须做孔口测试时）3个工序，其中，钻孔为主要工序。岩体排水孔钻孔及清洗是必需的工序，孔内及孔口装置安装、孔口测试则视工程需要而定。

11. 管（槽）网排水

管（槽）网排水宜按每一施工区（段）划分为一个单元工程。施工工序宜分为铺设基面处理、管（槽）网铺设及保护2个工序，其中，管（槽）网铺设及保护为主要工序。

12. 锚喷支护

锚喷支护工程宜以每一施工区（段）划分为一个单元工程。单元工程施工工序宜分为锚杆（包括钻孔）、喷混凝土（包括钢筋网制安）2个工序，其中，锚杆为主要工序。

13. 预应力锚索加固

单根预应力锚索设计张拉力大于或等于500kN的，应将每根锚索划分为一个单元工程；单根预应力锚索设计张拉力小于500kN的，宜以3 ~ 5根锚索划分为一个单元工程。

预应力锚索单根锚索施工工序宜分为钻孔、锚束制作安装、外锚头制作和锚索张拉锁定（包括防护）4个工序，其中，锚索张拉锁定为主要工序。

14.钻孔灌注桩

钻孔灌注桩单元工程宜按柱（墩）基础划分，每一柱（墩）下的灌注桩基础或5 ~ 20根划分为一个单元工程。不同桩径的灌注桩不宜划分为同一单元。

单孔灌注桩单桩施工工序宜分为钻孔（包括清孔和检查）、钢筋笼制造安装、混凝土浇筑3个工序，其中，混凝土浇筑为主要工序，宜为重要隐蔽单元工程。

15.振冲法地基加固

振冲法地基加固工程宜按一个独立基础、一个坝段或不同要求地基区（段）划分为一个单元工程。

16.强夯法地基加固

强夯法地基加固工程宜按1000 ~ 2000m^2加固面积划分为一个单元工程。

17.地基换填

地基换填工程以施工区、段划分为一个单元工程，施工工序宜分为铺填、压实2个工序，宜为重要隐蔽单元工程。

18.垂直防渗铺塑

垂直防渗铺塑工程以施工区、段或沿轴线50 ~ 100m划分为一个单元工程，施工工序宜分为成槽、铺膜和回填3个工序。

（四）堤防工程

1.堤基清理

堤基清理宜沿堤轴线方向将施工段长200 ~ 500m划分为一个单元工程，单元工程宜分为基面清理和基面平整压实2个工序，其中，基面平整压实工序为主要工序。

堤基清理是保证堤基与堤身接合面满足抗渗、抗滑要求的关键施工措施，属于重要隐蔽工程。

2.土料碾压筑堤

土料碾压筑堤单元工程宜按施工的层、段来划分。新堤填筑宜按堤轴线施工段长100 ~ 500m划分为一个单元工程；老堤加高培厚宜按填筑工程量500 ~ 2000m^3划分为一个单元工程。

土料碾压筑堤单元工程宜分为土料摊铺和土料碾压2个工序，其中，土料碾压为主要工序。

3.土料吹填筑堤

土料吹填筑堤宜按一个吹填围堰区段（仓）或按堤轴线施工段长100 ~ 500m划分为一个单元工程。

土料吹填筑堤单元工程宜分为围堰修筑和土料吹填2个工序，其中，土料吹填为主要工序。

4.堤身与建筑物接合部填筑

堤身与建筑物接合部填筑工程量较小，因此，将建筑物按填筑工程量相近的原则，两侧分别将5个以下若干填筑层划分成一个单元工程进行验收评定。

堤身与建筑物接合部填筑单元工程宜分为建筑物表面涂浆和接合部填筑2个工序，其中，接合部填筑为主要工序。

5.防冲体护脚

防冲体护脚工程宜按平顺护岸的施工段长60 ~ 80m或以每个丁坝、垛的护脚工程为一个单元工程。单元工程宜分为防冲体制备和防冲体抛投2个工序，其中，防冲体抛投为主要工序。

6.沉排护脚

沉排护脚工程宜按平顺护岸的施工段长60 ~ 80m或以每个丁坝、垛的护脚工程为一个单元工程。沉排护脚单元工程宜分为沉排锚定和沉排铺设2个工序，其中，沉排铺设为主要工序。

7.护坡工程

平顺护岸的护坡工程宜按施工段长50 ~ 100m划分为一个单元工程，现浇混凝土护坡宜按施工段长30 ~ 50m划分为一个单元工程；丁坝、垛的护坡工程宜按每个坝、垛划分为一个单元工程。

8.河道疏浚

河道疏浚工程按设计、施工控制质量要求，每一疏浚河段划分为一个单元工程。当设计无特殊要求时，河道疏浚施工宜以200 ~ 500m疏浚河段划分为一单元工程。

（五）金属结构制造与安装工程

1.埋件制造

每孔闸门的埋件制造为一个单元工程，每座建筑物的拦污栅埋件制造、清污机埋件制造各为一个单元工程。

2.钢闸门门体与拦污栅栅体制造

每扇钢闸门门体制造为一个单元工程，每孔拦污栅栅体制造为一个单元工程，宜为关键部位单元工程。

3.铸铁闸门制造

根据工程量，以一扇或多扇铸铁闸门制造为一个单元工程。

4.回转机清污机制造

每台回转式清污机制造为一个单元工程。

5.金属结构防腐

每扇钢闸门门体防腐、每孔拦污栅栅体防腐、每台清污机防腐各为一个单元工程。每座建筑物闸门埋件防腐、清污机埋件防腐、拦污栅埋件防腐各为一个单元工程。

6.埋件安装

每孔闸门的埋件安装为一个单元工程，每座建筑物的拦污栅埋件安装、清污机埋件安装各为一个单元工程。

7.钢闸门门体安装

每孔每道钢闸门门体安装为一个单元工程，宜为关键部位单元工程。

8.铸铁闸门安装

根据工程量，以一孔或多孔铸铁闸门安装为一个单元工程，宜为关键部位单元工程。

9.拦污栅栅体、回转式清污机及带式输送机安装

每座建筑物拦污栅体安装为一个单元工程，每台回转式清污机安装、每台带式输送机安装各为一个单元工程。

10.桥式启闭机安装工程

每台桥式启闭机安装为一个单元，宜为关键部位单元工程。

11.门式启闭机安装

每台门式启闭机的轨道与车挡安装为一个单元工程，每台门式启闭机安装为一个单元工程，宜为关键部位单元工程。

12.固定卷扬式、螺杆式、推杆式启闭机安装

每台启闭机安装为一个单元工程，宜为关键部位单元工程。

13.液压启闭机安装

每孔每道闸门的每套液压系统安装为一个单元工程，宜为关键部位单元工程。

14.压力钢管安装

以一个安装单元、一个混凝土浇筑或一个钢管段的钢管安装划分为一个单元工程，压力钢管安装一般包括管节安装、焊接与检验、表面防腐蚀等。

（六）水轮发电机组安装工程

1.立式反击式水轮发电机组安装

尾水管里衬安装工程为一个单元工程；转轮室、基础环、座环安装工程为一个单元工

程；蜗壳安装工程为一个单元工程；机坑里衬及接力器基础安装工程为一个单元工程；转轮装配为一个单元工程；导水机构安装为一个单元工程；接力器安装为一个单元工程；转动部件安装为一个单元工程；水导轴承及主轴密封安装为一个单元工程；附件安装为一个单元工程。

2.贯流式水轮发电机组安装

尾水管安装工程为一个单元工程；管形座安装工程为一个单元工程；导水机构安装工程为一个单元工程；轴承安装工程为一个单元工程；转动部件安装工程为一个单元工程。

3.冲击式水轮发电机组安装

引水管路安装工程为一个单元工程；机壳安装工程为一个单元工程；喷嘴及接力器安装工程为一个单元工程；转动部件安装工程为一个单元工程；控制机构安装工程为一个单元工程。

4.调速器及油压装置安装工程

油压装置安装工程为一个单元工程；调速器（机械柜和电器柜）安装工程为一个单元工程；调速系统静态调整试验为一个单元工程。

5.立式水轮发电机安装工程

上、下机架安装工程为一个单元工程；定子安装工程为一个单元工程；转子安装工程为一个单元工程；制动器安装工程为一个单元工程；推力轴承和导轴承安装工程为一个单元工程；机组轴线调整为一个单元工程。

6.卧式水轮发电机安装工程

定子和转子安装工程为一个单元工程；轴承安装工程为一个单元工程。

7.灯泡式水轮发电机安装工程

主要部件安装工程为一个单元工程；总体安装工程为一个单元工程。

（七）水力机械辅助设备系统安装工程

单元工程宜按设备的专业性质或系统管路的压力等级进行划分。

1.空气压缩机与通风机安装工程

一台或数台同型号的空气压缩机与通风机安装划分为一个单元工程。

2.泵装置与滤水器安装工程

一台或数台同型号的泵装置、滤水器安装划分为一个单元工程。

3.水力监测装置与自动化元件装置安装工程

每台机组或公用的水力监测仪表、非电量监测装置、自动化元件（装置）安装划分为一个单元工程。

4.水力机械系统管道安装工程

同一介质的管道宜划分为一个单元工程。如果管道范围过大，可按同一介质管道的工作压力等级划分为若干个单元工程。

5.箱、罐及其他容器安装

一台或数台同型号的箱、罐及其他容器安装划分为一个单元工程。

（八）发电电气设备安装工程

1.六氟化硫（SF_6）断路器安装

一组六氟化硫（SF_6）断路器安装工程为一个单元工程，宜为关键部位单元工程。安装工程质量检验内容应包括外观、安装、六氟化硫（SF_6）气体的管理及充注、电气试验及操作试验等。

2.真空断路器安装

一组真空断路器安装工程宜为一个单元工程。安装工程质量检验内容应包括外观、安装、电气试验及操作试验等。

3.隔离开关安装

一组隔离开关安装工程宜为一个单元工程。安装工程质量检验内容应包括外观、安装、电气试验及操作试验等。

4.负荷开关及高压熔断器安装

一组负荷开关或高压熔断器安装工程宜为一个单元工程。安装工程质量检验内容应包括外观、安装、电气试验及操作试验等。

5.互感器安装

一组电压（电流）互感器安装工程宜为一个单元工程。安装工程质量检验内容应包括外观、安装、电气试验等。

6.电抗器与消弧线圈安装

同一电压等级、同一设备单元的干式电抗器与消弧线圈安装工程宜为一个单元工程。安装工程质量检验内容应包括外观、安装、电气试验等。

7.避雷器安装

同一电压等级下的金属氧化物避雷器安装工程宜为一个单元工程。安装工程质量检验内容应包括外观、安装、电气试验等。

8.高压开关柜安装

同一电压等级下的高压开关柜安装为一个单元工程。安装工程质量检验内容应包括外观、安装、电气试验及操作试验等。

9.厂用变压器安装

一组或一台厂用变压器安装为一个单元工程。安装工程质量检验内容应包括外观及器身检查、本体及附件安装、电气试验等。

10.低压配电盘及低压电器安装

一排或一个区域的低压配电盘及低压电器安装为一个单元工程。安装工程质量检验内容应包括基础及本体安装、配线及低压电器安装、电气试验等。

11.电缆线路安装

同一电压等级的电力电缆线路安装为一个单元工程，同一控制系统的控制电缆线路安装为一个单元工程。电缆线路安装工程质量检验内容包括电缆支架安装、电缆管制作及敷设、控制电缆敷设、35kV以下电力电缆敷设、35kV以下电力电缆电气试验等。

12.金属封闭母线装置安装

同一电压等级、同一设备单元的金属封闭母线装置安装工程宜为一个单元工程。安装工程质量检验内容应包括外观及安装前检查、安装、电气试验等。

13.接地装置安装

厂房、大坝、升压站接地装置安装工程为一个单元工程。独立避雷系统接地装置安装工程为一个单元工程。安装工程质量检验内容应包括接地体安装、接地装置的敷设连接、接地装置的接地阻抗测试等。

14.控制保护装置安装

机组单元、升压站、公用辅助系统控制保护装置安装工程宜分别为一个单元工程。安装工程质量检验内容应包括盘、柜安装，盘、柜电器安装，二次回路接线，模拟动作试验及试运行等。

15.直流系统安装

直流系统安装为一个单元工程。安装工程质量检验内容应包括直流系统盘、柜安装，蓄电池安装前检查，蓄电池安装，蓄电池充放电，不间断电源装置（UPS）试验及试运行，高频开关充电装置试验及试运行等。

16.电气照明装置安装

整个电气照明装置安装工程宜为一个单元工程。安装工程质量检验内容应包括配管及敷设、电气照明装置配线、照明配电箱安装、灯器具安装等部分。

17.通信系统安装

通信系统安装工程宜为一个单元工程。安装工程质量检验内容应包括一次设备安装、防雷接地系统安装、微波天线及馈线安装、同步数字体系（SDH）传输设备安装、载波机及微波设备安装、脉冲编码调制（PCM）设备安装、程控交换机安装、电力数字调度交换机安装、通信电源系统安装、电力光缆线路安装等。

18. 起重设备电气装置安装

一台起重设备电气装置安装为一个单元工程。装置安装工程质量检验内容应包括外部电气设备安装、配线安装、电气设备保护装置安装、变频调速装置检查及调整试验、电气试验、试运转及符合试验等。

（九）升压变电电气设备安装工程

1. 主变压器安装

一台主变压器安装工程宜为一个单元工程，宜为关键部位单元工程。工程质量检验内容应包括外观及器身检查、本体及附件安装、变压器注油及密封、电气试验及试运行等。

2. 六氟化硫（SF_6）断路器安装

一组六氟化硫（SF_6）断路器安装工程为一个单元工程。安装工程质量检验内容应包括外观、安装、六氟化硫（SF_6）气体的管理及充注、电气试验及操作试验等。

3. 气体绝缘金属封闭开关设备（GIS）安装

一个间隔、主母线GIS安装工程宜为一个单元工程。GIS安装工程质量检验内容应包括外观、安装、六氟化硫（SF_6）气体的管理及充注、电气试验及操作试验等。

4. 隔离开关安装

一组隔离开关安装工程宜为一个单元工程。安装工程质量检验内容应包括外观、安装、电气试验与操作试验等。

5. 互感器安装

一组互感器安装工程宜为一个单元工程。安装工程质量检验内容应包括外观、安装、电气试验等。

6. 金属氧化物避雷器和中性点放电间隙安装

一组金属氧化物避雷器或一组金属氧化物避雷器与中性点放电间隙安装工程宜为一个单元工程。安装工程质量检验内容应包括外观、安装、电气试验等。

7. 软母线装置安装

同一电压等级、同一设备单元的软母线装置安装工程宜为一个单元工程。安装工程质量检验内容应包括外观、母线架设、电气试验等。

8. 管形母线装置安装

同一电压等级、同一设备单元的管形母线装置安装工程宜为一个单元工程。安装工程质量检验内容应包括外观、母线安装、电气试验等。

9. 电力电缆安装

一回线路的电力电缆安装工程宜为一个单元工程。安装工程质量检验内容应包括电缆支架安装、电缆敷设、终端头和电缆接头制作、电气试验等。

10.厂区馈电线路架设

一回厂区馈电线路架设工程宜为一个单元工程。厂区馈电线路架设工程质量检验内容应包括立杆、馈电线路架设及电杆上电气设备安装、电气试验等。

（十）信息自动化工程

1.计算机监控系统传感器

每座建筑物的计算机监控系统传感器为一个单元工程。

2.计算机监控系统电缆

每座建筑物的计算机监控系统电缆为一个单元工程，也可以与视频系统电缆、安全监测系统电缆合并为一个单元工程。

3.计算机监控系统现地控制单元

每套计算机监控系统现地控制单元为一个单元工程。

4.计算机监控系统站控单元硬件

每座建筑物的计算机监控系统站控单元硬件为一个单元工程，也可以与信息系统硬件合并为一个单元工程。

5.计算机监控系统站控单元软件

每座建筑物的计算机监控系统站控单元软件为一个单元工程。

6.计算机监控系统显示设备

每座建筑物的计算机监控系统显示设备为一个单元工程，也可与视频系统显示设备合并为一个单元工程。

7.视频系统视频前端设备和视频主机

每座建筑物的视频系统视频前端设备和视频主机为一个单元工程。

8.视频系统电缆

每座建筑物的视频系统电缆为一个单元工程，也可与计算机监控系统电缆、安全监测系统电缆合并为一个单元工程。

9.视频系统显示设备

每座建筑物的视频系统显示设备为一个单元工程，也可与计算机监控系统显示设备合并为一个单元工程。

10.安全监测系统监测仪器

每座建筑物的安全监测系统监测仪器为一个单元工程。

11.安全监测系统电缆

安全监测系统电缆为一个单元工程，也可与计算机监控系统电缆、视频监控系统电缆合并为一个单元工程。

12.安全监控系统测量控制单元

每座建筑物的安全监控系统测量控制单元为一个单元工程。

13.安全监控系统中心站设备

每座建筑物的安全监控系统中心站设备为一个单元工程。

14.计算机网络系统综合布线

每座建筑物的计算机网络系统综合布线为一个单元工程。

15.计算机网络系统网络设备

每座建筑物的计算机网络系统网络设备为一个单元工程。

16.信息管理系统硬件

每座建筑物的信息管理系统硬件为一个单元工程，也可与计算机监控系统站控单元硬件合并为一个单元工程。

17.信息管理系统软件

每座建筑物的信息管理系统软件为一个单元工程。

（十一）其他工程

1.安全监测仪器设备安装

安全监测设施安装工程主要有监测仪器设备安装埋设、观测孔（井）工程、外部变形观测设施等。

安全监测仪器设备安装埋设分为仪器设备检验、仪器安装埋设、观测电缆敷设3个工序，其中，仪器安装埋设宜为主要工序。

观测孔（井）工程施工包括造孔、测压管制作与安装、率定3个工序，其中，率定为主要工序。

水工建筑物外部变形观测设施安装应主要包括垂线、引张线、视准线、激光准直系统等的安装。

2.观测井

每座建筑物的观测井为1个单元工程，堤坝的观测井以每个断面为1个单元工程。

3.PE、PVC-U塑料管道安装工程

以施工区、段或长度方向1000 ~ 2000m为1个单元工程，单元工程分为管槽土方开挖、管道安装、土方回填3个工序。

4.植物防护

以施工区、段或长度方向100 ~ 500m为1个单元工程。

5.田间道路

沿长度方向100 ~ 200m为1个单元工程。单元工程分为土质路基填筑、基层和底基层铺填、面层铺筑、路缘石铺筑4个工序。

6.顶管

沿长度方向10 ~ 30m为1个单元工程。单元工程分为导轨安装、管道顶进、顶进管道外观质量3个工序。

（十二）临时工程

1.土质施工围堰

以每道围堰为1个单元工程。

2.基坑降排水

以建筑物或施工区、段为1个单元工程。

3.基坑边坡防护

以建筑物或施工区、段为1个单元工程。

4.场内施工道路

沿长度方向100 ~ 200m为1个单元工程，单元工程分为土质路基填筑、碎石基层铺填、泥结碎石面层铺筑3个工序。

5.混凝土拌和楼

以每座为1个单元工程。

6.钢管脚手架

以施工区、块、段为1个单元工程。

六、项目划分程序

工程项目正式开工初期，应由项目法人组织勘察设计、施工、监理等单位召开项目划分研究讨论会，必须由设计人员对工程结构特点、工程建设要点、施工部署要求和实施过程中需要注意的问题进行设计交底，达成共识。

依据《水利水电工程施工质量检验与评定规程》中各类项目划分的要求，结合设计批复文件中建筑物等级要求、工程建设结构、招标标段等进行项目划分，并确定主要单位工程、主要分部工程、重要隐蔽单元工程和关键部位单元工程。

项目法人负责上报工程质量监督机构。一般由各施工单位提出本标段的项目划分方案，经工程监理机构审核后上报到项目法人。项目法人汇总各标段的项目划分情况，根据项目的总体情况，综合考虑确定划分方案，以文件的形式上报相应的工程质量监督机构。上报文件的内容包括工程概况、建设内容、工程中标情况，以及项目划分表和说明等。

七、项目划分要点

（一）工程项目划分注意事项

（1）根据工程的特点和项目实施情况，结合施工标段和施工单位的施工能力，因地制宜地进行项目划分，不能生搬硬套规范条文。

（2）项目划分要囊括永久工程和临时工程在内的全部建设内容，不能漏项；各级工程名称要准确，不能随意调整更换。

（3）同一个单位工程中，同类型的各个分部工程的工程量不宜相差太大，分部工程数量宜不少于5个。

（4）在1个分部工程内，防止有的按层次划分、有的按段长划分单元工程，同一分部工程中单元工程的数量不宜太少，一般不少于3个。

（5）线性工程的分部、单元工程长度划分尾部不足1个单位长度时，可采用如下办法处理：长度超过或等于单位长度一半的可作为独立分部（或单元）工程；长度不超过单位长度一半的，可就近划入相邻分部（或单元）工程。

（6）项目划分的结果不是唯一的，只要有利于现场质量控制、有利于质量验收评定、有利于资料的整理及归档，各种结果都是合理的。

（二）项目划分表的重要性

（1）项目划分表是单元、分部、单位工程及项目质量评定与验收工作的重要依据，可避免质量评定与验收工作漏项或重复。

（2）项目划分表是按位置和层次有序收集、归类、归档、整理质量评定表的纲目。项目法人、施工、监理、检测、质量监督等人员都要根据项目划分表开展相应的工作。

（3）项目划分表是项目法人、施工、监理和检测等单位工作报告中不可缺少的内容之一。

（4）没有项目划分表就无法进行工程质量评定工作，也不可能做好施工各阶段的工程验收。

八、项目划分确认

项目法人将项目划分情况以文件的形式上报后，工程质量监督机构应依据工程设计批复文件，了解工程设计要求，对照国家、行业的强制性标准、技术标准进行审查确认，并将确认后的项目划分结果以文件形式通知项目法人。

确认的项目划分具有权威性和有效性。参建各单位应严格遵照已确认的项目划分方案对工程建设实施控制管理，不能随意更改项目划分工程类别、单位工程、分部工程和单元工程名称。

工程实施过程中，须对单位工程、主要分部工程、重要隐蔽单元工程和关键部位单元工程的项目划分进行调整时，项目法人应重新将工程项目划分结果报送工程质量监督机构确认。

第四章　水利工程质量监督要点

第一节　土石方开挖工程和水工混凝土工程

一、土石方开挖工程

（一）普查

（1）检查开挖断面尺寸、高程、边坡坡度、平整度等是否符合施工图的要求。

（2）认真查阅地质勘察资料和基础施工图，重点了解地质结构和水文资料，熟悉有关情况。

（3）检查经有关部门认可的土石方开挖工程施工组织设计的执行落实情况。

（4）重点加强对强制性标准执行情况的检查。

（5）检查边坡、围岩是否稳定，排水措施是否得当。

（6）了解或参与土石方开挖工程质量事故的调查与处理。

（二）专项检查

1.水工建筑物岩石基础开挖工程

（1）检查岩石基础是否按留足保护层的方式进行开挖，保护层的厚度应符合设计要求或满足有关规定。

（2）检查保护层是否严格按设计要求和有关规定进行开挖。

（3）检查对于松动、风化、破碎或含有有害矿物的岩脉、软弱夹层和断层破碎带以及裂隙等是否按设计要求进行处理。

（4）在建基面发现地下水时，检查是否及时采取妥善措施进行了处理。

（5）检查边坡坡度、开挖轮廓线等是否符合有关规定，对边坡的稳定性要进行检查。

2.水工建筑物地下开挖工程

（1）开挖

① 检查洞脸危石清理、坡面稳定、排水和安全防护情况。

② 检查开挖与支护的作业方式是否切实可行。

③ 地下建筑物开挖，检查欠挖与超挖值以及轴线、标高误差值等是否控制在规定范围内。

（2）钻孔爆破

① 检查光面爆破及预裂爆破的试验情况，试验参数如何确定。

② 检查光面爆破与预裂爆破效果。

（3）锚喷支护

① 检查孔深、孔位、孔向、孔径、洗孔质量、浆液性能及灌入密度；锚杆的规格、长度、安设砂浆的质量、安设工艺；钢筋网的规格型号等，是否符合设计要求和有关规定。

② 抽查锚杆锚固力抽样检查记录。

③ 抽查锚喷支护所用的原材料的出厂合格证和现场取样检验报告，检查现场原材料计量工具及其使用情况。

④ 检查喷射混凝土施工工艺方案及其执行情况。

⑤ 检查喷混凝土的质量情况，主要是其表面平整度，有无夹层、砂包、脱空、蜂窝、露筋等缺陷，接缝、墙角、洞形或洞轴急变部位喷层的搭接情况，有无贯穿性裂缝，喷射混凝土的厚度及强度试验情况等。

（三）疏浚工程

（1）检查挖槽断面边坡形状及其超宽值是否控制在规定范围内。

（2）检查挖槽深度控制情况，超深是否控制在最大允许超深值范围内。

（3）检查欠挖部位是否超过欠挖极限值。

（4）检查测量数量是否符合有关规定，将实测断面与设计断面认真进行对比，检查疏浚效果。

二、水工混凝土工程

（一）普查

（1）检查原材料、中间产品的质量，查阅各种检验单、试验报告。

（2）认真查阅施工图，参加施工图技术交底。

（3）检查经有关部门认可的混凝土工程施工组织设计的执行落实情况。

（4）重点应加强对强制性标准执行情况的检查。

（5）检查混凝土工程的几何尺寸和外观质量。

（6）了解或参与混凝土工程质量事故的调查与处理。

（二）专项检查

1. 对原材料的质量监督检查

（1）检查水泥的标号和品种是否符合有关规定，水泥是否有出厂合格证，复验报告，水泥的各项技术性能指标是否满足规定要求。

（2）检查细骨料（砂）的质量是否符合有关规定，砂的细度模数是否符合有关规定，对于使用山砂或特细砂的，是否经过试验论证，细骨料（砂）的质量技术指标是否符合表4-1的要求。

表4–1　细骨料（砂）的质量技术要求

项目		指标	
		天然砂	人工砂
表观密度 /（kg/m）		≥ 2500	
细度模数		2.2 ~ 3.0	2.4 ~ 2.8
石粉含量 /%		—	6 ~ 18
表面含水率 /%		≤ 6	
含泥量 /%	设计龄期强度≥30MPa 和有抗冻要求的混凝土	≤ 3	
	设计龄期强度等级＜ 30MPa	≤ 5	
坚固性 /%	有抗冻和抗侵蚀要求的混凝土	≤ 8	
	无抗冻要求的混凝土	≤ 10	
泥块含量		不允许	
硫化物及硫酸盐含量 /%		≤ 1	
云母含量 /%		≤ 2	
轻物质含量 /%		≤ 1	—
有机质含量		浅于标准色	不允许

（3）检查粗骨料的含泥量、坚固性等是否符合有关规定，粗骨料的质量技术指标是否符合表4-2的要求。

（4）检查用于拌制混凝土的水质情况，对于混凝土拌和用水其化学成分应符合表4-3的要求。

表4–2 粗骨料的质量技术要求

项目		指标
表观密度 /（kg/m^3）		≥ 2550
吸水率 /%	有抗冻要求和抗侵蚀作用的混凝土	≤ 1.5
	无抗冻要求的混凝土	≤ 2.5
含泥量 /%	D_{20}、D_{40} 粒径级	≤ 1
	D_{80}、D_{150}（D_{120}）粒径级	≤ 0.5
坚固性 /%	有抗冻要求和抗侵蚀作用的混凝土	≤ 5
	无抗冻要求的混凝土	≤ 12
软弱颗粒含量 /%	设计龄期强度≥ 30MPa 和有抗冻要求的混凝土	≤ 5
	设计龄期强度等级< 30MPa	≤ 10
针片状颗粒含量 /%	设计龄期强度≥ 30MPa 和有抗冻要求的混凝土	≤ 15
	设计龄期强度等级< 30MPa	≤ 25
泥块含量		不允许
硫化物及硫酸盐含量 /%		≤ 0.5
有机质含量		浅于标准色

表4–3 混凝土拌和用水要求

项目	钢筋混凝土	素混凝土
pH 值	≥ 4.5	≥ 4.5
不溶物 /（mg/L）	≤ 2000	≤ 5000
可溶物 /（mg/L）	≤ 5000	≤ 10000
氯化物，以 Cl^- 计 /（mg/L）	≤ 1200	≤ 3500
硫酸盐，以 SO_4^{2-} 计 /（mg/L）	≤ 2700	≤ 2700
碱含量 /（mg/L）	≤ 1500	≤ 1500

注：碱含量按 $Na_2O+0.658K_2O$ 计算值来表示。采用非碱活性骨料时，可不检验碱含量。

（5）检查用于改善混凝土性能和减少水泥用量的掺和料用量试验报告，检查掺和料的品质指标是否符合有关规定。

（6）检查用来改善混凝土性能、提高混凝土质量或减少水泥用量的外加剂掺量试验报告，检查外加剂的品质是否符合有关规定。

2. 混凝土配合比的质量监督检查

（1）检查混凝土配合比试验报告，能否指导工程施工。

（2）检查混凝土水胶比和坍落度检验记录，水胶比是否满足表4-4的要求。

表4-4　水胶比最大允许值

混凝土所在部位	严寒地区	寒冷地区	温和地区
上、下游水位以上（坝体外部）	0.50	0.55	0.60
上、下游水位变化区（坝体外部）	0.45	0.50	0.55
上、下游最低水位以下（坝体外部）	0.50	0.55	0.60
基础	0.50	0.55	0.60
内部	0.60	0.65	0.65
受水流冲刷部位	0.45	0.50	0.50

注：1. 在环境水有侵蚀情况下，水位变化区外部及水下混凝土最大允许水胶比减小0.05。

2. 表中规定的水胶比最大允许值，已考虑了掺用减水剂和引气剂的情况，否则酌情减小0.05。

3. 基础面或混凝土施工缝

（1）检查基础面的处理情况，有无积水、积渣、杂物等。

（2）检查施工缝处理情况，表面乳皮凿除是否彻底，冲洗是否干净，有无积渣杂物等。

4. 模板

（1）检查模板的稳定性、刚度和强度。

（2）检查模板表面平整度、光洁程度和有无杂物等。

（3）检查模板接缝严密程度，防止漏浆。

5. 钢筋

（1）检查钢筋的品种、型号、数量是否符合规定要求。

（2）检查钢筋的加工、安装质量，抽查钢筋的搭接长度、间距和保护层等尺寸是否符合有关规定。

（3）检查钢筋绑扎或焊接接头质量，抽查钢筋焊接试验报告。

6. 埋件安装

（1）检查止水、伸缩缝和排水系统等埋件的形式、结构尺寸及材料品种、规格等是否符合有关规定。

（2）检查止水、伸缩缝和排水系统等埋件安装的位置偏差是否符合有关规定，牢固程度如何。

7.混凝土拌和的质量监督检查

（1）检查混凝土配料单和现场计量器具及其使用情况，称量的偏差是否控制在表4-5的允许值范围内，是否根据砂子含水率的变化调整用水量。

表4–5 混凝土各组分称量的允许偏差

材料名称	允许偏差
水泥、掺和料、水、冰、外加剂溶液	± 1%
砂、石	± 2%

（2）检查拌和物的均匀性、拌和时间记录以及拌和机的完好程度等。

8.混凝土运输的质量监督检查

（1）检查运输道路及使用的运输设备，能否保证在运输过程中不致发生分离、漏浆、严重泌水及过多温度回升和降低坍落度等现象。

（2）采用皮带机、混凝土泵、溜筒或溜槽运输混凝土时是否符合有关规定，运输时间是否控制在要求的范围内。

9.混凝土浇筑的质量监督检查

（1）检查混凝土浇筑仓清理情况，仓底或施工缝是否按有关规定进行了处理。

（2）检查混凝土拌和能力、运输条件、振捣设备的工作性能，以及入仓方式等是否满足混凝土浇筑的要求，混凝土的浇筑层厚度是否符合表4-6的要求。

表4–6 混凝土浇筑层的允许最大厚度

<table>
<tr><th>项次</th><th colspan="2">振捣器类型</th><th>浇筑层的允许最大厚度</th></tr>
<tr><td rowspan="3">1</td><td rowspan="3">插入式</td><td>振捣机</td><td>振捣棒（头）工作长度的1.0倍</td></tr>
<tr><td>电动或风动振捣器</td><td>振捣棒（头）工作长度的0.8倍</td></tr>
<tr><td>软轴式振捣器</td><td>振捣棒（头）工作长度的1.25倍</td></tr>
<tr><td>2</td><td>平板式振捣器</td><td></td><td>200mm</td></tr>
</table>

（3）检查混凝土振捣质量，抽查混凝土振捣记录。

（4）因停电或泵送混凝土卡管等造成浇筑混凝土间歇过长，检查工作缝处理的情况。

10.混凝土养护的质量控制

（1）检查混凝土养护是否及时，养护的时间是否满足有关规定。

（2）检查混凝土养护的条件是否满足要求。

11.特殊气候条件下混凝土施工的质量监督

（1）低温时，检查保温措施是否可靠，混凝土浇筑、养护等条件是否满足低温环境中施工的要求。

（2）高温时，检查降温措施是否可靠，混凝土表面的保护、养护措施等是否满足高温环境中混凝土施工的要求。

（3）在雨天浇筑混凝土，检查骨料含水率的测定记录和混凝土表面遮盖情况。

第二节　水工碾压混凝土工程和灌浆工程

一、水工碾压混凝土工程

（一）普查

（1）检查原材料、中间产品的质量，查阅各种检验单、试验报告。

（2）认真查阅施工图，参加施工图技术交底。

（3）检查经有关部门认可的水工碾压混凝土工程施工组织设计的执行落实情况。

（4）重点应加强对强制性标准执行情况的检查。

（5）检查水工碾压混凝土工程的几何尺寸和外观质量。

（6）了解或参与水工碾压混凝土工程质量事故的调查与处理。

（二）专项检查

1.原材料

（1）检查水泥的标号和品种是否符合有关规定，水泥是否有出厂合格证、复验报告，水泥的各项技术性能指标是否满足规定要求。

（2）检查细骨料（砂）的细度模数及其他质量指标是否符合有关规定。

（3）检查掺和料的料源是否充足，品质如何，抽查材质试验报告。

2.配合比

（1）检查碾压混凝土的配合比是否满足工程设计的各项指标及施工工艺要求。

（2）检查碾压混凝土配合比设计方案及其试验报告。

3.碾压混凝土拌和

（1）检查计量工具及使用情况，抽查配料各种称量偏差是否在允许值范围内。

（2）检查碾压混凝土拌和质量，投料顺序和拌和时间是否由试验确定。

4.碾压混凝土的运输

（1）检查运输能力及卸料条件是否满足工程施工要求。

（2）检查运输工具和运输道路是否满足运送碾压混凝土的要求。

5.碾压混凝土入仓

（1）检查碾压混凝土与基岩接合面的处理情况。

（2）检查碾压混凝土铺筑用的模板是否满足碾压混凝土施工的要求。

（3）检查入仓方式、平仓厚度是否符合有关规定，抽查碾压试验报告。

6.碾压

（1）检查碾压设备的规格、型号能否满足工程施工要求。

（2）碾压遍数和碾压方式是否达到碾压试验的要求。

（3）检查碾压后的混凝土容重指标是否符合有关规定。

7.缝面处理

（1）检查造缝是否符合有关规定。

（2）检查填缝材料及其处理方式是否符合规定要求。

（3）检查施工缝或冷缝层面处理是否符合要求。

8.变态混凝土浇筑

检查常态混凝土与碾压混凝土交接处处理是否满足规定要求。

9.养护与防护

（1）检查碾压混凝土养护是否符合要求。

（2）冬季施工时，要检查碾压混凝土的保温措施是否可靠。

二、灌浆工程

（一）普查

（1）检查原材料质量，查阅灌浆生产性试验检测成果报告、灌浆效果检测报告、灌浆过程监测记录及成果汇总记录等资料。

（2）认真查阅施工图，参加施工图技术交底。

（3）检查经有关部门认可的灌浆工程施工组织设计的执行落实情况。

（4）重点应加强对强制性标准执行情况的检查。

（5）参与灌浆工程质量事故的调查与处理。

（二）专项检查

1.岩石基础灌浆

（1）检查用于灌浆材料的质量是否符合设计或有关标准的规定，检查品质试验报告。

（2）检查钻孔和灌浆是否按规范或设计要求的顺序进行钻孔和灌浆。

（3）检查孔位、孔深和孔向等偏差是否符合有关规定，对于垂直的或顶角小于5°的帷幕其孔深偏差值不得大于表4-7的规定。

表4-7　孔深允许偏差值

孔深 /m	20	30	40	50	60
最大允许偏差值 /m	0.25	0.50	0.80	1.15	1.50

（4）检查钻孔冲洗情况，查阅冲洗记录，审查压水试验报告。

（5）检查灌浆浆液的浓度，抽查水灰比计量情况。

（6）检查灌浆压力控制情况。

（7）检查灌浆过程记录，抽查吸浆量记录资料。

（8）通过查看压水试验成果，灌浆前后物探成果，钻孔取芯，孔内摄影，孔内电视资料等方式来检查灌浆效果。检查孔的数量应符合有关规定。

2.水工隧洞灌浆

（1）检查用于灌浆材料的质量是否符合设计或有关标准的规定，抽查品质试验报告。

（2）检查是否按规范或设计要求的顺序进行钻孔和灌浆。

（3）检查孔位、孔深和孔向等偏差是否符合设计要求和有关规定。

（4）检查钻孔冲洗情况，查阅冲洗记录，审查压水试验报告，压水孔数一般应占灌浆孔总数的5%。

（5）检查回填灌浆、接触灌浆和固结灌浆的水灰比级数，抽查水灰比计量记录。

（6）检查吸浆量和灌浆压力记录。

（7）通过注入浆液观察吸浆量、测量岩石弹性模量或采用压水试验等方式检查灌浆效果。

3.混凝土坝接缝灌浆

（1）检查用于灌浆材料的质量是否符合设计或有关标准的规定，细度是否满足要求，抽查品质试验报告。

（2）检查灌浆是否按设计要求的顺序进行，接缝的张开度是否适宜灌浆。

（3）检查灌浆系统布置是否符合要求。

（4）检查灌浆系统加工、安装与埋设是否符合设计要求和有关规定。

（5）检查灌浆前的通水、通风压力试验情况。

（6）检查灌浆过程记录，水胶比改变记录以及计量情况。

（7）检查吸浆量和灌浆过程压力变化的记录。

（8）通过钻孔取芯、压水试验、孔内探缝、孔壁摄影和孔内电视等方式来检查灌浆效果。

第三节　土石坝工程和堤防工程

一、土石坝工程

（一）普查

（1）查阅土工试验、石质检测报告，碾压试验报告，压实度检测报告等资料。

（2）认真查阅地质勘察资料和基础施工图，重点了解地质结构和水文资料，熟悉有关情况。

（3）检查经有关部门认可的土石坝工程施工组织设计的执行落实情况。

（4）重点应加强对强制性标准执行情况的检查。

（5）检查土石坝工程的几何尺寸和外观质量。

（6）了解或参与土石坝工程质量事故的调查与处理。

（二）专项检查

1.碾压式土石坝

（1）坝基处理

① 检查坝基清理情况，树木、草皮、树根、坟墓等杂物以及粉土、细砂、淤泥等是否已清除，对水井、泉眼、地道、洞穴或风化石、残积物、滑坡体等是否按设计要求做了认真处理，检查坝基清理记录。

② 检查坝基是否按要求进行开挖，开挖时是否预留有足够的保护层，断面形状、尺寸如何。

③ 检查坝基岩石节理、裂隙、断层或构造破碎带是否按设计要求进行了处理。

④ 检查坝基渗水是否进行了有效处理，以确保坝基回填土或基础混凝土不在水中

施工。

（2）料场质量控制

① 检查开采、坝料加工方法是否符合有关规定。

② 检查排水系统、防雨措施、负温下施工措施是否完善。

③ 检查坝料性质、含水量是否符合规定。

（3）坝体填筑

① 均质土坝

a. 检查基础开挖及处理施工记录和隐蔽工程验收记录。

b. 检查防渗铺盖和均质坝地基是否按规定和设计要求进行了处理。

c. 检查与均质土坝接合的岩面和混凝土面的处理情况。

d. 检查上下层铺土之间的接合面处理，以及接缝和与边坡及岸坡接合面的处理是否符合设计要求和有关规定。

e. 检查上坝土料的黏粒含量、含水量、土块直径等是否符合设计要求和有关规定。

f. 检查卸料、铺料以及铺土厚度等是否满足设计要求和有关规定。

g. 检查是否按要求做了碾压试验，查阅碾压试验记录及其试验报告。

h. 检查碾压机具的数量、型号、性能是否满足施工要求。

i. 查阅干容重试验记录，检查试验结果和检测数量是否满足规定要求。

j. 检查分层上料、分层碾压的工序签证情况。

② 砂砾坝

a. 检查填坝砂砾料的颗粒级配、砾石含量、含泥量等是否满足规范规定和设计要求。

b. 检查卸料及铺料情况，铺料厚度和断面尺寸是否符合要求。

c. 检查是否按碾压试验确定的压实参数进行施工。

d. 检查分层验收签证情况。

e. 检查填筑体纵横向接合部位及其与岸坡接合部位的处理情况。

f. 查阅干容重试验记录，检查试验结果和检测数量是否满足规定要求。

③ 堆石坝

a. 检查填坝材料的级配、软颗粒含量、含泥量等指标是否符合设计要求和有关规定。

b. 检查是否按碾压试验确定的压实参数进行施工。

c. 检查过渡区、主堆石区的铺筑厚度、超径、含泥量和洒水量等是否符合设计要求和规范规定。

d. 检查堆填区与岸坡接合部的处理情况。

e. 检查压实厚度检测情况和干密度检测数量及结果是否符合设计要求和规范规定。

（4）细部工程

① 反滤工程

a. 检查反滤工程的基面处理是否符合设计要求和有关规定。

b. 检查反滤料的粒径、级配、含泥量、硬度、抗冻性和渗透系数是否符合设计要求，检查施工记录和料场验收资料与试验报告。

c. 检查反滤层的碾压情况，是否严格控制其压实参数。

d. 检查反滤层的结构层次、层间系数、铺筑位置和厚度是否符合设计要求。

e. 检查反滤层的铺筑方式、施工顺序等是否符合设计要求和有关规定。

f. 检查反滤层干密度检测结果和检测数量是否符合设计要求和有关规定。

② 垫层工程

a. 检查垫层的级配、粒径、含泥量及垫层的铺设厚度、铺设方法是否符合设计要求和有关规定。

b. 检查垫层的压实情况是否符合设计要求和规范规定。

c. 检查垫层接缝处的处理情况是否符合有关规定。

d. 检查垫层干密度检测结果和检测数量是否符合设计要求和有关规定。

③ 排水工程

a. 检查排水设施的布置位置、断面尺寸以及排水设施所用石料的软化系数、抗冻性、抗压强度和几何尺寸是否符合设计要求。

b. 检查排水设施的渗透系数或排水能力是否符合设计要求，查阅试验记录。

c. 检查排水设施的基底处理情况，滤孔和接头部位的反滤层、减压井的回填以及其他排水设施的施工作业情况。

d. 检查减压井是否按设计和规范要求安设和施工。

e. 检查排水设施的堆石或砌石体的质量是否符合设计要求和有关规定。

f. 检查排水设施的铺筑厚度和断面尺寸是否符合设计要求和有关规定。

g. 检查排水设施的干密度试验资料，其检测结果和检测数量是否满足有关规定。

2. 土石坝防渗体

（1）土质防渗体

① 检查基础开挖和处理以及上下层接合面的处理是否满足有关规定和设计要求。

② 检查防渗体填筑的卸料及铺填是否满足设计要求和有关规定。

③ 检查防渗体的压实质量是否满足有关规定和设计要求。

④ 检查接缝处理情况是否符合有关规定。

（2）混凝土面板

① 基面清理

a. 检查趾板基础、垫层防护层是否按要求进行了验收。

b. 检查趾板基础清理和垫层清理是否符合规定的要求。

② 模板

a. 检查面板侧模、趾板模板的平整度、刚度及安装质量是否符合要求。

b. 检查滑模结构及其牵引系统是否牢固可靠、施工方便，模板及其支架具有足够的稳定性、刚度和强度。

c. 检查滑模制作及安装质量是否符合规定要求。

d. 检查滑模轨道安装质量是否符合有关规定。

③ 钢筋

检查钢筋的制作及安装质量是否符合有关规定。

④ 止水及伸缩缝

a. 检查用作止水及伸缩缝的材料品质和型号是否符合设计要求和有关规定，查阅材质试验报告及出厂证明资料。

b. 检查止水材料的安装位置是否准确、可靠，连接的施工工艺和施工方法是否满足要求，必要时应经试验论证。

c. 检查伸缩缝表面处理及表面嵌缝材料施工工艺是否符合设计要求和有关规定。

⑤ 混凝土浇筑

a. 检查原材料质量是否符合设计要求和有关规定，查阅试验报告及原材料出厂证明。

b. 检查混凝土配合比试验报告以及混凝土的抗压、抗渗、抗冻、抗腐蚀等指标是否符合设计要求和有关规定。

c. 检查入仓混凝土坍落度的控制是否符合有关规定。

d. 检查是否按规定要求留足了混凝土试块。

e. 检查混凝土平仓、振捣及滑模提升情况是否符合设计要求和有关规定。

f. 检查混凝土表面的防护及养护情况是否符合有关要求。

（3）沥青混凝土心墙

① 基础面处理与沥青混凝土接合层面处理

a. 检查用于沥青混凝土的沥青、骨料、填料、掺料等是否符合设计要求和有关规定，查阅试验资料和出厂证明。

b. 检查沥青混凝土心墙与基础接合面处理是否符合设计要求和有关规定。

c. 检查沥青混凝土层面处理是否满足规范要求。

② 模板

a. 检查沥青混凝土心墙模板是否牢固、不变形且拼接严密。

b. 检查模板架立的缝隙、平直度、表面处理等是否符合有关规定。

c. 检查模板表面是否清理干净且脱模剂涂抹均匀。

③ 沥青混凝土制备

a. 检查沥青混凝土的生产能力、施工配合比、投料顺序、拌和时间等是否符合有关规定。

b. 检查出料口沥青混凝土的色泽是否均匀，稀稠是否一致，有无其他异常现象等。

c. 检查制备沥青混凝土原材料加热的温度偏差是否在允许值范围内。

d. 检查配制沥青混凝土的各种材料称量偏差是否在允许值范围内。

④ 心墙沥青混凝土的摊铺和碾压

a. 检查沥青混凝土的摊铺厚度及碾压遍数是否符合设计要求和有关规定。

b. 检查碾压后沥青混凝土表面质量是否符合有关规定。

c. 检查碾压后沥青混凝土的密度、渗透和力学性能是否符合设计要求和有关规定，查阅钻孔取样试验资料。

（4）沥青混凝土面板

① 整平层

a. 检查所用沥青、矿料及乳化沥青的质量是否符合有关规定和设计要求。

b. 检查沥青混合料的原材料配合比以及铺筑工艺是否符合有关规定和设计要求。

c. 检查垫层铺筑的质量是否符合要求。

d. 检查整平层沥青混凝土的渗透系数及孔隙率指标是否符合设计要求和有关规定，查阅有关试验资料。

② 防渗层

a. 检查所用沥青、矿料、掺料及乳化沥青的质量是否符合有关规定和设计要求。

b. 检查沥青混合料的原材料配合比以及出机口的沥青混合料质量是否符合有关规定和设计要求。

c. 检查沥青混凝土各铺筑层间的坡向或水平接缝处理是否符合要求。

d. 检查沥青混凝土防渗层表面是否存在裂缝、流淌与鼓包现象。

e. 检查整平层沥青混凝土的渗透系数及孔隙率指标是否符合设计要求和有关规定，查阅有关试验资料。

③ 封闭层

a. 检查所用的原材料与配合比，以及施工工艺是否符合有关规定与设计要求，查阅有关试验报告和施工记录。

b.检查沥青胶施工搅拌出料时的温度以及铺抹时的温度是否满足有关规定。

c.检查封闭层铺抹是否均匀一致，是否存在鼓包、脱层及流淌现象。

d.检查沥青胶软化点、铺抹量的合格指标是否符合有关规定，查阅有关试验资料。

④ 面板与刚性建筑物的连接

a.检查所用沥青砂浆（或细粒沥青混凝土）、橡胶沥青胶（或沥青胶）以及玻璃丝布等原材料的质量是否符合设计要求和有关规定，查阅试验报告和出厂证明。

b.检查沥青砂浆（或细粒沥青混凝土）的配合比及配制工艺是否经试验论证，查阅试验报告和施工记录。

c.检查刚性建筑物连接面楔形体的浇筑、滑动层与加强层的敷设等处理是否符合设计要求和有关规定。

d.检查沥青砂浆（或细粒沥青混凝土）的拌制或浇筑温度是否符合有关规定，浇筑质量是否符合设计要求。

3.浆砌石坝

（1）砂、砾（碎石）、石料的规格与要求

① 检查砂、砾（碎石）、石料料场的分布是否便于施工运输，储量是否满足施工需要。

② 检查砂浆和混凝土用砂的质量是否符合设计要求和规范规定，查阅砂的试验报告。浆砌石坝用砂的质量一般应符合表4-8的要求，也可参照表4-1的要求使用。

表4–8 砂浆和混凝土用砂质量要求

项目	指标	备注
△天然砂中泥团含量	不允许	
△天然砂中含泥量 /%	砌筑用砂＜ 5，其中黏土＜ 2；防渗体等用砂＜ 3，其中黏土＜ 1	
人工砂中的石粉含量 /%	6 ～ 12	系指小于 0.15mm 的颗粒，增加石粉含量应经试验论证
坚固性 /%	＜ 10	
轻物质含量 /%	＜ 1	
△云母含量 /%	＜ 2	
硫化物及硫酸盐含量按重量计折算成 SO_3/%	＜ 1	
△有机质含量	浅于标准色	如深于标准色，应配成砂浆进行强度对比试验
容重 /（t/m^3）	＞ 2.5	

③ 检查混凝土所用砾石（碎石）的质量是否符合设计要求和有关规定，查阅砾石（碎石）试验报告。混凝土所用砾石（碎石）的质量一般应符合表4-9的要求，也可参照表4-2的要求使用。

表4–9　混凝土所用砾石（碎石）质量要求

项目	指标	备注
△泥团	不允许	
△超径	原孔筛检验＜5% 超孔径筛检验	
逊径	原孔筛检验＜10% 超孔径筛检验 2%	
△软弱颗粒含量 /%	＜5	
含泥量 /%	＜1	
硫酸盐及硫化物含量按重量折算成 SO_3/%	＜0.5	
△有机质含量	浅于标准色	如深于标准色，应进行混凝土强度对比试验
容重 /（t/m^3）	＞2.55	
吸水率 /%	＜2.5	
△针片状颗粒含量 /%	＜15	砾石经过试验论证，可放宽至 25%

④ 检查砌坝用的粗料石、块石或毛石（包括大的卵石）的质量是否符合设计要求和有关规定。

（2）胶结材料及其配合比、拌和与运输

① 检查坝体不同部位使用水泥的品种及其质量是否符合设计要求和有关规定，查阅水泥复检报告。

② 检查浆砌石坝的水泥砂浆、混凝土和混合水泥砂浆等胶结材料的配合比试验资料，查阅配合比试验报告。

③ 检查现场计量控制情况，抽查胶结材料所用的水泥、砂、骨料、水及外加剂称量偏差是否符合有关规定。胶结材料各组分的允许偏差一般不应大于表4-10的允许值。

表4-10　胶结材料各组分的允许偏差

材料名称	允许偏差
水泥	± 2%
砂、砾（碎石）	± 3%
水、外加剂溶液	± 1%

④ 检查胶结材料的强度和和易性是否满足设计和规定要求，查阅胶结材料强度试验报告和施工记录。

⑤ 检查胶结材料的运输工具及运输条件是否影响胶结材料的质量。

（3）砌筑施工

①检查砌体与基岩连接部位的处理是否符合有关规定。

②检查砌体的砌缝宽是否符合表4-11的要求。

表4-11　砌缝宽度要求

<table>
<tr><th colspan="3" rowspan="2">类别</th><th colspan="3">砌缝宽度 /cm</th></tr>
<tr><th>粗料石</th><th>块石</th><th>毛石</th></tr>
<tr><td rowspan="2">砂浆砌石体</td><td colspan="2">平缝</td><td>1.5 ~ 2</td><td>2 ~ 2.5</td><td>—</td></tr>
<tr><td colspan="2">竖缝</td><td>2 ~ 3</td><td>2 ~ 4</td><td>—</td></tr>
<tr><td rowspan="4">混凝土砌石体</td><td>平缝</td><td>一级配</td><td>4 ~ 6</td><td>4 ~ 6</td><td>4 ~ 6</td></tr>
<tr><td rowspan="3">竖缝</td><td>二级配</td><td>8 ~ 10</td><td>8 ~ 10</td><td>8 ~ 10</td></tr>
<tr><td>一级配</td><td>6 ~ 8</td><td>6 ~ 9</td><td>6 ~ 10</td></tr>
<tr><td>二级配</td><td>8 ~ 10</td><td>8 ~ 10</td><td>8 ~ 10</td></tr>
<tr><td>备注</td><td colspan="5">当砌石体平缝采用砂浆，竖缝采用混凝土砌筑时，缝宽各见砂浆、混凝土砌石体平缝、竖缝栏</td></tr>
</table>

③ 检查浆砌石坝结构尺寸和位置的砌筑允许偏差是否符合表4-12的要求。

表4–12　砌筑允许偏差

类别	部位		允许偏差 /cm
平面控制	坝面分层	中心线	± 0.5 ～ 1
		轮廓线	± 2 ～ 4
	坝内管道	中心线	± 0.5 ～ 1
		轮廓线	± 1 ～ 2
竖向控制	重力坝		± 2 ～ 3
	拱坝、支墩坝		± 1 ～ 2
	坝内管道		± 0.5 ～ 1

④ 检查石料规格及砌筑工序是否符合设计要求和规范规定。

⑤ 检查砌体的内外搭接及错缝砌筑是否符合规定要求。

⑥ 检查砌体施工缝的处理是否符合规定要求。

⑦ 检查砌体的密度、孔隙率的质量指标是否符合设计和规范规定，查阅检测试验结果。

⑧ 检查砌体的密实性是否符合规定要求，检查压水试验指标是否满足有关规定。

（4）防渗体施工

① 检查基坑的开挖与处理是否满足设计要求和有关规定。

② 检查混凝土防渗体与砌石的连接方式、施工作业方法是否满足设计要求和有关规定。

③ 检查混凝土防渗体浇筑质量是否满足有关规定。

④ 检查混凝土防渗体施工缝的处理是否符合设计要求和有关规定。

⑤ 检查止水材料的规格、型号、品种及材质是否满足设计要求和有关规定。

⑥ 检查止水设备的搭接、安装工艺是否符合设计要求和有关规定。

⑦ 检查沥青井的留置、安设等施工是否符合要求。

（5）冬、夏季和雨天施工

① 冬季施工时，检查是否采取了必要的保温措施。当最低气温在0 ～ 5℃时，砌筑作业是否采取表面保护措施，最低气温在0℃以下时，是否停止砌筑。

② 夏季施工时，检查是否采取了防止表面暴晒、延长养护期等措施，当最高气温超过28℃时，是否停止砌筑作业。

③ 雨天施工时，检查对适宜雨天施工的部位是否采取了可靠的防护措施。

4.混凝土防渗墙

（1）槽（桩）孔建造

① 检查建造槽（桩）的位置、尺寸等偏差是否符合要求。

② 检查建造槽（桩）的主要机具、施工工艺、作业次序和作业方法等是否符合设计要求和有关规定。

③ 检查槽（桩）孔清孔质量是否符合要求。

（2）对泥浆的质量要求

① 检查配制泥浆材料的物理、化学性能指标是否符合规定要求，查阅材料品质试验资料。

② 检查泥浆的性能指标是否符合有关规定，查阅泥浆配合比试验等有关资料。

③ 检查配制泥浆的施工工艺及所用处理剂材料的品质是否符合设计要求和有关规定，查阅工艺评审报告及有关的试验资料。

（3）混凝土浇筑

① 检查用于混凝土的水泥、骨料、水、掺和料及外加剂的质量是否符合设计要求和有关规定。

② 检查混凝土配合比是否经过试验论证，其各项性能指标是否符合设计要求和有关规定。

③ 检查混凝土的运输、平仓、振捣以及施工工序、施工工艺等是否满足设计要求和有关规定。

（4）墙内埋设件的质量要求

① 检查埋设件的品种、型号、质量、尺寸等是否满足设计要求。

② 检查埋设件的安置位置、安设方法及施工工艺等是否符合设计要求和有关规定。

二、堤防工程

（一）普查

（1）查阅击实试验报告、碾压试验报告和压实度检测成果等资料。

（2）认真查阅地质勘察资料和基础施工图，重点了解地质结构和水文资料，熟悉有关情况。

（3）检查经有关部门认可的堤防工程施工组织设计的执行落实情况。

（4）重点应加强对强制性标准执行情况的检查。

（5）检查基础开挖及处理施工记录，检查堤基清理情况。

（6）检查堤防工程的几何尺寸和外观质量。

（7）了解或参与堤防工程质量事故的调查与处理。

（8）检查竣工验收质量抽样检测情况。

（二）专项检查

1.土料碾压筑堤

（1）检查用于筑堤的土质是否满足设计要求。

（2）检查防渗铺盖和均质土堤地基是否按规定和设计要求进行了处理。

（3）检查是否按要求做了碾压试验，查阅碾压试验记录及其试验报告。

（4）检查碾压机具的数量、型号、性能是否满足施工要求。

（5）检查上堤土料的黏粒含量、含水量、土块直径等是否符合设计要求和有关规定。

（6）检查卸料、铺料以及铺土厚度等是否满足设计要求和有关规定。

（7）检查上下层铺土之间的接合面处理，以及接缝和与边坡及岸坡接合面的处理是否符合设计要求和有关规定。

（8）检查分层上料、分层碾压的工序签证情况。

（9）查阅干容重试验记录，检查试验结果和检测数量是否满足规定要求。

2.土料吹填筑堤或土料吹填压渗平台

（1）检查吹填区的基础围堰是否按设计要求修筑。

（2）检查吹填用的船、泵的型号、规格、性能等以及其冲、挖、抽的方式是否满足吹填土质的要求。

（3）检查吹填区的宽度、高度及平整度等是否符合设计要求和有关规定。

（4）检查吹填干密度是否符合设计要求，查阅干密度试验记录。

3.黏土防渗体填筑或砂质土堤堤坡堤顶填筑

（1）检查用于筑堤的土质是否满足设计要求。

（2）检查是否按要求做了碾压试验，查阅碾压试验记录及其试验报告。

（3）检查上堤土料的黏粒含量、含水量、土块直径等是否符合设计要求和有关规定。

（4）检查上下层铺土之间的接合面处理，以及接缝和与边坡及岸坡接合面的处理是否符合设计要求和有关规定。

（5）检查卸料、铺料以及铺土厚度等是否满足设计要求和有关规定。

（6）检查碾压机具的数量、型号、性能是否满足施工要求。

（7）查阅干容重试验记录，检查试验结果和检测数量是否满足规定要求。

（8）检查分层上料、分层碾压的工序签证情况。

4.护坡垫层

（1）检查垫层材料的品种、规格、型号等是否满足设计要求。

（2）检查石料的粒径、级配、硬度、渗透性，土工合成材料的保土、透水、防堵性能及抗拉强度等是否符合设计要求，检查材质试验报告。

（3）检查护坡垫层的施工方法和工艺是否符合设计要求和规范规定。

（4）检查垫层厚度是否符合设计要求，查阅有关检测记录。

5.毛石粗排护坡或干砌石护坡

（1）检查石料的质地、块重、形状等是否符合设计要求和有关规定。

（2）检查毛石粗排的施工方式和护砌质量是否符合有关规定，有无通缝、叠砌、浮石、空洞等现象。

（3）检查平整度、缝宽、厚度等指标是否符合有关要求，查阅有关检测资料。

6.浆砌石护坡

（1）检查制拌砂浆的水泥、砂质量是否符合设计要求和有关规定，查阅水泥和砂的试验报告。

（2）检查砂浆配合比试验资料，抽查现场计量管理情况。

（3）检查砂浆强度，抽查砂浆抗压强度试验记录。

（4）检查浆砌石的砌筑质量和勾缝质量是否符合有关规定。

7.混凝土预制块护坡

（1）检查混凝土预制块本身的强度、外形尺寸和表面平整度等质量指标是否符合要求。

（2）检查预制块的砌筑方式、砌筑质量以及坡面的平整度等是否满足要求。

8.堤脚防护

（1）检查用于堤脚防护材料的质量、品种、规格、型号等是否满足设计要求。

（2）检查堤脚防护的施工作业方式、施工质量和断面尺寸等是否满足设计要求。

（3）在水中施工作业时，应着重检查抛护材料的计量控制和抛护定位措施，抽查有关的施工记录。

第四节　水工建筑物金属结构制造与安装工程

一、普查

1.检查钢材质量是否符合设计要求和有关规定，查阅材质试验报告和出厂证明。

2.检查经有关部门认可的水工建筑物金属结构制造、安装工程施工组织设计的执行落实情况。

3.检阅焊缝检测报告、防腐检测报告等资料。

4.重点应加强对强制性标准执行情况的检查。

5.检查水工建筑物金属结构制造、安装工程的几何尺寸和外观质量。

6.了解或参与水工建筑物金属结构制造、安装工程质量事故的调查与处理。

7.检查各项试验和试运行情况。

二、专项检查

（一）钢管制造

1.直管、弯管和渐变管制造

（1）检查钢板下料尺寸偏差是否符合设计要求和有关规定。

（2）检查钢管焊接缝与组焊的允许偏差是否在规定范围内。

（3）检查焊缝质量是否满足规定要求，查阅无损检测报告和施工记录。

2.岔管和伸缩节制造

（1）检查钢板下料尺寸偏差是否符合设计要求和有关规定。

（2）检查岔管焊接缝与组焊的允许偏差是否在规定范围内。

（3）检查伸缩节的内、外套管及止水压环焊接后的弧度、直径及间隙偏差是否在允许值范围内。

（4）检查焊缝质量是否满足规定要求，查阅无损检测报告和施工记录。

（二）钢管安装

1.安装

（1）检查钢管支墩的强度和稳定性是否满足要求。

（2）检查钢管安装的管口中心、管口椭圆度及管口直径等的允许偏差是否在规定范围内。

（3）检查焊缝质量是否满足规定要求。

2.水压试验

（1）检查岔管是否按要求进行了水压试验，试验情况如何。

（2）参与首次钢管压力试验，检查试压过程记录及相关资料。

（三）闸门和埋件制造

1.埋件制造

（1）检查底槛、主轨、副轨、反轨、止水座板、门楣、侧轨、侧轮导板、铰座钢梁等埋件制造的允许偏差是否在规定值范围内。

（2）检查止水座板与主轨轨面、止水座板与反轨工作面、护角与主轨等的相对位置偏差是否在规定值范围内。

2.铸钢件和锻件

（1）检查铸件尺寸和筋、壁厚度的允许偏差及表面质量是否符合有关规定。

（2）检查铸件的热处理质量和表观质量。

（3）检查对有缺陷的铸钢件、锻件的焊补处理是否符合有关规定。

（4）检查锻件锻造的质量是否符合设计图纸的要求和有关规定。

3.平面闸门制造

（1）检查门叶上单个构件制造的允许偏差是否符合有关规定。

（2）检查平面闸门门叶制造、组装的允许偏差是否符合有关规定。

（3）检查滚轮或胶木滑道的制造与组装偏差是否符合有关规定。

（4）检查焊缝的质量是否符合有关规定，查阅无损检测报告和施工记录。

4.弧形闸门制造

（1）检查弧形闸门门叶制造、组装的允许偏差是否符合有关规定。

（2）检查弧形门吊耳孔的位置偏差、支腿制造与组装的偏差是否符合有关规定。

（3）检查弧形门出厂前整体组装的尺寸偏差是否符合有关规定。

（4）检查焊缝的质量是否符合有关规定，查阅无损检测报告和施工记录。

5.人字闸门制造

（1）检查人字闸门门叶的制造、组装的允许偏差是否符合有关规定。

（2）检查支、枕垫块的配装研磨及蘑菇头与底枢顶盖轴套的组装研刮是否符合有关规定。

（3）检查人字门出厂前整体组装的尺寸偏差是否符合有关规定。

（4）检查焊缝的质量是否符合有关规定，查阅无损检测报告和施工记录。

（四）闸门和埋件安装

1.埋件安装

（1）检查埋件安装前门槽的清理是否符合要求。

（2）检查埋件安装的方式及其安装位置偏差是否符合有关规定。

（3）检查二期混凝土浇筑的质量是否符合要求。

（4）检查二期混凝土拆模后，埋件的位置偏差是否在允许范围之内。

2.平面闸门安装

（1）检查闸门的组装是否符合要求。如采用螺栓连接，其连接质量要符合规定；如采用焊接，则应按已评定合格的焊接工艺编制焊接工艺规程进行焊接，并注意观察变形情况。

（2）检查安装前是否对有关尺寸进行了复测，查阅检测记录。

（3）检查止水等配件的安装质量是否符合要求。

（4）对单吊点的平面闸门是否做了静平衡试验，结果如何。

3.弧形闸门安装

（1）检查圆柱形、球形和锥形铰座安装的允许偏差是否在规定范围之内。

（2）检查弧形闸门的组装质量是否符合有关规定，变形情况如何。

（3）检查弧形闸门安装的偏差是否在规定范围之内。

（4）检查止水等配件的安装质量是否符合要求。

4.人字闸门安装

（1）检查人字闸门的底枢、顶枢装置的偏差是否在允许范围内。

（2）检查支、枕垫块与支、枕座的浇注填料及其安设偏差是否符合设计要求与有关规定。

（3）检查安装后运转的最大跳动量及下垂值等指标是否符合有关规定。

（4）检查止水等配件的安装质量是否符合要求。

5.闸门试验

（1）检查闸门安装完成的试验情况，注意试验过程中发生的一些异常情况，查阅运行试验记录。

（2）检查闸门漏水量是否符合有关规定。

（五）拦污栅制造和安装

（1）检查拦污栅埋件、单个构件及栅体制造的偏差是否在允许范围内。

（2）检查拦污栅安装质量是否在允许值范围内。

（3）检查拦污栅运行试验是否符合设计要求，查阅有关施工及调试记录。

（六）起重设备安装

1.轨道安装

（1）检查钢轨的外形质量，如有变形应按规定进行矫正处理。

（2）检查轨道安装及接头的偏差是否在允许范围内。

2.起重设备零部件组装与调整

（1）检查起重设备零部件组装的质量是否符合有关规定。

（2）检查起重设备零部件调整的质量是否符合规定要求。

（3）检查钢丝绳等设备的型号、品种、规格、质量是否符合设计要求和有关规定。

（4）检查起重设备上的电气设备安装是否符合有关规定。

（5）检查起重设备的安装调试情况，查阅有关施工及调试记录。

3.固定式启闭机安装

（1）检查固定式启闭机安装的纵、横向中心线及高程的偏差是否在规定范围内。

（2）检查螺杆式启闭机安装的偏差是否在允许值之内。

（3）检查运行调试情况，查阅施工调试记录。

4.门式和桥式起重机安装

（1）检查桥机的桥架与大、小车行走机构组装的偏差是否在允许范围内。

（2）检查门机组装的质量是否符合设计要求和有关规定。

（3）检查门式和桥式起重机的运行调试情况，查阅有关施工及调试记录。

5.油压启闭机安装

（1）检查油压启闭机机架的安装质量是否符合有关规定。

（2）检查油压启闭机各部件的装配质量是否符合规定要求。

（3）油缸组装后是否按设计要求和有关规定进行了必要的试验，渗油情况如何。

（4）检查油压启闭机运行调试情况，查阅有关施工及调试记录。

第五节　机电设备安装工程和泵站安装工程

一、机电设备安装工程

（一）普查

（1）查阅机电设备合格证，装配施工图和产品安装说明书等资料。

（2）检查安装过程的检测、试验和测量记录。

（3）检查经有关部门认可的机电设备安装工程施工组织设计的执行落实情况。

（4）重点应加强对强制性标准执行情况的检查。

（5）检查机电设备安装工程的几何尺寸和外观质量。

（6）了解或参与机电设备安装工程质量事故的调查与处理。

（7）检查操作试验及试运行情况。

（二）专项检查

1.立式反击水轮机安装

（1）埋入部件安装

① 检查吸出管里衬、转轮室、基础环和座环等安装的允许偏差是否在规定范围内。

② 检查转轮室、基础环和座环组合缝间隙是否符合规定要求。

③ 检查蜗壳拼装与安装的允许偏差是否符合规定。

④ 检查蜗壳的焊接是否满足规定要求，焊工应有考试合格证，焊条或焊剂质量应符合规定要求，焊接工序应符合有关规定，焊缝质量应符合规定要求，查阅焊接试验报告。

⑤ 检查蜗壳安装时的混凝土浇筑是否符合规定要求。

⑥ 检查机坑里衬及拉力器基础安装的允许偏差是否满足规定要求。

（2）转轮装配

① 检查混流式水轮机分瓣转轮是否按照事先制定的焊接工艺规范进行焊接及热处理。

② 检查转轮及止漏环的圆度是否满足规定要求。

③ 检查转轮静平衡试验的情况，查阅有关试验记录。

④ 检查转桨式水轮机转轮耐压和动作试验是否符合有关规定。

⑤ 检查主轴与转轮连接的质量情况，法兰组合缝间隙、转轮止水环圆度等指标是否符合有关规定。

（3）导水机构预装

① 检查座环上平面高程、水平、镇口圆度是否符合有关规定。

② 检查分瓣底环、顶盖、支持环等组合缝间隙是否符合规定要求。

③ 检查导水机构的预装情况。

④ 检查导水机构的安装质量是否符合规定要求。

（4）转动部件就位安装

① 检查转轮安装的最终高程、各止漏环间隙或桨叶与转轮室间隙的允许偏差是否符合规定要求。

② 检查机组联轴后，两法兰组合缝的间隙是否符合规定要求。

③ 检查操作油管和受油器的安装质量是否符合有关规定。

（5）导叶及接力器安装调整

① 检查导叶端部间隙、导叶止推环轴向间隙、导叶立面间隙、导叶与挡块之间间隙等是否符合设计要求和有关规定。

② 检查接力器安装的质量是否符合有关规定。

（6）水导及主轴密封安装

① 检查轴瓦表观质量是否符合要求，是否进行了必要的研刮和试装。

② 检查轴瓦、轴承的安装质量是否符合规定要求。

③ 检查主轴检修密封、主轴工作密封的安装质量是否符合有关规定。

（7）附件安装

① 检查真空破坏阀和补气阀的动作试验和渗漏试验及其起始动作压力和最大开度值是否符合设计要求。

② 检查蜗壳及尾水管排水闸阀或盘形阀的接力器是否按规定进行了严密性耐压试验，结果如何。

③ 检查盘形阀的安装质量是否符合规定要求。

2.灯泡贯流式水轮机安装

（1）埋入部件安装

① 检查灯泡贯流式水轮机尾水管及座环安装的允许偏差是否符合规定要求。

② 检查流道盖板基础框架的中心线、高程及高程差、框边平度等是否符合要求。

③ 检查灯泡贯流式水轮机接力器基础安装的质量是否符合有关规定。

（2）轴承装配

① 检查推力盘与主轴的垂直度、分瓣推力组合面间隙及摩擦面在接缝处错牙等的偏差是否在允许范围内。

② 检查轴瓦的质量及研刮是否符合有关规定。

③ 检查轴瓦与轴承外壳的配合程度，以及支持环（板、架）及座环（或导水锥）间的组合面间隙是否符合有关规定。

④ 检查轴瓦间隙，以及有绝缘要求的轴承电阻是否符合设计要求。

（3）导水机构安装

① 检查导叶端部内外间隙是否符合设计要求。

② 检查导叶立面允许局部最大间隙是否在规定范围内。

③ 检查调速环与外配水环（也称顶环）的间隙是否符合设计要求。

（4）主轴和转轮安装

① 检查转轮装配后耐压和动作试验是否符合有关规定，检查有关试验记录。

② 检查轴线调整时，轴线位置的变化及座环法兰的倾斜情况是否符合设计要求。

③ 检查转轮与主轴连接后组合面间隙、受油器瓦座与转轴的同轴度偏差是否符合规定要求。

④ 检查主轴密封的安装质量是否符合有关规定。

3. 冲击式水轮机安装

（1）机壳安装

① 检查机壳组合缝的质量是否符合有关规定，运行时是否有漏水现象。

② 检查机组安装的质量是否在允许偏差范围内。

（2）喷嘴及其接力器安装

① 检查喷嘴接力器是否按要求进行严密性耐压试验，试验结果如何。

② 检查喷嘴和接力器组装后的灵活程度及间隙是否符合规定要求。

③ 检查喷嘴安装的质量是否在允许偏差范围内。

（3）转轮安装

① 检查转轮安装的质量是否在允许偏差范围内。

② 检查卧式水轮机轴承装配质量是否符合有关规定。

③ 检查止漏装置与主轴间隙是否符合规定要求。

（4）控制机构安装与调整

① 检查控制机构各元件的中心偏差、高程偏差、水平或垂直偏差是否符合有关规定。

② 检查调整折向器与喷针行程的协联关系是否符合设计要求。

③ 检查紧急停机模拟试验是否满足设计要求，查阅试验记录。

4. 调速系统安装与调试

（1）压油装置安装与调试

① 检查集油槽、漏油箱、压油罐、安全阀、逆止阀、截止阀的渗漏试验或严密性耐压试验情况，查阅有关试验资料。

② 检查集油槽、压油罐的安装质量是否符合有关规定。

③ 检查油泵、电动机弹性联轴节的偏心和倾斜值等指标是否符合有关规定。

④ 检查调整系统所用油的牌号是否符合设计要求，其质量是否符合有关规定。

⑤ 检查油泵电动机是否按要求进行了运转试验，情况是否正常。

⑥ 检查压油装置各部件的调整情况是否符合设计要求和有关规定。

⑦ 检查压油罐在工作压力下的油位下降情况。

（2）调速器安装

① 检查调整器柜、回复机构及事故配压阀的安装偏差是否符合有关规定。

② 检查分解调速器时各部件的清洗、组装、调整的状态或偏差是否符合规定要求。

（3）调速器机械部分调整试验

① 检查调速器机械部分是否按设计要求和相应参数指标进行调整试验。

② 检查试验结果是否符合设计要求，查阅有关试验记录。

（4）调速器电气部分检查与调整

① 检查电气柜的外观质量及元器件有无碰伤、损坏、松动等现象，查阅检查记录。

② 检查系统各回路接线方式是否符合设计要求，是否按规定进行了绝缘测定和耐压试验，结果如何。

③ 检查稳压电源装置的输出电压质量、调速器电气装置各单元回路特性以及电气调节器的输入频率与输出电流的关系曲线等是否符合设计要求。

（5）调速系统整体调整和模拟试验

① 检查调速系统的各项试验指标是否达到设计要求。

② 检查模拟调速器在各种故障状态下，保护装置的可靠性。

③ 检查在以手动、自动方式进行机组开机、停机、调相、紧急停机模拟试验时，调速器是否正常运行。

5.立式水轮发电机安装

（1）机架组合

① 检查机架组合缝的间隙是否符合有关规定。

② 检查轴承安装面的平面度，以及合缝面间隙及合缝处安装面的错牙是否符合有关规定。

（2）轴瓦研刮

① 检查推力轴瓦、轴承的外观质量是否符合规定要求，必要时应进行检测。

② 检查推力轴承与导轴瓦应按规定的要求进行研刮，查阅研刮记录。

（3）定子装配

① 检查机座组合缝间隙、铁芯合缝间隙及其线槽底部的径向错牙、线槽宽度以及定子机座与基础板的组合缝间隙等是否符合设计要求和有关规定。

② 检查定子圆度及整体定子铁芯的圆度是否符合有关规定。

③ 检查支持环连接的圆度、高度以及其绝缘包扎的搭接长度等是否符合设计要求和有关规定。

④ 检查定子线圈是否按有关规定进行嵌装施工。

⑤ 检查线圈接头的焊接或包扎等是否符合有关规定。

⑥ 检查汇流母线是否按规定进行安装，质量如何。

⑦ 检查定子绕组是否按规定的要求进行干燥，并注意干燥时的绝缘电阻变化情况，检查交、直流耐压试验情况，查阅有关试验记录。

（4）转子装配

① 检查转子是否按规定的要求进行了装嵌，质量如何。

② 检查轮臂组装、键槽立筋安装等是否符合有关规定。

③ 检查装配式制动闸板是否按规定进行安装。

④ 检查磁轴冲片的质量以及是否按有关规定进行了叠装，叠装质量如何。

⑤ 检查磁极本身的质量，挂装前后是否按规定进行了耐压试验，挂装质量也应符合有关规定。

⑥ 检查磁极接头的连接是否符合有关规定。

⑦ 检查转子交流耐压试验情况，查阅有关试验记录。

（5）发电机总体安装

① 检查机架安装的中心偏差、水平偏差、高程偏差以及组合缝间隙等是否符合有关规定。

② 检查制动器安装质量是否符合规定要求，是否按规定进行了严密性耐压试验，结果如何。

③ 检查定子安装的质量是否符合规定要求。

④ 检查转子吊装质量是否在允许偏差范围内。

⑤ 检查推力头安装是否符合规定要求。

⑥ 用盘车方法检查调整机组轴线的各部件的摆度、间隙等指标是否符合规定要求。

⑦ 检查推力油槽的安装是否符合规定要求，是否按规定做了渗漏试验、耐压试验及水压试验，查阅试验记录。

⑧ 检查推力轴承各部绝缘电阻是否满足规定要求，查阅电阻测量记录。

⑨ 检查推力瓦在大轴垂直、镜板水平、转子和转轮处于中心位置时的调整情况是否符合设计和规定要求。

⑩ 检查推力轴承外循环冷却装置和管路的耐压试验情况，查阅有关试验记录。

⑪ 检查推力轴承高压油顶起装置的安装是否符合设计要求和有关规定，严密性耐压试验情况如何，查阅有关记录。

⑫ 检查导轴承安装是否符合有关规定。

⑬ 检查空气冷却器安装的耐压试验情况，查阅有关试验记录。

⑭ 检查是否按规定进行了发电机测温装置的安装。

⑮ 检查励磁机的安装质量，有关的电气试验情况怎样，查阅安装和试验记录。

⑯ 检查永磁发电机与机组同心度、空气间隙和对地绝缘电阻等是否符合规定要求。

6.卧式水轮发电机安装

（1）轴瓦研刮

① 检查轴瓦的质量是否符合规定要求。

② 检查是否按规定要求对座式轴承轴瓦进行研刮，研刮质量如何。

③ 检查推力瓦的研刮是否符合规定要求。

（2）轴承座安装

① 检查轴承座油室的渗漏试验情况，查阅试验记录。

② 检查同轴度、水平度偏差是否控制在允许值范围内。

③ 检查对地绝缘电阻以及轴承座与基础板间各组合缝间隙是否符合有关规定。

（3）转子和定子安装

① 检查转子主轴法兰的偏心和倾斜偏差是否在允许范围内。

② 检查定子与转子空气间隙及端部偏移值是否在规定范围内。

③ 主轴连接后，检查各部分的摆度是否在规定范围之内。

（4）轴承各部分间隙调整

① 轴线调整后，检查主轴与轴瓦、推力瓦与推力盘的接触面是否符合有关规定。

② 检查轴颈与上、下轴瓦的间隙，轴瓦与轴肩的间隙，推力轴承的轴向间隙，密封环与转轴间隙等是否符合规定要求。

③ 检查轴瓦与轴承外壳的配合质量是否符合有关规定。

（5）风扇安装

① 检查风扇片和导风装置的间隙是否符合规定要求。

② 检查风扇端面和导风装置的距离是否在规定范围内。

7. 灯泡式水轮发电机安装

（1）主要部件组装

① 检查定子、机座、转子、顶罩等主要部件组装的间隙、圆度及焊接工艺等是否满足要求。

② 检查顶罩的严密性试验情况，查阅有关记录。

（2）发电机整体安装

① 检查发电机机架及轴承、径向轴承高压油顶起装置等的安装是否符合有关规定。

② 检查轴线盘车各部分的摆度是否在允许范围内。

③ 检查定子与转子的空气间隙是否符合规定要求。

④ 检查挡风板与转子径向、轴向间隙是否符合有关规定。

⑤ 检查机组整体严密性试验情况，查阅有关试验资料。

8. 管路及附件安装

（1）管子弯制

① 检查管子是否按规定进行弯制。

② 检查管子弯制后的质量是否符合规定要求。

（2）管路附件制作

① 检查管子的切口、焊接、弯曲、平面度等质量是否符合有关规定。

② 检查各种管子的直径偏差是否符合规定要求。

（3）管道焊接

① 检查焊缝外观质量是否符合规定要求。

② 对重要的焊缝，应检查无损检测情况，查阅有关检测试验资料。

（4）管道安装

① 检查管道安装时的焊缝位置、焊缝质量等是否满足规定要求，查阅无损探伤检查资料。

② 检查管路的埋设、明管的安装以及法兰的连接等是否符合规定要求。

（5）管道及附件试验

① 检查管件及阀门的强度耐压试验和渗漏试验情况，查阅有关试验记录。

② 检查风、水、油系统管路严密性试验情况，查阅试验记录。

9. 蝴蝶阀及球阀安装

（1）蝴蝶阀安装

① 检查蝴蝶阀安装各组合部分的间隙、中心线位置偏差以及水平与垂直度等是否符合有关规定。

② 检查橡胶水封充气试验情况，查阅有关试验记录。

③ 检查静水严密性试验的漏水情况，查阅有关记录。

（2）球阀安装

① 检查球阀安装各组合部分的间隙、中心线位置偏差以及水平与垂直度等是否符合有关规定。

② 检查球阀组装后的静水严密性试验的漏水情况，查阅有关记录。

（3）伸缩节安装

① 检查伸缩节内外套管伸缩距离是否符合有关规定。

② 检查盘根槽宽度的允许偏差是否在规定值范围内。

（4）液压操作阀、空气阀安装

① 检查旁通阀安装的垂直度偏差是否在2mm/m范围内。

② 检查液压阀、旁通阀、空气阀的水压或油压试验情况，查阅有关试验记录。

（5）操作机构安装

① 检查接力器水平度、垂直度、底座高程及其基础板中心的偏差是否在允许值范围内。

② 检查接力器和主阀操作系统严密性耐压试验情况，查阅有关试验记录。

③ 在压力钢管无水情况下，检查动作试验情况，查阅有关试验记录。

二、泵站安装工程

（一）普查

（1）查阅水泵合格证，装配施工图和产品安装说明书等资料。

（2）检查安装过程的检测、试验和测量记录。

（3）检查经有关部门认可的水泵安装工程施工组织设计的执行落实情况。

（4）重点应加强对强制性标准执行情况的检查。

（5）检查水泵安装工程的几何尺寸和外观质量。

（6）了解或参与水泵安装工程质量事故的调查与处理。

（7）检查操作试验及试运行情况。

（二）专项检查

1.基本要求

（1）设备安装前应对外观质量进行仔细检查并做记录，测量设备组合缝是否符合要求。

（2）机组安装的装置性材料和设备用油应有出厂合格证或材质试验报告。

（3）承压设备及连接件应按标准进行耐压试验。

（4）开敞式容器应进行煤油渗漏试验。

（5）主机组基础的标高、中心位置偏差，主机组的基础与进出水流道的相对和空间几何尺寸，以及地脚螺栓预留孔尺寸和位置都应符合设计要求。

（6）预埋件的材质、型号及安装位置应符合设计要求。

（7）垫铁、基础垫板的材质、规格尺寸和安装位置应符合要求。

（8）基础板及其基础螺栓应按规定进行安装。

（9）基础二期混凝土的浇筑和养护应符合要求。

2.立式机组安装

（1）轴瓦

① 各类轴瓦的外观质量应认真进行检查。

② 推力轴瓦应按规定要求研刮。

（2）立式水泵安装

① 泵座、底座等埋入部件的安装位置和组合面偏差应符合有关规定。

② 叶轮室是否按规定的技术要求进行装配。

③ 液压全调节水泵应做叶轮耐压和动作试验，检查试验记录。

④ 导叶体、泵轴、叶轮、泵轴密封、轴承和受油器等的安装质量是否符合有关规定。

（3）立式电动机安装

① 机架、机架轴承座或油槽安装的位置偏差是否符合规定。

② 定子、推力头是否按规定要求进行安装。

③ 用盘车的方法按规定的技术要求检查调整机组轴线，查有关记录。

④ 轴承、油槽、电动机测温装置的安装是否符合规定要求。

3.卧式机组安装

（1）轴瓦研刮和轴承装配

① 检查轴瓦的外观质量是否符合要求，是否按规定对其进行研刮。

② 滑动轴承和滚动轴承是否按规定要求进行安装。

③ 对有绝缘要求的轴承，检测装配后的对地绝缘电阻是否符合规定要求。

（2）卧式水泵安装

① 泵座、底座等埋入部件的安装位置和组合面偏差应符合有关规定。

② 卧式水泵是否按规定的技术要求进行组装。

③ 填料密封和联轴器的安装是否符合有关规定。

（3）卧式电动机安装

① 卧式电动机正式安装前，是否进行了必要的解体检查或抽心检查，查有关记录。

② 查同轴度偏差、轴承座的水平偏差及定子与转子空气间隙是否在规定范围内。

③ 检查卧式电动机滑环与电刷的安装是否符合有关规定。

4.进出管道安装

（1）一般规定

① 检查和测量管床、镇墩、支墩的尺寸、位置、高程等是否符合规定要求。

② 检查管子、管件的外观质量、防腐情况、尺寸偏差、品种、型号、数量等是否满足规定要求，是否按规定进行了水压试验。

③ 管道阀件、伸缩节的品种、规格、型号及有关技术性能指标是否符合要求。

（2）金属管道安装

① 检查管道安装后管口中心位置偏差是否在允许范围内。

② 管道焊缝位置和焊缝质量是否符合规定要求。

③ 铸铁管的安装及其承插口填充料的安装是否符合要求。

④ 是否按规定进行了水压试验，试验情况如何。

（3）混凝土管道安装

① 管道接口的橡胶圈性能、质量及安装后的压缩率是否符合设计和规定要求。

② 安装顺序、施工作业方法及混凝土管与钢管的连接是否符合有关规定。

③ 是否按规定进行了水压试验，查试验记录。

5.辅机系统安装

（1）压油装置安装

① 检查回油箱和压力油罐是否按规定要求安装和进行了必要的渗漏或严密性试验。

② 油泵电动机组是否按规定要求进行运行试验，查试验记录。

③ 继电器、减压阀和安全阀等的调整值是否符合设计要求。

（2）空气压缩机安装

① 固定式压缩机的安装位置偏差是否在规定范围。

② 储气罐等承压设备是否按规定要求进行强度和严密性试验。

③ 检查压缩机安装有无完整的安装记录，并按规定进行了各种试验。

（3）供排水泵安装

① 供排水泵的安装应按前述卧式机组安装的有关规定进行。

② 供排水泵和系统试运行是否达到规定要求。

（4）辅助管路安装

① 管道和管件是否按规定要求进行制作。

② 管路敷设或安装是否符合规定要求。

③ 管道焊接是否符合有关规定。

④ 自动化元件是否检验，动作试验结果如何。

6.机组电气安装

（1）是否按规定要求进行单个定子线圈和定子绕组交流耐压试验，测量定子绕组的绝缘电阻、吸收比和直流电流。

（2）是否按规定要求进行转子绕组交流耐压试验，测量转子绕组的绝缘电阻和直流电阻。

7.机组试运行

（1）是否按规定编制机组调度运行方案。

（2）是否按规定要求进行机组空载运行。

（3）机组负载试运行，结果如何。

（4）检查机组运行试验记录。

第六节　桩基工程

一、普查

1.检查原材料、成品、半成品的合格证及试验报告。

2. 检查桩位轴线平面图和设计轴线平面图。

3. 重点应加强对强制性标准执行情况的检查。

4. 检查隐蔽工程验收记录（包括桩位实际偏差平面图）。

5. 检查施工原始记录。

6. 检查混凝土测试试验报告。

7. 检查设计要求的桩的静荷载试验，动荷载试验，超声波检验和取芯法检验等试验报告。

8. 检查钻孔灌注桩自动测绘仪测定的桩孔形状连续曲线测试报告。

9. 检查设计变更通知书，质量事故处理记录及有关文件。

二、专项检查

（一）钻孔混凝土灌注桩

（1）检查施工工艺流程和质量保证措施，是否与施工规范要求相符。

（2）检查桩基施工前试验成孔完成情况。

（3）检查钻孔灌注桩孔壁形状、直径、桩长、二次清孔时间、测沉渣方法及数值、泥浆密度测定数值，成孔开始到混凝土浇捣完毕各施工阶段时间记录、单桩混凝土实际浇灌数量及充盈系数值。

（4）检查混凝土配合比及现场混凝土搅拌台计量是否满足要求。

（5）检查钢筋笼制作及安放质量，包括钢筋及钢筋焊接合格证和试验报告、隐蔽工程验收签证，检查固定钢筋笼位置的措施。

（二）混凝土预制打入桩

（1）检查混凝土预制桩外观质量，制桩的质量保证资料，包括混凝土强度、钢材、水泥合格证和试验报告。

（2）检查沉桩顺序、沉桩方法，机械选择和每天沉桩数量，对周围建筑物及道路、管线是否造成影响及采取的措施是否有效。

（3）检查混凝土预制桩沉桩记录，包括单桩从沉桩开始到结束的时间，连接部位隐蔽工程验收记录，打入标高及最后10击的贯入度。

其他类型的桩基，可参照上述内容，确定具体的质量监督要点。

第五章　水工混凝土的质量检测

第一节　水工混凝土的配合比设计

一、水工混凝土的基础理论

由胶结材料（无机的、有机的或无机有机复合的）、颗粒状集料、水，以及必要时加入化学外加剂和矿物掺和物等材料组分合理组成的混合料，经硬化后形成的具有堆聚结构的复合材料称为混凝土。混凝土的分类方法很多，按胶结材料可分为水泥混凝土、石灰硅质胶结材混凝土、石膏混凝土、沥青混凝土、聚合物胶结混凝土、聚合物浸渍混凝土等；按用途可分为普通混凝土、道路混凝土、防水混凝土、耐热混凝土、膨胀混凝土、大体积混凝土等。用于挡水、发电、泄洪、输水、排沙等水工建筑物，密度为2400kg/m^{3}左右的水泥基混凝土即称为水工混凝土。水工混凝土体积一般较大，常用于水上、水下和水位变化区域。根据所处区域不同，坝体水工混凝土常被分为上下游水位以上（坝体外部）混凝土、上下游水位变化区（坝体外部）混凝土、上下游最低水位以下（坝体外部）混凝土、基础混凝土、坝体内部混凝土、抗水流冲刷部位的混凝土等。由于各区域混凝土所处环境不同，对混凝土强度等级及其他性能要求也不同。

（一）混凝土各组分的主要作用

普通混凝土（以下简称混凝土）是由水泥、水和砂、石按适当比例配合，拌制成拌和物，经一定时间硬化而成的人造石材。为改善混凝土的性能还经常加入外加剂和掺和料。在混凝土中，一般以砂子为细骨料，石子为粗骨料，其余为水泥浆和少量残留的空气。在混凝土拌和物中，水泥和水形成水泥浆，填充砂于空隙并包裹砂粒，形成砂浆。砂浆又填充石于空隙并包裹石于颗粒形成混凝土拌和物。显然水泥浆在砂石颗粒之间起着润滑作用，使混凝土拌和物具有一定的流动性。当水泥浆量较多时，混凝土拌和物的流动性较大，呈现塑性状态；当水泥浆量较少时，则混凝土拌和物的流动性较小，呈现干稠状态。

水泥浆除了使混凝土拌和物具有一定的流动性外，更主要的是起胶结作用。水泥浆通过水泥的凝结硬化，把砂石骨料牢固地胶结成一个整体。砂石在混凝土中主要是起骨架作用，因而可以大大节省水泥。同时，还可以降低水化热，大大减少混凝土由于水泥浆硬化而产生的收缩，并起抑制裂缝扩展的作用。

根据骨料在混凝土中的作用，对用于混凝土的骨料要求具有良好的颗粒级配，以尽量减少孔隙率；要求表面干净，以保证与水泥浆更好地黏结；含有害杂质少，以保证混凝土的强度及耐久性；要求具有足够的强度和坚固性，以保证起到充分的骨架和传力作用。

（二）混凝土的质量要求

混凝土目前仍为水利水电工程的主要大宗建筑材料，其品质的优劣直接影响水工建筑物的安全运行。

优质混凝土必须同时满足设计强度、耐久性和经济面的要求。为获得优质经济的混凝土必须做到以下三点：

（1）选择适宜的原材料，主要包括水泥、砂、石、掺和料、外加剂等。既要考虑就地取材，便利易得，又要考虑质量优良，适宜工程要求。

（2）选择适宜的混凝土配合比，使混凝土具有适宜的和易性、强度和耐久性等性能，充分满足工程设计和施工提出的要求。

（3）加强施工控制，保证施工质量。优质经济的混凝土能否在工程中充分实现，在很大程度上取决于施工中材料的称量、拌和、浇筑振捣、养护等方面，许多工程事故往往是由于施工不良引起的，因此，必须高度重视施工质量，加强施工管理。

由于混凝土材料所具有的常态性变异，加之原材料品质亦会因环境等变化而会有相当大的改变，难免会造成混凝土品质的经常变异，若不加以控制，则能影响结构物的品质或工程的安全，因此，对混凝土的品质检验和控制是必不可少的。

二、配合比设计的任务及原理

混凝土配合比是指混凝土各组成材料数量之间的比例关系。常用的表示方法有两种：一种是以每1m^{3}混凝土中各项材料的质量表示；另一种表示方法是以各项材料相互间的质量比（常以水泥质量为1）来表示。

配合比设计的任务，实质上就是根据原材料的技术性能、设计要求及施工条件，设计出满足和易性、强度、耐久性以及经济性要求的混凝土。

配合比设计的基本原理建立在混凝土拌和物和硬化混凝土性能变化规律的基础上，配合比设计有4个基本变量：水泥、水、砂、石。为此必须建立4个表示各变量之间关系的方程式，建立这些关系式和方程时必须反映出混凝土拌和物及硬化混凝土性能变化的规律，以满足配合比设计的4项基本要求。为此要合理地确定3个配合参数：水泥用量与用水量之间的关系，以水灰比表示；砂子和石子用量的关系，以含砂率或砂石比表示；水泥浆与骨料之间的比例关系，常用单位用水量来反映。3个配合参数确定后，再根据绝对体积法建立一个方程即可计算出混凝土各项材料用量。由于影响混凝土性能的因素颇为复杂，计算出的配合比与实际情况往往有出入，故尚须进行试验、试配、调整方能确定混凝土的配合比。

三、混凝土配合比设计的基本原则

水工混凝土配合比设计，应满足设计与施工要求，确保混凝土工程质量且经济合理。混凝土配合设计要求做到以下五点：

1.应根据工程要求、结构型式、施工条件和原材料状况，配制出既满足工作性、强度及耐久性等要求，又经济合理的混凝土，确定各组成材料的用量。

2.在满足工作性要求的前提下，宜选用较小的用水量。

3.在满足强度、耐久性及其他要求的前提下，选用合适的水胶比。

4.宜选取最优砂率，即在保证混凝土拌和物具有良好的黏聚性并达到要求的工作性时用水量最小的砂率。

5.宜选用粒径较大的骨料及最佳级配。

四、混凝土配合比设计要求

1.混凝土强度及保证率。

2.混凝土抗渗等级、抗冻等级和其他性能指标。

3.混凝土的工作性。

4.骨料最大粒径。

五、配合比设计参数的确定及其计算方法

（一）结构强度要求确定的配制抗压强度

（1）目前，水工混凝土设计龄期立方体抗压强度标准值采用两种方式：一种以强度等级“C”表示，龄期28d，强度保证率为95%，其后为抗压强度标准值，如C20；其他龄期混凝土，采用符号C加设计龄期下标再加立方体抗压强度标准值表示，其强度保证率为80%。另一种是惯用的强度标号“R”表示，龄期90d或180d，强度保证率为80%，其后三位数，末位取零，前两位为抗压强度标准值，如$R_{90}150$或$R_{180}150$。不论哪种方式表示，混凝土设计龄期立方体抗压强度标准值系指按照标准方法制作养护的边长为150mm的立方体试件，在设计龄期用标准试验方法测得的具有设计保证率的抗压强度，以MPa计。

（2）混凝土配制强度按公式（5-1）或公式（5-2）计算：

$$f_{cu\cdot0}=f_{cu\cdot k}+t\sigma \tag{5-1}$$

式中：$f_{cu\cdot0}$——混凝土配制强度，MPa；

$f_{cu\cdot k}$——设计龄期抗压强度标准值，MPa；

t——概率系数，由给定的保证率P选定，其值按表5-1选用；

σ——立方体抗压强度标准差，MPa。

$$f_{cu\cdot0}=\frac{f_{cu\cdot k}}{1-tc_v} \tag{5-2}$$

式中：c_v——立方体抗压强度变异系数。

保证率和概率系数关系见表5-1。

表5-1　保证率和概率系数关系

保证率 P(%)	80.0	85.0	90.0	95.0
概率系数 t	0.840	1.040	1.280	1.645

（3）混凝土抗压强度标准差σ和变异系数c_v，宜按同品种混凝土抗压强度统计资料确定，统计时，抗压强度试件总数应不少于30组。

根据近期相同抗压强度、生产工艺和配合比基本相同的抗压强度资料，抗压强度标准差σ按公式（5-3）计算

$$\sigma=\sqrt{\frac{\sum_{i=1}^{n}f_{cu\cdot i}^2-nm_{f_{cu}}^2}{n-1}} \tag{5-3}$$

式中：$f_{cu\cdot i}$——第i组试件抗压强度，MPa；

m_{fcu}——n组试件的抗压强度平均值，MPa；

n——试件组数。

任何情况下，当现场搅拌楼（站）取样统计计算标准差σ＜2.5MPa时，按标准差σ=2.5MPa计算配制抗压强度。

变异系数c_v按公式（5-4）计算：

$$c_v=\frac{\sigma}{m_{fcu}} \tag{5-4}$$

式中：σ =2.5MPa；

m_{fcu}——n组试件的抗压强度平均值，MPa；

当无近期同品种混凝土抗压强度统计资料时，σ值可按表5-2取用，c_v可按表5-3取用。施工中应根据现场施工时段强度的统计结果调整σ和c_v值。标准差σ选用值见表5-2，变异系数c_v选用值见表5-3。

表5-2　标准差σ选用值

设计龄期抗压强度标准值	≤ 15	20 ~ 25	30 ~ 35	40 ~ 45	50
抗压强度标准差	3.5	4.0	4.5	5.0	5.5

表5-3　变异系数c_v选用值

设计龄期抗压强度标准值（MPa）	≤ 15	20 ~ 25	≥ 30
变异系数 c_v	0.20	0.18	0.15

（二）结构耐久性指标要求确定的配制抗压强度

每个混凝土结构因其所处环境条件不同，设计都会提出2 ~ 3个耐久性设计指标，如抗渗等级（渗透系数）、抗冻等级（含抗大气侵蚀）、碱骨料反应、抗硫酸盐侵蚀、抗氯离子侵蚀（电通量和氯离子扩散系数）等设计指标。混凝土配合比设计既要满足结构强度设计要求，又要同时满足耐久性指标要求。

按惯例，首先确定结构强度要求的配制强度和配合比各组分用量；接下来，用已确定的配合比各组分材料用量拌制混凝土，进行规定的耐久性项目试验；如果耐久性指标达到设计指标，测定该配合比的抗压强度，即为耐久性指标确定的设计抗压强度标准值；比较结构强度和耐久性指标2个设计抗压强度标准值，水工混凝土一般是耐久性设计抗压强度标准值高于结构强度设计抗压强度标准值；最后，再按公式（5-1）计算混凝土配制抗压强度，耐久性指标保证率采取与结构强度相同的保证率。

（三）骨料最大粒径的确定

1. 钢筋混凝土结构

骨料最大粒径不应超过钢筋净距的2/3，同时不应超过构件断面最小边长的1/4。

2. 大体积混凝土结构

（1）骨料最大粒径不得大于混凝土垫层厚度的1/3。

（2）满足混凝土抗压强度与骨料最大粒径的关系准则。

（四）配合比设计参数选择及计算方法

1.配合比设计参数选择

（1）配合比设计独立参数有4个，即用水量、水灰比、掺和料掺量和砂率。

① 用水量。用水量应根据骨料最大粒径、工作度、外加剂、掺和料及最优砂率通过试拌确定。

② 水灰比。水灰比由结构强度要求确定的配制抗压强度或由耐久性指标要求确定的配制抗压强度，经试拌和试验确定，取其低者。

③ 掺和料掺量。掺和料的功能是增加混凝土的密实性，改善其和易性并减少大体积混凝土的发热量。掺和料品种应尽量能取得当地料源，同时满足耐久性要求。抑制碱-骨料反应，应选用粉煤灰；提高混凝土抗氯离子侵蚀性能则宜选用粉煤灰或矿渣粉；掺量多少同样也要视耐久性指标的特点而定。

④ 砂率。砂率大小取决于骨料最大粒径、级配、品种，混凝土和易性、流动度和密实性，由拌和物试拌检测的工作度确定。常规混凝土坍落度最大者，碾压混凝土工作度 c_v 值最小者，由此确定的砂率为最佳砂率。

（2）配合比设计非独立参数有2个，即外加剂品种及掺量和水胶比。

① 外加剂品种及掺量。外加剂品种选择应与混凝土设计性能要求相适应，以强度为主的混凝土宜采用减水剂，以抗冻性为主的混凝土宜采用减水剂和引气剂复合外加剂，以泵送施工的混凝土宜采用泵送剂等。

外加剂的掺量应根据混凝土性能要求严格控制，特别是掺用引气剂的混凝土应严格控制含气量，否则会造成质量事故。

外加剂的品种和掺量直接影响混凝土的用水量，在选择用水量时应与外加剂品种和掺量选择同时进行。

② 水胶比。水胶比不是一个独立的参数，因为水胶比是水灰比和掺和料掺量的函数，见公式（5-5）：

$$B=\frac{W}{C+F}=\frac{W}{C}(1-K) \tag{5-5}$$

式中：B——水胶比；

W——用水量，kg/m^3；

C——水泥用量，kg/m^3；

F——掺和料用量，kg/m^3；

$\frac{W}{C}$——水灰比；

K——掺和料掺量。

21世纪以来，掺和料品种和质量都有较大发展和提高。试验表明：外掺掺和料和水泥内掺混合材料具有相同的功效，所以，已将先前规定的最大水灰比控制水平修订为最大水胶比控制水平。

2.配合比计算方法

推荐采用水工常用的绝对体积法。配合比计算应以骨料饱和面干状态质量为基准。当试拌或按经验式及相关图表确定了4个独立参数后，根据绝对体积法的原则，可建立5个方程式，求解5个联立方程式可得出每立方米混凝土各组分材料用量W、C、F、S和G。W为满足工作度要求的给定值。B按式（5-5）确定。各参数的计算公式如下：

$$K=\frac{F}{C+F} \tag{5-6}$$

$$M=\frac{S_{\mathrm{V}}}{S_{\mathrm{V}}+G_{\mathrm{V}}} \tag{5-7}$$

式中：M——体积砂率；

S_{V}、G_{V}——砂、石骨料的绝对体积，m^3。

$$\frac{W}{\rho_{\mathrm{w}}}+\frac{C}{\rho_{\mathrm{c}}}+\frac{F}{\rho_{\mathrm{f}}}+\frac{S}{\rho_{\mathrm{s}}}+\frac{G}{\rho_{\mathrm{R}}}=1-V_{\mathrm{a}} \tag{5-8}$$

式中：S、G——分别为砂、石骨料的用量，kg/m^3；

ρ_w——水的密度，kg/m^3；

ρ_c——水泥密度，kg/m^3；

ρ_f——掺和料密度，kg/m^3；

ρ_s——砂料饱和面干表观密度，kg/m^3；

ρ_k——石料饱和面干表观密度，kg/m^3；

V_{a}——混凝土含气量，根据骨料最大粒径和抗冻等级选取，V_{a}=0.035 ~ 0.055m^3。

第二节　混凝土拌和物的性能试验

一、混凝土拌和物的性能

混凝土拌和物的性能，通常使用“和易性”或“工作性”来描述。和易性是指在一定的施工条件下，便于各种施工操作并能获得均匀、密实的混凝土的一种综合性能。它包括有流动性、黏聚性和保水性3个方面的含义。

（一）流动性

反映混凝土拌和物在本身自重或施工机械振捣作用下能够流动的性能。流动性的大小主要取决于用水量或水泥浆量的多少。水泥浆愈多，拌和物在自重或机械振捣作用下愈容易流动，灌注时容易填满模型。

（二）黏聚性

反映混凝土拌和物的抗离析性能。这种性能的大小，主要取决于水泥砂浆用量的多少或配合比是否适当。混凝土拌和物由密度不同、颗粒大小有差异的各种材料所组成，而且又是液体和固体的混合物，因此，在外力作用下，组成材料移动的倾向性各有不同。如果组成材料配合得不适当，则在施工中很容易发生分层和离析。其主要表现是，粗骨料有从水泥砂浆中分离出来的倾向。如果混凝土拌和物的黏聚力较小，则这种分离的倾向性就更大，致使硬化后的混凝土产生蜂窝、麻面等缺陷。如果黏聚性较好，那就可以避免出现上述现象，从而保持混凝土的整体均匀性。

（三）保水性

指混凝土拌和物保持水分不易析出的能力。混凝土拌和物在浇灌捣实过程中，随着较重的骨料颗粒下沉，较轻的水分将逐渐上升直到混凝土表面，这种现象叫泌水。泌水是材料离析的一种形式。如果混凝土拌和物的保水性比较差，其泌水的倾向性就较大，这样就易于形成泌水通道，硬化后成为混凝土的毛细管渗水通道。由于水分上浮，在混凝土表面还会形成一个疏松层，如果在其上继续浇灌混凝土，将会形成一个薄弱的夹层。此外，在粗骨料颗粒和水平钢筋下面也容易形成水囊或水膜，致使骨料和钢筋与水泥石的黏结力降低。

因此，为了保证混凝土的均匀性，除必须要求混凝土拌和物具有足够的流动性外，还要求具有良好的黏聚性和保水性。

二、混凝土拌和与拌和物的质量控制

室内混凝土拌和分为人工拌和和机械拌和。

人工拌和在钢板上进行，拌和前应将钢板及铁铲清洗干净，并保持表面润湿。将称好的砂料、胶凝材料（水泥和掺和料预先拌均匀）倒在钢板上，用铁铲翻拌至颜色均匀，再放入称好的石料与之拌和，至少翻拌3次，然后堆成锥形。将中间扒成凹坑，加入拌和用水（外加剂一般先溶于水），小心拌和，至少翻拌3次，每翻拌1次后，用铁铲将全部拌和物铲切1次。拌和从加水完毕时算起，应在10min内完成。

机械拌和在搅拌机中进行。拌和前应将搅拌机冲洗干净，并预拌少量同种混凝土拌和物或水胶比相同的砂浆，使搅拌机内壁挂浆后将剩余料卸出。将称好的石料、胶凝材料、砂料、水（外加剂一般先溶于水）依次加入搅拌机，开动搅拌机搅拌2 ~ 3min。将拌好的混凝土拌和物卸在钢板上，刮出黏结在搅拌机上的拌和物，用人工翻拌2 ~ 3次，使之均匀。材料用量以质量计，称量精度：水泥、掺和料、水和外加剂为 ± 0.3%，骨料为 ± 0.5%。

在拌和混凝土时，拌和间温度保持在20 ± 5℃。对所拌制的混凝土拌和物应避免阳光照射及吹风；用以拌制混凝土的各种材料，其温度应与拌和间温度相同；砂、石料用量均以饱和面干状态下的质量为准；人工拌和一般用于拌和较少量的混凝土。采用机械拌和时，一次拌和量不宜少于搅拌容量的20%；不宜大于搅拌机容量的80%。

混凝土拌和与拌和物性能现场检验项目及抽检频率见表5-4。

表5–4　混凝土拌和与拌和物性能现场检验项目及抽检频率

检验项目	检验频率	允许偏差
原材料称量	每 8h ≥ 2 次	骨料 ± 2%，水泥、掺和料、水、外加剂溶液等 ± 1%
稠度（坍落度、工作度 V_c 值）	每 4h 1 ~ 2 次	≤ 4cm 时 ± 1cm，4 ~ 10cm 时 ± 2cm，> 10cm 时 ± 3cm
含气量	每 4h 1 次	± 1.0%
出机口温度	每 4h 1 次	± 0.1℃

三、拌和物性能试验

根据《水工混凝土试验规程》，混凝土拌和物性能试验，主要包括坍落度试验、维勃稠度试验、扩散度试验、泌水率试验、表观密度试验、均匀性试验、凝结时间试验、含气量试验、水胶比分析试验等，下面介绍几种常用的性能试验。

（一）坍落度试验

坍落度试验是测量混凝土拌和物工作度最早的方法，也是目前运用最广泛的方法。坍落度试验的方法是将拌和好的拌和物用小铲通过漏斗分3次装入坍落度筒中，双脚踏紧踏板，将坍落度筒徐徐竖直提起，试样顶部中心点与坍落后筒高度之差，即坍落度值。适用于骨料最大料径不超过40mm、坍落度10 ~ 230mm的塑性和流动性混凝土拌和物。必要时，也可用于评定混凝土拌和物的和易性随拌和物停置时间的变化。

坍落度试验取样应在混凝土浇筑地点从同一搅拌机或同一车运送的混凝土中随机抽取。商品混凝土除在搅拌站取样外，还应在交货地点取样。

在测定坍落度的同时，可目测评定混凝土拌和物的下列性质：

棍度：根据做坍落度时的插捣混凝土的难易程度分为上、中、下三级。

上表示容易插捣；中表示插捣时稍有阻滞感觉；下表示很难插捣。

黏聚性：用捣棒在做完坍落度的试样一侧轻打，如试样保持原状，最高面渐渐下沉，表示黏聚性较好。若试样突然坍倒、部分崩裂或发生石子离析现象，表示黏聚性不好。

含砂情况：根据镘刀抹平程度分多、中、少3级。多：用镘刀抹混凝土拌和物表面时，抹1 ~ 2次就可使混凝土表面平整无蜂窝；中：抹4 ~ 5次就可使混凝土表面平整无蜂窝；少：抹面困难，抹8 ~ 9次后混凝土表面仍不能消除蜂窝。

析水情况：根据水分从混凝土拌和物中析出的情况分多量、少量、无3级。多量，表示插捣时及提起坍落度筒后就有很多水分从底部析出；少量，表示有少量水分析出；无，表示没有明显的析水现象。

坍落度试验仪器设备少，操作简单，对同一种混凝土含水量的变化，反应较为敏感，因此，广泛应用于现场混凝土质量控制。但该试验均为手工操作，人为因素较多，容易引起试验误差。看似简单，会做很容易，但做好、做准很难。因此，试验应由熟练的专职人员严格按照《水工混凝土试验规程》的要求及步骤实施。

（二）维勃稠度试验及碾压混凝土拌和物工作度（VC值）试验

本试验用于测定混凝土拌和物的维勃稠度，用以评定混凝土拌和物的工作性。适用于骨料最大料径不超过40mm的混凝土。测定范围以5 ~ 30mm为宜。平时应用较少，但现在对维勃稠度仪加以改造，不使用坍落度筒，而在滑动圆盘上再加2块7.5 ± 0.05kg的配重块，用于现场及实验室测定碾压混凝土拌和物的工作度（VC值），为配合比设计及施工质量控制提供依据。

（三）混凝土拌和物扩散度试验

本试验用于测定混凝土拌和物的扩散度，用以评定混凝土拌和物的流动性。扩散度试验仪器设备及试验方法都与坍落度试验极其相似，差别仅在于坍落度筒提起后，拌和物在自重作用下逐渐扩散后，量取不同方向的直径2 ~ 4个，并以其平均值作为结果。适用于骨料最大料径不超过30mm、坍落度大于150mm的流态混凝土。

（四）混凝土拌和物泌水率试验

本试验用于测定混凝土拌和物的泌水率，用以评价拌和物的和易性。适用于骨料最大粒径不超过31.5mm的混凝土。

拌和物各组分分离，造成不均匀和失去连续性的现象称为拌和物的离析。而拌和物浇灌之后到开始凝结期间，固体粒下沉，水上升，并在表面析出水的现象称为泌水。泌水率即指泌水量对拌和物含水量之比。

泌水的结果，使表面拌和物含水量增加，产生大量的浮浆，硬化后使面层的混凝土强度弱于下面混凝土的强度，并产生大量容易剥落的“粉尘”，不利于每层混凝土之间的黏结。泌水率小，表示新拌混凝土抗离析性能较好。

（五）混凝土拌和物表观密度试验

本试验用于测定混凝土拌和物单位体积的质量，为配合比计算提供依据。首先将容量筒装满水，根据已知水的密度的条件，计算出容量筒的体积，再将混凝土拌和物分房装入筒内，称其质量，即可计算出混凝土拌和物的表面密度。

根据各所用原材料表观密度时，可根据下式计算混凝土含气量：

$$A=\frac{\rho_0-\rho_h}{\rho_o}\times 100 \tag{5-9}$$

$$\rho_a=\frac{C+P+S+G+W}{C/\rho_C+P/\rho_P+S/\rho_S+G/\rho_G+W/\rho_W} \tag{5-10}$$

式中：A——混凝土拌和物的含气量，%；

ρ_0——不计含气时混凝土拌和物的理论密度，kg/m^3；

C、P、S、G、W——别为拌和物中水泥、掺和料、砂、石及水的质量，kg;

ρ_C、ρ_p、ρ_S、ρ_G、ρ_W——分别为水泥、掺和料、砂、石、水的密度或表观密度，kg/m^3。

第三节 混凝土的力学性能

一、普通混凝土的强度

强度是混凝土最重要的力学性质，这是因为任何混凝土结构物主要都是用以承受荷载或抵抗各种作用力的。在一定情况下，工程上还要求混凝土具有其他性能，如不透水性、抗冻性等。但是，这些性质与混凝土强度之间往往存在着密切的联系。一般来讲，混凝土的强度愈高，刚性、不透水性、抵抗风化和某些侵蚀介质的能力也愈高；另一方面，强度愈高，往往干缩也较大，同时较脆、易裂。因此，通常用混凝土强度来评定和控制混凝土的质量以及评价各种因素（如原材料、配合比、制造方法和养护条件等）影响程度的指标。

混凝土的强度有抗压、抗拉、抗弯、抗剪断和握裹强度等。在钢筋混凝土结构中混凝土主要用来抵抗压力，又考虑到混凝土抗压强度试验比较简单易行，因此，用标准试验方法测定的混凝土抗压强度作为划分混凝土等级的标准，并以此作为结构设计计算的主要依据。

（一）混凝土抗压强度

混凝土的抗压强度用得较多的是立方体抗压强度，有时也用棱柱体或圆柱体的抗压强度。按照《水工混凝土试验规程》规定，制作边长为150mm的立方体试件，在标准条件（温度为20±5℃，相对湿度95%以上）下，养护到试验龄期测得的抗压强度值称为混凝土立方体抗压强度。

在结构设计中，常以轴心抗压强度作为设计依据。我国轴心抗压强度的标准试验方法规定标准试件的尺寸为150mm×150mm×300mm，轴心抗压强度大约是立方体抗压强度的0.7～0.8倍。

混凝土受压破坏机制：混凝土抗压强度的大小，主要取决于它的组成部分、组织结构和构造状态。在混凝土组成成分中，水泥与水经过水化组成水泥凝胶体，它把砂石黏合在一起，经过凝结硬化面将砂石黏结成为一个整体。混凝土组成材料配合比不同，水泥和骨料的品种不同，就会使得混凝土内部结构和构造状态产生差异。当凝结硬化初期，由于水泥石发生收缩，在混凝土内部将会产生可能超过混凝土抗拉强度的局部拉应力，以致在骨料与水泥石之间以及水泥石内部形成局部的微细裂缝。又因水泥石弹性模量跟骨料不同，当温度和湿度发生变化时，就会引起不同的体积变形，导致在水泥石与骨料的界面上产生应力集中而形成微细裂缝。此外，由于组成材料的密度不一样，在混凝土拌和物中，骨料的下边会因出现泌水而产生水囊，在混凝土硬化干燥以后骨料的下边将会成为界面裂缝。上述情况表明，在受力以前的混凝土内部原就存在着初始应力和微细裂缝。这些界面裂缝的存在，已为电子显微镜和X射线的观察所提示和证实。

在普通混凝土内部，由于粗骨料的强度和弹性模量一般都比水泥石为大，因此，在承受单向压力时，骨料的上下两面将产生压应力，面侧面则产生拉应力。由于力的传递在骨料上下面成一楔形物，因而在楔形物两侧的水泥石还受到剪应力，而在界面裂缝的尖端则会产生很大的应力集中。由于水泥石的抗拉强度远低于抗压强度，所以，在较低的压应力作用下，其受拉区的应力就远远超过抗拉强度，从而使界面裂缝进一步扩展。随着荷载增加，界面裂缝进一步增加，贯穿砂浆的裂缝逐渐增生并将邻近的界面裂缝连接起来成为连续裂缝而破损。当然，在实际的混凝土中，力的传通和分布并不如此简单，而是比这要复杂得多。

由此可以看出，混凝土的受力破坏过程，实际上是内部裂缝的发生、扩展以至连通的过程，也是混凝土内部结构从连续到不连续的发展过程。

（二）混凝土抗拉强度

混凝土抗拉强度相当低，在钢筋混凝土结构中是假定混凝土不承受拉应力的，但它对混凝土的抗裂性起着重要作用。混凝土的抗拉强度为抗压强度的7% ~ 14%，平均为10%。混凝土的抗压强度越高，拉压比也越小。测定混凝土轴心抗拉强度难度很大，因为要使荷载作用线与受拉试件轴线尽可能重合，又要保证试件在受拉区破坏，要同时满足这2个条件很难。由于固定试件上的困难，故很少进行混凝土的直接抗拉试验，水利工程上仅在进行混凝土的轴向拉伸试验、测量混凝土的极限拉伸值时，同时测试其轴心抗强度。现在多采用劈裂抗拉试验来测定混凝土的抗拉强度。

（三）抗弯强度

混凝土的抗弯强度实际上是弯曲抗拉强度，其对于受到弯曲作用的素混凝土结构，如公路路面，甚为重要。

（四）抗剪断强度

混凝土的抗剪断强度较抗拉强度为大。由于测试上的困难，混凝土的剪切强度不易准确测定。抗剪断强度为抗拉强度的几倍，而常为抗压强度的50% ~ 90%。

（五）握裹强度

握裹强度（混凝土与钢筋的黏结强度）主要是由于混凝土与钢筋之间的摩擦力和附着力引起的，混凝土相对于钢筋的收缩也有影响。一般来讲，黏结强度与混凝土质量有关，在抗压强度约为20MPa以内，它与抗压强度成正比关系。随着混凝土抗压强度的提高，黏结强度的增加值逐渐减小，对于高强混凝土，黏结强度的增加值则很小，可以忽略不计。这就是为什么在规范中对高强混凝土的许可黏结强度做出限制的原因。由于混凝土的内分层，水平钢筋的黏结强度较垂直钢筋为低，由于混凝土的相对于钢筋的收缩作用，干燥混凝土的黏结强度较潮湿混凝土的为高。经受干湿循环、冻融循环和交变荷载的作用，混凝土的黏结强度会降低。温度升高会降低混凝土的黏结强度，在200 ~ 300℃时的黏结强度较室温时小一半。

二、影响混凝土强度的主要因素

混凝土受压时的破坏可能有三种形式：由于骨料发生劈裂（骨料强度小于水泥石强度

时）引起的混凝土破坏；由于水泥石发生拉伸或剪切破坏引起的混凝土破坏；由于水泥石和骨料之间的黏结破坏引起的混凝土破坏。

普通混凝土所用骨料的强度一般都高于水泥石，故很少发生第一种形式的破坏。可以说，混凝土的强度主要决定于水泥石的强度和水泥石与骨料之间的黏结强度。

提高水泥石的强度是提高混凝土弹性模量、增加水泥石与骨料黏结力的关键所在。随着水泥石强度的提高，可以延缓混凝土破坏过程中界面裂缝向砂浆中的延伸，同时由于水泥石强度提高，其弹性模量与骨料弹性模量间的差值降低，减少了外力作用下的横向变形差，从而降低了界面拉应力。

水泥石的强度主要取决于其矿物成分及孔隙率。而孔隙率又决定于水灰比与水化程度。对于给定龄期，水泥石的强度主要决定于水泥强度与水灰比，因此，影响混凝土强度的主要因素有以下几种：

（一）水灰比

由于水泥水化所需要的结合水一般只占水泥质量的23%左右，但在拌制混凝土时为满足施工流动性的要求，用水量通常为水泥质量的40%～70%。混凝土硬化后，多余的水分蒸发或残留在混凝土中，形成毛细孔、气孔或水泡使水泥石有效断面减弱，而且在孔隙周围还可能产生应力集中，致使混凝土强度降低。水泥石与骨料的黏结力，也同样与水泥强度和水灰比有关。水泥强度越高，水灰比越小，则水泥浆硬化后与骨料的黏结力越强。

（二）集料

水泥石与骨料的黏结力还与骨料的表面状况有关。碎石表面粗糙，多棱角，与水泥石的黏结力比较强；卵石表面光滑，与水泥石的黏结力较小。因而在水泥强度和水灰比相同的条件下，碎石混凝土强度高于卵石混凝土强度。

从上述的分析可以看出，混凝土的强度既与水灰比有关，又与水泥强度以及骨料的品质有关。它们之间的关系可近似地用线性公式表示：

$$f_{cu}=\alpha_a f_{ce}\left(\frac{C}{W}-\alpha_b\right) \tag{5-11}$$

式中：C——每立方米混凝土中的水泥用量，kg；

W——立方米混凝土中的用水量，kg；

$\frac{C}{W}$——灰水比（水泥与水质量比）；

f_{cu}——混凝土28d抗压强度，MPa；

f_{ce}——水泥的实测强度，MPa；

α_a，α_b——经验系数。

一般水泥厂为了保证水泥的出厂强度等级，其实际抗压强度往往比其强度等级要高些。当无法取得水泥实际强度数值时，用水泥强度等级($f_{ce,g}$)代入式中，乘以水泥强度等级值的富余系数(r_c)，$f_{ce}=r_c \cdot f_{ce,g}$，$r_c$值应按各地区统计资料确定。

经验系数与骨料的品种、水泥品种和施工工艺等因素有关，其数值通过试验求得。此外，由于各地区的原材料不同，α_a，α_b的值常有变化，其值最好结合工地的具体情况，采用工地的原材料，进行多组不同水灰比的混凝土强度试验，采用回归分析方法求出符合实际情况的α_a，α_b系数。这样既能保证达到混凝土的设计等级，又能取得较高的经济效果。

应用上述公式，可以解决以下两个问题：

第一，当混凝土的强度等级及所用的水泥强度等级为已知时，可用公式或图解求得混凝土应采用的水灰比。

第二，当混凝土的水灰比及其所用的水泥强度等级为已知时，可以由此预估混凝土28d所能达到的强度。

（三）搅拌和捣实方法

机械搅拌比人工搅拌不但效率高得多，而且可以把混凝土拌得更加均匀，特别在拌和低流动性混凝土时更为显著。搅拌不充分的混凝土不但硬化后的强度低，而且强度变异也大。利用振捣器来捣实混凝土时，在满足施工和易性的要求下，其所需用水量比采用人工捣实时少得多，而必要时也可采用较小的水灰比，或将含砂率减到相当小的程度。一般来说，当用水量愈少、水灰比愈小时，振捣效果也愈显著。当水灰比减小到某一限度以下时，若用人工捣固，由于难于捣实，混凝土的强度反而会下降。如采用高频或多频振动器振捣，则可进一步排除混凝土拌和物的气泡，使之更密实，从而获得更高的强度。当水灰比逐渐增大，或流动性逐渐增大时，振动捣实的效果就不明显了。

（四）养护条件（温度、湿度）

养护条件不同，对于混凝土强度的增长有着相当大的影响。因此，混凝土浇灌完毕，必须十分注意养护。所谓养护就是设法使混凝土处于一种保持足够湿度和适当温度的环境中进行硬化。在试验室一般采用标准养护条件：湿度为（20+5）℃，相对湿度在95%以上。

试验结果表明：混凝土早期强度增长率随养护湿度的升高而加快。而早期养护温度低的后期强度却较高。这主要是由于较高的初始温度能加快水泥水化速率，使正在水化的水泥颗粒周围聚集了高浓度的水化产物，减缓了以后的水化速度，并且使水化产物来不及扩散而形成不均匀分布的多孔结构，致使后期强度降低。相反，在较低养护温度（5 ~ 20℃）下，虽然水泥水化缓慢，水化产物生成速率较低，但有充分的扩散时间形成均匀的结构，从而获得较高的后期强度。掺粉煤灰和磨细矿渣不仅可能减小或抵消在较高温度下后期强度受到的不利影响，而且还能在一定程度上提高后期强度。

混凝土在负温下仍然能水化，其前提条件是必须达到一定的初始强度后方能进行负温养护，否则混凝土中的自由水结冰膨胀，会破坏脆弱的混凝土。日平均气湿连续5d稳定在5℃以下或最低气湿连续5d稳定在-3℃以下时，按低温季节施工。混凝土早期允许受冻临界强度应满足大体积混凝土不应低于7.0MPa（或成熟度不低于1800℃·h），非大体积混凝土和钢筋混凝土不应低于设计强度的85%，低温季节施工，应从原材料的储存、加热、输送和混凝土的拌和、运输、浇筑仓面等方面进行控制。拆模时间及拆模后的保护应满足温控防裂要求，并遵守内外湿差不大于20℃或2 ~ 3d内混凝土表面湿降不超过6℃，否则混凝土容易开裂。

在干燥环境中，混凝土的硬化随着水分的不断蒸发而逐渐停止，甚至引起干缩裂缝。潮湿养护若干天后再在空气中干燥，强度会暂时有所增加（增加20% ~ 40%），但最终强度不会高于潮湿养护的强度。在7 ~ 14d龄期内，如果不保持潮湿状态，则强度将会显著下降。由此可知，为了保证混凝土强度的不断增长，混凝土灌筑完后必须加强养护，在一定时期内使之保持潮湿状态。塑性混凝土应在浇筑完毕后6 ~ 18h内开始洒水养护，低塑性混凝土宜在浇筑完毕后立即喷雾养护，并及早开始洒水养护，并应连续养护，养护期内始终使混凝土表面保持湿润。混凝土养护时间，不宜少于28d，有特殊要求的部位宜适当延长养护时间。

（五）龄期

在正常养护条件下，混凝土的强度在最初的3 ~ 7d内增长较快，以后才逐渐缓慢下来，但增长过程却可延续到数十年之久。不同水灰比的混凝土强度增长情况大致与龄期的对数成正比，其关系式如下：

$$f_n = f_a \frac{\lg n}{\lg a} \tag{5-12}$$

式中：f_n——n天龄期的混凝土抗压强度；

f_a——a天龄期的混凝土抗压强度。

利用上式，可以根据混凝土某一已知龄期的混凝土强度，来推算同一混凝土另一龄期的强度。但应注意，由于水泥品种不同，或养护条件的不同，混凝土强度的增长与龄期的关系也不一样。上述公式对于标准条件下进行养护，而且龄期大于或等于3d的，用普通水泥拌制的中等强度混凝土才是比较准确的。与实际情况相比，用上式推算所得结果，早期偏低，后期偏高，所以，仅能作一般估算参考。

一般混凝土设计龄期都为28d，但由于水利工程一般早期承受的荷载不大，因而水工混凝土对早期强度要求不变，其设计龄期可适当延长至60d、90d，甚至于180d，特别是对掺用粉煤灰的水工混凝土，由于其后期强度增长较大，设计龄期延长后，可节省部分水泥，既有利于混凝土的温控，也有利于降低造价。

（六）试验条件

混凝土的抗压强度是通过破坏性试验来测定的，同样的混凝土，如果试验条件不同，则试验结果也不同。其主要的影响因素可以说明如下：

1.试件形状和尺寸的影响

试验表明，在其他条件相同情况下，试件尺寸越小，则测得的强度越高。主要是由于在荷载作用下承压板的横向应变小于混凝土的横向应变（假定在横向都能自由变形），因而试件端面与试验机承压板之间存在着摩阻力。同时，试件的大小不同，试件中缺陷出现的概率也不一样。试件尺寸增大，存在缺陷的概率也会增大。

由于试件尺寸大小对混凝土抗压强度有影响，故当使用非标准尺寸试件时，试验结果应乘上一个换算系数。

当圆柱体的直径等于棱柱体的边长，并与其高度相等时，圆柱体的抗压强度比棱柱体的大（由于棱柱体转角应力集中的影响）。

2.加荷速度的影响

混凝土抗压强度试验值与加荷速度有关。在一定范围内加荷速度增大时，强度试验值随之增大。水工混凝土抗压强度试验时应以0.3 ~ 0.5MPa/s的速度连续而均匀地加荷。

试件受压面平整度的影响。试件的上下2个受力面必须光滑平整，并与中轴垂直，以保证试件均匀受力。试件受力面上的缺陷如凸起、凹陷和掉角等都将引起应力集中而降低试件的强度，特别是表面凹凸不平或压板上的碎屑未清除干净时，就会使试验结果偏低。

三、水工混凝土强度的质量检验要求

（一）试模要求

试模大小应根据粗骨料尺寸而定，试模最小边长应不小于最大骨料粒径的3倍，骨料最大直径≤40mm时，试块尺寸用150mm×150mm×150mm（标准试件）。试模拼装应牢固，不漏浆，振捣时不得变形。

（二）取样地点和频率

现场混凝土强度取样应以机口随机取样为主，每组混凝土的3个试件应在同一储料车或运输车箱内的混凝土中取样制作。浇筑地点（仓面）试件取样为机口取样数量的10%。

每次取样应至少留置一组标准养护试件，同条件养护试件的留置组数应根据实际需要确定，如拆模等。

（三）试件成型要求

试件的成型方法应根据混凝土拌和物的坍落度而定。混凝土拌和物坍落度小于90mm时宜采用振动台振实，混凝土拌和物坍落度大于90mm时宜采用捣棒人工捣实。采用振动台成型时，应将混凝土拌和物一次装入试模，装料时应用抹刀沿试模内壁略加插捣，并使混凝土拌和物高出试模上口，振动应持续到混凝土表面出浆为止（振动时间一般为30s左右）。采用捣棒人工插捣时，每层装料厚度不应大于100mm，插捣应按螺旋方向从边缘向中心均匀进行，插捣底层时，捣棒应达到试模底面，插捣上层时，捣棒应穿至下层20 ~ 30mm，插捣时捣棒应保持垂直，同时，还应用抹刀沿试模内壁插入数次。每层的插捣次数一般每100cm^{2}不少于12次（以插捣密实为准）。成型方法须在试验报告中注明。

试件成型后，在混凝土初凝前1 ~ 2h，须进行抹面，要求沿模口抹平。

（四）试件养护要求

根据试验目的不同，试件可采用标准养护或与构件同条件养护。确定混凝土特征值、强度等级或进行材料性能研究时应采用标准养护。在施工过程中作为检测混凝土构件实际强度的试件（如决定构件的拆模、起吊、施加预应力等）应采用同条件养护。

采用标准养护的试件，成型后的带模试件宜用湿布或塑料薄膜覆盖，以防止水分蒸发，并在20 ± 5℃的室内静置24 ~ 48h，然后拆模并编号。拆模后的试件应立即放入标准养护室中养护。在标准养护室内试件应放在架上，彼此间隔1 ~ 2cm，并应避免用水直接冲淋试件。

采用同条件养护的试件，成型后应覆盖表面。试件的拆模时间可与实际构件的拆模时间相同，拆模后试件仍须同条件养护。

四、混凝土强度的试验方法

（一）混凝土立方体抗压强度试验

按照试件的预计破坏荷载选择适宜量程的试验机，使破坏荷载在试验机全量程的20% ~ 80%之间。并特别注意试件的平整度，试件承压面的不平整度误差不得超过边长的0.05%，承压面与相邻面的不垂直度不应超过 ± 1、当上垫板与上压板即将接触时如有明显偏斜，应调整球座，使试件受压均匀。以0.3 ~ 0.5MPa/s的速度连续面均匀地加载，当试件接近破坏面开始迅速变形时，停止调整油门，直至试件破坏，记录破坏荷载。

以3个试件测值的平均值为该组试件的抗压强度试验结果。当3个试件强度中的最大值或最小值之一与平均值之差超过15%时，应将该测值剔除，取余下2个试件值的平均值作为试验结果。如一组中可用的测值少于2个时，该组试验应重做。

（二）混凝土劈裂抗拉强度试验

混凝土的轴心抗拉强度难以准确测定，故常进行劈拉强度试验，作为混凝土的抗拉强度的非直接测定方法之一。

因为计算劈裂抗拉强度的理论公式是圆柱体径向受压推导出来的，试验机压板适过垫条加载，理论上应该是一条线接触，垫条宽度就影响试验结果，不可滥用或混用。规定水工混凝土劈裂抗拉强度试验所用的垫条为截面5mm×5mm，长约200m的钢制方垫条。

混凝土劈裂抗拉强度按下式计算（准至0.01MPa）：

$$f_{ts}=\frac{2P}{\pi A}=0.637\frac{P}{A} \tag{5-13}$$

式中：f_{ts}——劈裂抗拉强度，MPa；

P——破坏荷载，N；

A——试件劈裂面面积，mm^2。

以3个试件测值的平均值作为该组试件劈裂抗拉强度的试验结果。取舍方法同立方体抗压强度试验的有关规定。

（三）混凝土轴向拉伸试验

混凝土轴向拉伸试验可以测定混凝土的轴心抗抗强度、极限抗拉伸值以及抗拉弹性模量。

拌和物最大骨料粒径超过30mm时，用30mm方孔筛湿筛后成型。

变形测量可采用千分表、位移传感器或电阻应变仪。当采用千分表或位移传感器时将其固定在变形测量架上，测量标距（100 ~ 150mm）由标距定位杆定位。然后将变形测量架通过紧固螺钉固定在试件中部。当采用电阻应变测量变形时，将试件从养护室取出后，应尽快在试件的两侧中间部位用电吹风吹干表面，然后用502胶粘贴电阻片。电阻片的长度应不小于骨料的最大粒径的3倍。从试件取出至试验完毕，不宜超过4h并注意试件保湿。应提前做好变形测量的准备工作。

极限拉伸值的确定：采用位移传感器测定应变时，荷载-应变曲线由X-Y记录仪自动给出。破坏荷载所对应的应变即为该试件的极限拉伸值。采用其他测量变形的装置时，以应变为模坐标，应力为纵坐标，给出每个试件的应力-应变曲线。过破坏应力坐标点，作与横坐标平行的线，并将应力-应变曲线外延，两线交点对应的应变值即为该试件的极限拉伸值。

如曲线不通过坐标原点时，延长曲线起始段使与横坐标相交，并以此交点作为极限拉伸值的起始点。

抗拉弹性模量按下式计算（准至100MPa）：

$$E_t = \frac{\sigma_{0.5}}{\varepsilon_{0.5}} \tag{5-14}$$

式中：E_t——轴心抗拉弹性模量，MPa；

$\sigma_{0.5}$——50%的破坏应力，MPa；

$\varepsilon_{0.5}$——$\varepsilon_{0.5}$所对应的应变值，1×10^{-6}。

轴心抗拉强度、极限拉伸值、抗拉弹性模量均以4个试件测值的平均值作为试验结果。当试件的断裂位置与变截面转折点或埋件端点的距离在2cm以内时，该测值应剔除，取余下测值的平均值作为试验结果。如可用的测值少于2个时，应重做试验。

第四节　混凝土的耐久性

混凝土在使用过程中抵抗由外部或内部原因而造成破坏的能力称为混凝土的耐久性。所谓外部原因是指混凝土所处环境的物理化学因素作用，如风化、冻融、化学腐蚀、磨损等。内部原因是组织材料间的相互作用，如碱-骨料反应、本身的体积变化、吸水性及渗透性等。事实上，混凝土在长期使用过程中同时存在着2个过程：一方面，由于混凝土水泥石中残存水泥水化作用的进行使其强度逐渐增长；另一方面，由于内部或外部的破坏作用使得强度下降，两者综合作用的结果决定了混凝土耐久性的大小。

混凝土耐久性主要包括抗渗性、抗冻性、耐蚀性、抗碳化能力、碱-骨料反应、耐火性、耐磨性、耐冲刷性等。对每个具体工程而言，由于所处环境的不同，耐久性有不同的含义。

一、混凝土的抗渗性能

混凝土的抗渗性是指抵抗压力水、油、液体渗透的能力。混凝土渗水程度的大小直接影响其耐久性，它是反映混凝土耐久性的一个重要特征的指标。由于现代混凝土技术越来越成熟，使混凝土抗渗性能大大提高，混凝土抗渗等级较容易满足设计要求。因此，《水工混凝土试验规程》规定了混凝土抗渗性试验的2种方法。逐级加压法用于评定混凝土是否满足设计的抗渗等级，而混凝土相对性试验适用于渗透性能较高的混凝土。

同一等级的抗渗混凝土，每3个月取样1 ~ 2组进行试验，要求100%≥设计抗渗等级指标。

（一）混凝土的透水机制

因为集料颗粒在混凝土中由水泥石所包裹，所以，在密实的混凝土里，对渗透性具有较大影响的是水泥石的渗透性。水泥石中存在着凝胶孔与毛细孔，前者约占凝胶体体积的28%，后者根据水灰比及水化程度而定，变化为0 ～ 40%。水泥石的渗透性是由毛细孔所决定的，它的渗透系数与密实的天然石料大致相同。

水泥石的渗透性随着水化的程度而变化。在新拌的水泥浆中，水的流动是由水泥颗粒的尺寸、形状和浓度决定。随着水化的进行，渗透性迅速降低。这是因为凝胶体的体积（包括凝胶孔）几乎是原水泥粉体积的2.1倍，因而凝胶体逐渐填充了一些原来由水占据的孔隙。完全硬化的水泥石的渗透性则取决于凝胶体颗粒的尺寸、形状和数量及毛细孔的连通性。

对于相同水化程度的水泥石，其渗透性则取决于水灰比，因为较大的水灰比，水泥水化时留下了较多的毛细孔。水灰比低于0.6的水泥石，曲线的斜率相当小，这说明在低水灰比的水泥石里，毛细孔为凝胶体所填充或分割。水灰比从0.7降到0.3时，水泥石的渗透系数成千倍地减少。

混凝土的渗透系数要比水泥石的大100倍以上。这是由于在集料和水泥石的界面处存在的裂缝及集料下方形成的孔穴等构成了水的较大通路。混凝土由于水泥水化、集料本身、混合料泌水、干缩等原因，造成混凝土内含有许多大小、形状不同的毛细孔、气孔甚至裂纹。各种孔隙可能占据混凝土体积不低于8%，但只有在大于0m的毛细管孔隙中的自由水，在有压力差作用下才能发生流动。

综上所述，为了制得抗渗性好的混凝土，必须降低水灰比，如采用减水剂、引气剂等，要减少混凝土的离析、泌水；要施行潮湿条件的养护以及精心施工，防止各种缺陷的产生。

（二）混凝土抗渗性试验（逐级加压法）

本试验用于测定混凝土的抗渗等级，试件规格为上口直径175mm、下口直径185mm、高150mm的截面圆锥体，6个试件为1组。

进行混凝土的抗渗性试验时，对试件的密封是一个关键的环节，一般可采用2种方法进行密封。用石蜡密封时，在试件侧面滚涂一层熔化的石蜡（内加少量松香）。然后用螺旋加压器将试件压入经过烘箱或电炉预热过的试模中（试模预热温度，以石蜡接触试模，即缓慢熔化，但不流淌为宜），使试件与试模底平齐。试模变冷后才可解除压力。用水泥加黄油密封时，其用量比为2.5 ： 1 ～ 3 ： 1。试件表面晾干后，用三角力将密封材料均匀地刮涂在试件侧面上，厚1 ～ 2mm。套上试模压入，使试件与试模底齐平。

试验时，水压从0.1MPa开始，以后每隔8h增加0.1MPa水压，并随时注意观察试件端面情况（在试验过程中，如发现水从试件周边渗出，表明密封不好，应重新密封）。当6个试件中有3个试件表面出现渗水时，或加至规定压力（设计抗渗等级）在8h内6个试件中表面渗水试件少于3个时，即可停止试验，并记下此时的水压力。

混凝土的抗渗等级，以每组6个试件中4个未出现渗水时的最大水压力表示。抗渗等级按下式计算：

$$W = 10H - 1 \tag{5-15}$$

式中：W——混凝土抗渗等级；

H——6个试件中有3个渗水时的水压力，MPa。

若压力加至规定数值，在8h内，6个试件中表面渗水的试件少于3个，则试件的抗渗等级等于或大于规定值。

（三）混凝土相对抗渗性试验

目的及适用范围：测定混凝土在恒定水压下的渗水高度，计算相对渗透系数，比较不同混凝土的抗渗性。本方法适用于抗渗性能较高的混凝土。

将抗渗仪水压力一次加到0.8MPa，同时开始记录时间［在恒压过程中，如有试件端面出现渗水时，即停止试验，并记下出水时间（准至分）。此时该试件的渗水高度即为试件的高度（15cm）。当试件混凝土较密实，可将试验水压力改用1.0MPa或1.2MPa］在此压力下恒定24h，然后降压，从试模中取出试件。

在试件两端面直径处，按平行方向各放1根ϕ 6mm钢垫条，用压力机将试件劈开。将劈开面的底边10等分，在各等分点处量出渗水高度（试件被劈开后，过2 ~ 3min即可看出水痕，此时可用笔画出水痕位置，便于量取渗水高度）。

试验结果处理：

（1）以各等分点渗水高度的平均值作为该试件的渗水高度。

（2）相对渗透系数按下式计算：

$$K_r = \frac{aD_m^2}{2TH} \tag{5-16}$$

式中：K_r——相对渗透系数，cm/h；

D_m——平均渗水高度，cm；

H——水压力，以水柱高度表示，cm；

T——恒压时间，h；

a——混凝土的吸水率，一般为0.03。

注：1MPa水压力，以水柱高度表示为10 200cm。

（3）以一组6个试件测值的平均值作为试验结果。

二、混凝土的抗冻性能

混凝土的抗冻性能是指它在饱和状态下，能够经受多次冻融循环作用而不破坏，同时也不严重降低强度的性能。

同一等级的抗冻混凝土每3个月取样1 ~ 2组进行试验，要求100%＞设计抗冻等级指标。

（一）混凝土冻融破坏的机制

混凝土在大气中遭受冻融破坏的机制尚未完全研究清楚。一般认为主要是因为在某一冻结温度下存在结冰的水和过冷的水，结冰的水产生体积膨胀及过冷的水发生迁移，引起各种压力的结果。水结冰时体积膨胀达9%。如混凝土毛细孔中含水率超过某一临界值（91.7%），则结冰时产生很大的压力，从而引起混凝土的冻融破坏。

（二）混凝土的机冻性试验

本试验用于检验混凝土的抗冻性能，确定混凝土抗冻等级。

一次冻融循环技术参数：循环历时2.5 ~ 4.0h；降温历时1.5 ~ 2.5h；升温历时1.0 ~ 1.5h；降温和升温终了时，试件中心温度应分别控制在-17±2℃和8±2℃；试件中心和表面的温差小于28℃。

通常每做25次冻融循环对试件检测一次，也可根据混凝土抗冻性的高低来确定检测的时间和次数。当有试件中止试验取出后，应另有试件填充空位，如无正式试件，可用废试件填充。

冻融试验出现以下3种情况之一者即可停止：①冻融至预定的循环次数；②相对动弹性模量下降至初始值的60%；③质量损失率达5%。

试验结果处理：

（1）相对动弹性模量按下式计算，以3个试件试验结果的平均值为测定值：

$$p_n = \frac{f_n^2}{f_0^2} \times 100 \tag{5-17}$$

式中：p_n——n次冻融循环后试件相对动弹性模量，%；

f_0——试件冻融循环前的自振频率，Hz；

f_n——试件冻融孔次循环后的自振频率，Hz。

（2）质量损失率按下式计算，以3个试件试验结果的平均值为测定值：

$$W_n = \frac{G_0 - G_n}{G_0} \times 100 \tag{5-18}$$

式中：W_n——n次冻融循环后试件质量损失率，%；

G_0——冻融前的试件质量，g；

G_n——n次冻融循环后的试件质量，g。

（3）试验结果评定

相对动弹性模量下降至初始值的60%或质量损失率达5%时，即可认为试件已达破坏，并以相应的冻融循环次数作为该混凝土的抗冻等级（以F表示）。

若冻融至预定的循环次数，而相对动弹性模量或质量损失率均未到达上述指标，可认为试验的混凝土抗冻性已满足设计要求。

三、混凝土的碱集料反应

水泥中的碱和集料中的活性氧化硅发生化学反应，生成碱-硅酸凝胶并吸水产生膨胀压力，致使混凝土开裂的现象称为碱集料反应。

只有水泥中含有较高的碱量，而同时集料中含有活性氧化硅的时候，才可能发生碱集料反应。水泥中的含碱量从0.4%（Na_2O+K_2O）到1%以上不等，大部分的碱都能很快析出至水溶液中。一般总碱量（R_2O）常以等当量Na_2O百分数加上0.658乘以K_2O的百分数。只有水泥中的R_2O含量大于0.6%时，才会与活性集料发生碱集料反应而产生膨胀。活性集料有蛋白石、玉髓、鳞石英、方石英、酸性或中性玻璃体的隐晶质火山岩，如流纹岩、安山岩及其凝灰岩等，其中，蛋白石质的二氧化硅可能活性最大。

碱集料反应通常进行得很慢，所以，由碱集料反应引起的破坏往往经过若干年后才会出现。碱集料反应的特征是，在破坏的试样里可以鉴定出碱-硅酸盐凝胶的存在，及集料颗粒周围出现反应环。

碱集料反应的充分条件是水分。干燥状态是不会发生碱集料反应的，所以，混凝土的渗透性同样对碱集料有很大的影响。

骨料碱活性检验的方法有岩相法、化学法、砂浆样长度法、砂浆棒快速法及混凝土棱柱体试验法等。当发现用于拌制混凝土的骨料中含有活性骨料时，应采取多种方法进行检验，以判断其是否会引起碱骨料反应。同时可采取掺加粉煤灰、限制水泥及外加剂中的总碱量等方法进行抑制，并透行抑制骨料碱活性高效能试验。

四、混凝土的碳化

混凝土碳化是指大气中的二氧化碳在有水的条件下（实际上真正的媒介是碳酸）与水泥的水化产物$Ca(OH)_2$发生化学反应生成碳酸钙和游离水，其化学反应式为：

$Ca(OH)_2+CO_2+H_2O \rightarrow CaCO_3+2H_2O$

混凝土碳化消耗混凝土中部分Ca（OH）$_2$，使混凝土碱度降低，故碳化又称“中性化”。凝土抵抗碳化作用的能力称混凝土抗碳化性。

碳化对混凝土的物理力学性能有明显的影响：会使混凝土中的钢筋表层的钝化膜因碱性降低而剥落破坏，引起钢筋锈蚀；碳化生成的碳酸钙填充于水泥石的毛细孔中，使表层混凝土的密实度和强度提高；又由于参与碳化反应的氢氧化钙是从较高应力区溶解，故而使混凝土表层产生碳化收缩，可能导致微细裂缝的产生，使混凝土抗拉、抗折强度降低。

碳化的速率与空气中的CO_2浓度、相对湿度、混凝土的密实度及水泥品种和掺和料等密切相关。常置于水中的混凝土或处于干燥环境的混凝土，碳化会停止，这是由于当孔隙充满水时，CO_2在浆体中的扩散极为缓慢；而处于干燥环境，孔隙中的水分不足以使CO_2形成碳酸，当相对湿度在50% ~ 75%时，碳化速度最快。

现场混凝土碳化的简易检测方法是凿下一部分混凝土，除去表面微粉末，滴以酚酞酒精溶液，碳化部分不会变色，而碱性部分则呈红紫色。碳化深度测量应按以下步骤进行：

1.当测试完毕后，一般可用电动冲击钻在回弹值的测区内，钻一个直径20mm，深70mm的孔洞，测量混凝土碳化深度。

2.测量混凝土碳化深度时，应将孔洞内的混凝土粉末清除干净，用1.0%酚酞酒精溶液（含20%的蒸馏水）滴在孔洞内壁的边缘处，再用钢尺测量混凝土碳化深度值L（不变色区的深度），读至精度为0.5mm。

3.测量的碳化深度小于0.4mm时，则按无碳化处理。

第六章 土石坝安全监测技术

第一节 土石坝存在的问题及缺陷

土石坝之所以被广泛采用，一是可就地取材，节约大量水泥、钢材、木材及筑坝材料的远途运输费用；二是施工方法灵活、施工技术简单、易于掌握；三是对地质、地形条件要求低，因其特殊的坝体散粒土体结构，适应变形及抗震性能较好，几乎可在任何地基上建造；四是管理方便，加高扩建均较容易。值得注意的是，当今坝工建设中，采用高土石坝日趋明显。

一、土石坝的设计要求

由于土石坝是由散粒体的土石料填筑而成的，所以，它具有与其他坝型不同的设计要求：

1.为了维持稳定，散粒体土石料要求较缓的上、下游坝坡。在相同高度的情况下，土石坝的断面比重力坝的断面大得多。如何根据不同的地基、坝型、构造和材料，选择既经济又安全的坝坡，是土石坝设计中需要解决的重要问题之一。

2.土石坝不能从坝顶溢水，否则会直接冲刷坝体，使散粒体土石料流失，从而引起坝体的破坏和溃决。在引起土石坝破坏的各种原因中，上述原因占第一位。所以，在设计中要极其重视防止洪水漫溢土石坝的问题，不仅溢洪道应能够安全宣泄设计洪水，而且坝体也要有足够的超高，另外，土石坝易受雨水、风、波浪等的冲蚀，在北方还有冻害、冰害的问题。所以，还需要因地制宜采取工程措施，保护土石坝的上、下游面，免遭破坏。

3.渗流的影响。土石坝挡水后，在上下游水位差作用下，一般会在坝体和坝基（包括两岸）中产生渗流。渗流不仅使水量损失，影响水库效益，而且当渗透坡降或渗流超过一定限度时，还会引起坝体或坝基土的渗透变形破坏（管涌或流土），严重时导致土坝失事。因此，分析渗流规律，设计合理可靠的防渗排水设施，做好防渗设施与岸坡、坝基及其他建筑物的连接，这些都是土石坝设计中的重要内容。

4.沉降的影响。由于土粒之间存在孔隙，所以，土体是可以压缩的。据统计，在压缩量很小时，坝顶处的最大沉降量约为坝高的1%。一般情况下，施工期间的量所占比例较大，达总沉降量的80%左右，建成后仍会有20%左右的沉降。在设顶高程时，应把可能的沉降量都考虑进去。对重要的土石坝，应通过沉降计算确定沉降。应该指出，当坝基软弱或有软弱夹层时，沉降或不均匀沉降问题都较大。过大的不均匀沉降会引起坝体的开裂。为防止不均匀沉降，必须加强压实，特别在分段接头处要防止漏夯漏压。

二、土石坝的主要问题及缺陷

根据各地水库的管理经验，土石坝最容易产生以下几个方面的问题，即：随时间沉陷和不均匀沉陷大，坝体裂缝，坝坡滑动，坝身、坝基或绕坝渗流，坝体沉陷和风浪、雨水或气温对坝面造成的破坏。因此，土石坝的日常检查和养护工作，是对土石坝必须进行的一项重要的经常性的工作。通过检查发现问题，及时养护，可以防止或减轻外界不利因素对土石坝的损害，及时消除土石坝表面的缺陷，保持或提高土石坝表面的抗损能力，保证土石坝的安全。

第二节　土石坝的位移变形检测

土石坝在荷载作用下坝体表面或内部将产生水平和竖向位移变形，其中，水平位移包括垂直坝轴线的横向水平位移和平行坝轴线的纵向水平位移。位移变形测量是通过人工或辅助仪器设备来获得某一时段土坝表面或内部的变形。通过测量位移变形量及其方向，分析位移变形的原因，可以判断土坝运行是否安全，并提出相应的消除安全隐患的措施。

土石坝位移变形测量可采用人工方式或自动采集系统来完成。人工测量采用的仪器设备精度较低，容易受到环境和测量人员个体差异的影响，且劳动强度大，测量周期长。自动采集系统具有一定的规模，故其成本高，但周期短，测量精度高，尤其在强烈地震、特大洪水等危险荷载情况下，可以快速得到变形数据。随着科学技术的发展，自动采集系统在位移测量方面的应用会日益广泛。

一、表面位移变形测量

表面位移变形测量可以根据大坝表面布设的观测点，采用一定的方法或仪器进行固定观测点变形量测量。为了尽可能全面了解表面变形状况，应根据坝的等级、规模、施工及地质情况，选择有代表性的断面布设测点进行测量，并且尽量水平位移测点和垂直位移测点重合。

（一）表面变形的测量设计

1.测点的选择

纵断面位置选择时，通常在上游坝坡正常水位以上布设1个、坝顶布设1个，下游坝坡半坝高以上布设1 ~ 3个，半坝高以下布设1 ~ 2个，断面的数量不宜少于4个。对于软基上的土坝，还应在下游坝址外侧增设1 ~ 2个。

横断面上的测点应选择在最大坝高处、合龙段、地形突变处、地质条件复杂处、坝内设有埋管等可能发生异常处。横断面间距一般为50 ~ 100m，数量不宜少于3个，两坝端、地基地形突变以及地质情况复杂的坝段，应适当加密，每个横断面上至少布置4个测点。

2.工作基点和校核基点

起测基点一般布置在大坝两端岸坡上便于测量且受工程影响变形很小的稳定岩体上，每个纵向检测断面的两端应分别设置一个基点，基点高程宜与测点高程相近。当坝轴线为折线或坝长超过500m时，在坝身增设工作基点。为了校核工作基点，在纵断面的工作基点延长线上还须设置1 ~ 2个校核基点。

（二）表面水平位移的测量

目前，土石坝水平位移测量方法主要有视准线法、小角度法、大气激光法等。

1.视准线法

用视准线法观察水平位移，是以土石坝两端的2个工作基点的连线（视准线）为基准，来测量土石坝表面上的观测点的水平位移量。将活动觇牌安置于测量的位移标点上，令觇牌图案的中线与视准线重合，然后利用觇牌上的分划尺及游标读取偏离值。目前，全站仪已具备自动目标识别和数据通信功能，从而提高了水平位移观测的自动化水平。

视准线的位移标点采用钢筋混凝土设置在结构物上，与视准线的偏离值不应越过2cm，距地面高度不小于1m及旁离障碍物不超过1m，标点顶部同样埋设强制对中设备，以便安置觇牌。测量时，在工作基点A(或B）上架设经纬仪，整平后，后视工作基点B(或A），固定上下盘。用望远镜瞄准建筑物上的位移观测点，在位移观测点处，一个随司镜者的指挥，沿垂直于视准线方向移动觇标，直至觇标中心线与视准线重合为止，读出偏移量，记入记录表内。通知司镜者用倒镜再读一次，正倒镜各测一次为一测回。需要几个测回根据距离而定，但至少应有2个测回。符合精度后，方可施测另一观测点，见图6-1。

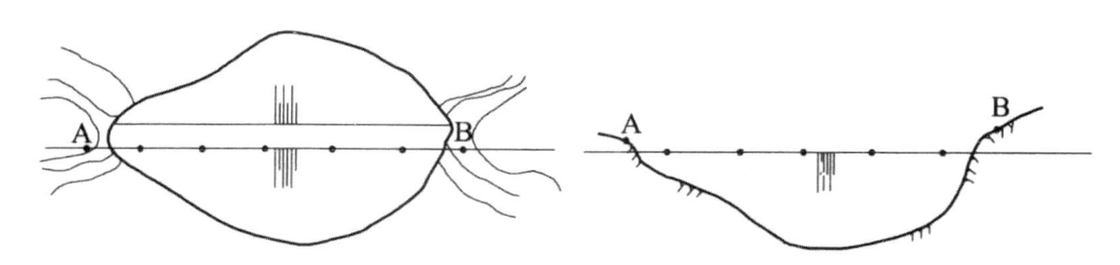

图6–1　视准线法观测示意图

视准线觇牌的形状、结构、尺寸、颜色对测量精度有重要影响，应当合理设计。一般来说，觇牌应满足图案对称、没有相位差、反差大、便于安装、具有适当参考面积（瞄准时使十字丝在两边有足够比较面积）等条件，实践证明，白底黑标志的平面觇牌为最佳，并要求觇标的旋转轴通过标志的中心。

2.小角度法

用小角度法观测水平位移，是在基点A（或B）上架设经纬仪。测定建筑物上位移观测点与视准线AB的方向角α，然后根据α角及基点到观测点的水平距离s，计算出观测点的偏移量l，见图6-2。正倒镜各测一次为一测回。需要几个测回根据距离而定，但至少应有2个测回。符合精度后，方可施测下一观测点。偏移量按式（6-1）计算。

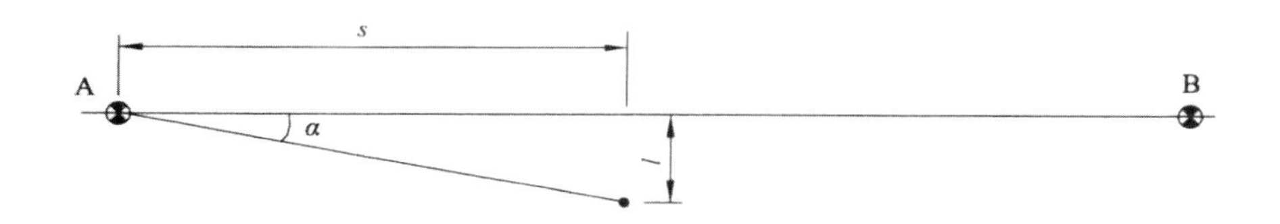

图6–2　小角度法观测示意图

$$l=\frac{1000s}{206265''}\alpha \tag{6-1}$$

式中：l——观测点至视准线的偏移量（mm）；

s——基点至观测点的水平距离（m）；

α——观测点与视准线的夹角（″）。

3.激光准直法

激光准直系统分为大气激光准直系统、真空激光准直系统和微压激光准直系统。目前，使用较多的是真空激光准直系统和微压激光准直系统。激光准直仪由激光器作为光源的发射系统、光电接受系统及附件三大部分组成。将激光束作为定向发射而在空间形成的一条光束作为准直的基准线，用来标定直线进行测量。激光源和光电探测器分别安装在发射端和接收端的固定工作基点上，波带板安装在观测点上，从激光器发射出的激光束照满波带板后在接收端上形成干涉图像，按照三点准直方法，在接收端上测定图像的中心位置，从而求出测点的位移。

真空激光准直系统，是将三点法激光准直和一套适于大坝变形观测特点的动态软连接真空管道结合起来的系统，又称波带板激光准直系统，波带板是一种光栅，当它被激光点光源发出的一束可见的单色相干光照射时，相当于一块聚焦透镜，在光源和波带板中心延长线上的一定距离处，形成一个中心特别明亮的衍射图像—圆形光点。真空激光系统要求用于直线型、可远视环境中，使激光束在真空中传输，利用激光束作为基准线，通过量测激光束经测点波带板在接收屏上所成像的位置变化而得到2个方向的变形。

在实际应用中，可以在大坝两端稳定处固定点光源*A*、激光像点探测仪*C*，在要观测位移的各坝段测点上，设置相应的波带板*B*。激光准直原理如图6-3所示。

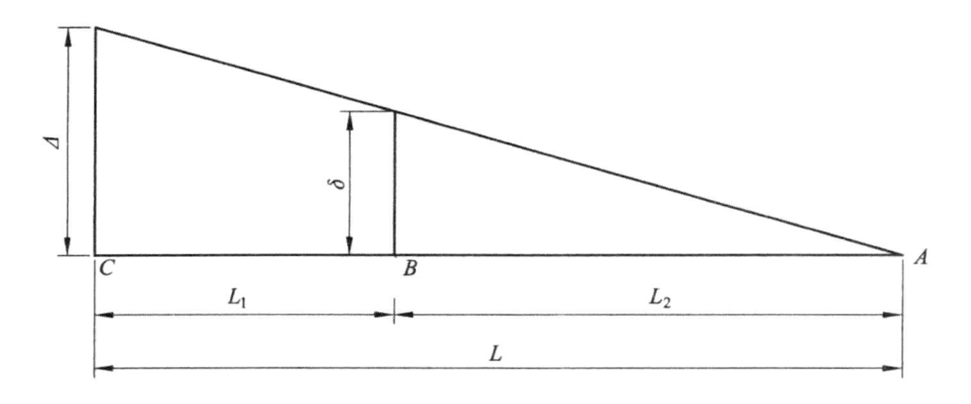

图6–3　激光准直原理图

当测点（波带板中心）位移了一段距离，在探测仪处的像点也位移了一段距离，用公式（6-2）即可计算出测点的位移。

$$\delta = (L_1/L)\cdot\Delta \qquad (6\text{-}2)$$

式中：L_1——*CB*两点的长度；

L_2——*BA*两点的长度；

Δ——*A*点的高度；

用式（6-2）计算的位移，是测点相对于两端点的位移，加上端点的位移，即为测点的实际位移值。

真空激光准直系统包括激光发射器、接收器、真空管道、测点箱、波带板、软连接管、端点设备、真空泵等。

真空激光准直的观测：第一，观测前应先启动真空泵抽气，使管道内压强降到规定的真空度以下；第二，用激光探测仪观测时，每测次应往返观测一测回，2个“半测回”测得偏离值之差不得大于0.3mm。

（三）表面竖向的测量

大坝在外界因素作用下，沿竖直方向产生位移，竖向位移测量法主要有精密水准法、连通管法和三角高程法，下面逐一进行论述。

1. 精密水准法

在采用精密水准法观测大坝竖向位移时，由于观测精度要求较高，往往采用精密水准仪。竖向位移观测一般分为两大步骤：一是由水准基点校测各起测点是否变动；二是利用起测点测定各竖向位移点的位移值。

（1）起测点的校测。施测前，首先应校核水准基点是否有变动，然后将水准基点与起测点组成的水准环线（或水准网）进行联测。

（2）竖向位移点的观测。竖向位移点的观测是从起测点开始，测定相应的竖向位移点后，复核至另一起测点，构成复核水准路线。

2. 连通管法

连通管法也称为静力水准法。利用连通管液压相等的原理，将起测点（A点）和各竖向位移标点（B、C、D点）用连通管连接，灌水后即可获得一条水平的水面线，量出水面线与起测基点的高差（H_A），计算出水面线的高程，然后依次量出各竖向位移标点与水面线的高差（H_B、H_C、H_D），即可求得各标点的高程。该次观测时测点高程值减去初测高程值即为该测点的累计竖向位移。

连通管可以分活动式和固定式2种。根据连通管内液面保持水平的原理，用传感器测量液面高度的变化，从而自动测出2个或多个测点之间的沉陷和倾斜变化，仪器输出为电压信号，可直接进行遥测、数字显示，可与数据采集器连接，自动打印和储存。

3. 三角高程测量法

观测仪器任意置点，同时又在不量取仪器高和棱镜高的情况下，利用三角高程测量原理测出待测点的高程。如图6-4所示，设A、B为地面上高度不同的两点。图中：L为A、B两点间的水平距离；α为在A点观测B点时的垂直角；H_1为测站点的仪器高，H_2为棱镜高；H_A为A点高程，H_B为B点高程。

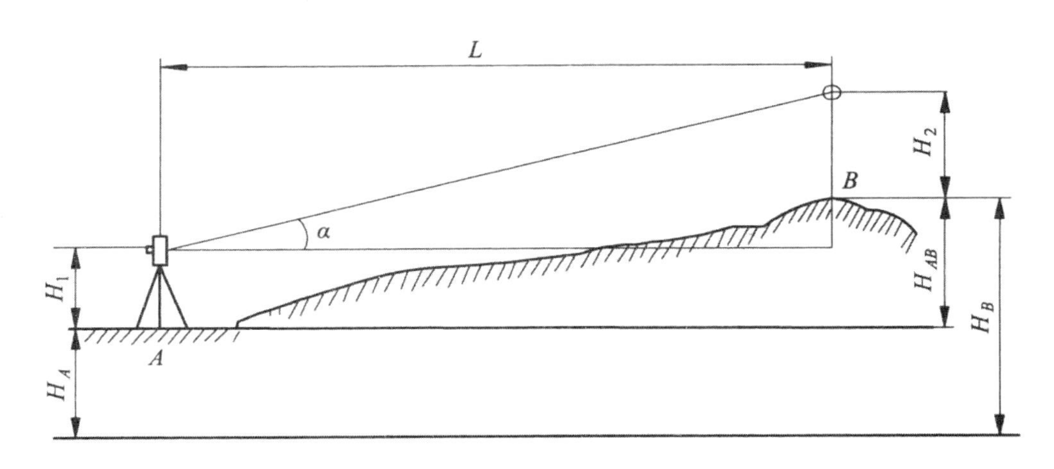

图6-4　三角高程法测量原理图

首先我们假设A、B两点相距不太远，可以将水准面看成水平面，则可得到：

$$H_B = H_A + H_1 + L\tan\alpha - H_2 \tag{6-3}$$

故：

$$H_A = H_B - \left(H_1 + L\tan\alpha - H_2\right) \tag{6-4}$$

上式中除了$L\tan\alpha$值可以用仪器直接测出外，H_1、H_2都是未知的。但当仪器一旦置好后，H_1值也将随之固定不变，同时选取跟踪杆作为反射棱镜，假定H_2值也固定不变。由式（6-4）知：

$$H_A + H_1 - H_2 = H_B - L\tan\alpha = H_W \tag{6-5}$$

由式（6-5）可知，基于上面的假设，$H_A+H_1-H_2$在任一测站上也是固定不变的，且可以计算出它的值H_w。

这一新方法的操作过程如下：

（1）仪器任一点放置，但所选点位要求能和已知高程点通视。

（2）用仪器照准已知高程点，测出$L\tan\alpha$的值，并算出H_w内的值（此时与仪器高程测定有关的常数均为任一值）。

（3）将仪器测站点高程重新设定为H_w，仪器高和棱镜高设为零即可。

（4）照准待测点测出其高程

结合式（6-3）和式（6-5）：

$$H'_B = H_W + L'\tan\alpha' \tag{6-6}$$

式中：$H_B^{'}$——待测点的高程（m）；

H_w——测站中设定的测站点高程（m）；

L'——测站点到待测点的水平距离（m）；

α'——测站点到待测点的观测垂直角（°）

从式（6-5）可知，不同待测点的高程随着测站点到观测点的水平距离或观测垂直角的变化而改变。

将式（6-5）代入式（6-6）得：

$$H_B^{'} = H_A + H_1 - H_2 + L'\tan\alpha' \tag{6-7}$$

（四）三维位移测量法

1.地球卫星定位（GPS）监测

随着科学技术的发展，卫星通信和全球卫星定位系统GPS已广泛应用于社会的各个行业全球定位系统已经迅速地从深奥的军事技术转化为贴近我们每一个人生活的民用技术，如汽车上的导航工具随着GPS定位精度的提高，GPS技术在大坝安全监测中的应用也越来越受到大坝管理单位的关注，常规的大坝表面变形观测方法，是水平位移和垂直位移采用不同仪器设备分别进行。这些方法都受外界气候条件影响，手工或半手工操作，工作量大，作业周期长。与常规方法相比，GPS自动化系统有以下优点：

（1）不受气候等外界条件影响，可全天候监测：常规方法所用的仪器设备是基于几何光学原理工作，故不能在黑夜、雨、雾、雷、大风等气象条件下正常观测；而GPS自动化监测系统则不受外界气候条件的影响，尤其是在大坝安全的关键时刻，即风、雨交加的汛期，都能及时提供大坝变形量，这是常规方法无法实现的。

（2）所有变形监测点的观测时间同步，能客观反映某一时刻大坝各监测点的变形状况。用常规监测方法，在进行大坝外观变形监测时，总是一个点一个点地观测，即各监测点观测的时间不在同一时刻，监测结果反映不出大坝同一时刻的变形状况而GPS监测系统，就可避免以上的缺陷，可测出同一时刻大坝上各监测点的变形量，即所有监测点观测时间是同步的，能客观地反映出大坝在某一时刻各坝段的变形情况。

（3）监测点的三维位移能同步测出，用常规监测方法进行大坝外观变形监测时，水平位移和垂直位移是采用不同方法和不同仪器，在不同时间内完成的，而GPS监测系统可同步测出监测点的水平位移和垂直位移。

（4）可实现全自动监测常规大坝外观变形监测方法仪，都是手工操作，不仅观测周期长，且无法实现自动化，GPS表面变形监测系统从采集、传输、计算、显示、打印全自动。

GPS表面变形监测系统一般由数据采集、传输和处理系统3部分组成。数据采集系统包括GPS基站和测站，一般情况下GPS基点应至少2个。

目前所采用的GPS表面变形监测系统均为静态方式，即通过观测基点与测点之间的相对坐标来确定测点的位移GPS基准点位于大坝两坝肩的坚固岩石上，每个基站和测站配置一套GPS接收机和通信机，监测中心与基站、测站之间的通信可采用无线超短波、光纤等方式。

2.全站仪监测

全站仪可进行大坝表面变形的三维位移监测，它能够自动整平、自动调焦、自动正倒镜观测、自动进行误差改正、自动记录观测数据，并能进行自动目标识别，操作人员不再需要精确瞄准和调焦，一旦粗略瞄准棱镜后，全站仪就可搜寻到目标，并自动瞄准，大大提高工作效率。

全站仪配以专用软件，就可使整个测量过程在计算机的控制下实现全自动。在大坝表面变形监测中，目前使用极坐标法进行测量。整个系统配置包括：全站仪、棱镜、通信电缆及供电电缆、计算机与专用软件。

影响二维极坐标测量精度的主要因素有仪器的测量精度、观测点的斜距及垂直角。后两者涉及大气的气象改正、水平折光、垂直折光等许多复杂的因素，故很难精确求出，从而降低了点位的测量精度。然而根据变形监测的特点，需要测量的只是相对变化量，若采用建立基准站进行差分的方法，其测量点位的位移精度可达到亚毫米精度甚至更高。

（1）自动极坐标实时差分

自动极坐标实时差分主要采用差分技术，它实际上是在一个测站上对2个观测目标进行观测，将观测值求差；或在2个测站上对同一目标进行观测，将观测值求差；或在1个测站上对1个目标进行2次观测求差，求差的目的在于消除已知的或未知的公共误差，以提高测量结果的精度。在大坝变形监测过程中，受到了许多误差因素的干扰，如大气垂直折光、水平折光、气温、气压变化、仪器的内部误差等等，直接求出这些误差的大小是极其困难的，故可采用差分的方法以减弱或消除这些误差来提高测量的精度。

（2）全站仪变形监测系统

全站仪变形监测系统由全站仪、仪器墩、通信及供电设备，控制计算机、监测点及专门软件组成。在该系统中，控制机房内部的控制计算机通过电缆与监测站上的自动化全站仪相连，全站仪在计算机的控制下，对基岩上的基准点及被监测物上的观测点自动进行测量，观测数据通过通信电缆实时输入计算机，用软件进行实时处理，结果按用户的要求以报表的形式输出，故监测员在控制机房就能实时地了解全站仪的运行情况。

地球卫星定位（GPS）变形监测和全站仪变形自动监测系统均可实现自动化观测，配以自动处理和分析软件，可对观测成果进行自动整编和分析，但其设备造价较高。

二、内部位移变形检测

内部变形包括分层竖向位移、分层水平位移、界面位移及深层应变。这里介绍分层竖向位移、分层水平位移的测量方法。

（一）水平位移的测量

1.测斜仪

测斜仪在土石坝水平位移的测量中得到了广泛应用，该仪器配合测斜管可反复使用。

（1）侧斜仪结构

测斜仪由倾斜传感器、测杆、导向定位轮、信号传输电缆和读数仪等组成。

（2）测斜仪工作原理

在需要观测的结构物体上埋设测斜管，测斜管内径上有两组互成90°的导向槽，将测斜仪顺导槽放入测斜管内，逐段一个基长（500mm）进行测量。测量得出的数据即可描述出测斜管随结构物变形的曲线，以此可计算出测斜管每500mm基长的轴线与铅垂线所成倾角的水平位移，经算术和即可累加出测斜管全长范围内的水平位移。

（3）埋设与安装

测斜仪为一种可重复使用的测量仪器，测斜仪的测量方法是测量侧斜管轴线的倾斜度。所以，测量前必须先埋设测斜管，方可实现测量。

① 测斜管的安装

先将测斜管装上管底盖，用螺丝或胶固定。将测斜管按顺序逐根放入钻孔中，测斜管与测斜管之间由接管连接，测斜管与接管之间必须用螺丝固定。测斜管在安装中应注意导槽的方向，导槽方向必须与设计要求定准的方向一致。将组装好的测斜管按次序逐节放入钻孔中，直至孔口。当确认测斜管安装完好后即可进行回填，回填一般用膨润土球或原土砂。回填时每填至3 ~ 5m时要进行一次注水，注水是为了使膨润土球或原土砂遇水后，与孔壁结合的牢固，以此方法直至孔口。露在地表上的测斜管应注意做好保护，盖上管盖，严禁防止物体落入。测斜管地表管口段应浇注上混凝土，做成混凝土墩台以保护管口和管口转角的稳定性。墩台上应设置位移和沉降观测标点。

安装完成后的测斜管应先用模拟测斜仪试放，试放时测斜管互成90°的2个导向槽都应从下到上试放，保证模拟测斜仪顺测斜管能从上到下并从下到上都很平稳顺畅通过，以此测斜管安装为完好。

② 测斜仪组装

首先检查测斜仪的导轮是否转动灵活、扭簧是否有力、密封圈是否损伤。将测杆与电缆连接头连接在一起，为防止测斜仪进水影响测值的稳定，连接一定要牢固可靠，最好用扳手将电缆连接头与测杆拧紧。将电缆从电缆绕盘上放下测孔深度的长度，再将读数仪的测量线拧在电缆绕盘的插座上。打开读数仪，将测斜仪在测量平面上转动，检查输出读数是否正常。

③ 测量

将测斜仪置入测斜管内，并使导向轮完全进入导向槽内：方向应为导向轮的正向与被测位移坐标（+X）一致时测值为正，相反为负。之后根据电缆上标明的记号，每500mm单位长度测读一次测斜管轴线相对铅垂线的倾角。测斜仪测量时可先将测斜仪放入管底，自下而上测量，也可从管口开始由上至下的测量。

④ 测值

为实现自动化观测，可在测斜仪两端加装连接杆，连接杆长度一般为1.5 ~ 3.0m，然后将测斜仪固定在测斜管中，用电缆线将每支测斜仪连接到集线箱和数据采集装置，可实现自动化测量。

2. 钢丝水平位移计

钢丝水平位移计是了解土石坝稳定性的有效设备之一。钢丝水平位移计可单独安装，亦可与水管式沉降仪联合安装进行观测。

（1）结构

钢丝水平位移计由锚固板、钢合金钢丝、保护钢管、伸缩接头、测量架、配重机构、读数游标卡尺等组成。

（2）工作原理

当被测结构物发生水平位移时将会带动锚固板移动，通过固定在锚固板上的钢丝卡头传递给钢丝，钢丝再带动读数游标卡尺上的游标，用目测方式很方便地将位移数据读出。测点的位移量等于实时测量值与初始值之差，再加上观测房内固定标点的相对位移量；观测房内固定标点的位移量由视准线测出。

（3）计算方法

① 当外界温度恒定、观测房内固定标点没有位移时，位移计与被测结构物的变形具有如下线性关系：

$$L = \Delta d = d - d_0 \quad (6\text{-}8)$$

式中：L——位移计的相对位移量（mm）；

Δd——位移计的位移相对于基准值的变化量（mm）；

d——位移计的实时测量值（mm）；

d_0——位移计的基准值（初始测量值，mm）。

② 当被测结构物没有发生变形时，而温度增加ΔT，将会引起钢丝的变形并产生测值的变化，这个测值仅仅是由温度变化而造成的，因此在计算时应予以扣除。

实验知$\Delta d'$与ΔT有如下线性关系：

$$L' = \Delta d' - bh\Delta T = 0 \quad (6\text{-}9)$$

$$\Delta T = T - T_0 \quad (6\text{-}10)$$

式中：b——位移计钢合金钢丝的线膨胀系数；

ΔT——温度相对于基准值的变化量（℃）；

T——温度的实时测量值（℃）；

T_0——温度的基准值（初始测量值，℃）；

h——位移计钢丝的有效安装长度（mm）。

③ 埋设在坝体内的位移计，受到的是位移和温度的双重作用，同时要累加上观测房内固定标点的相对位移量。因此，位移计的一般计算公式为：

$$L_m = \Delta d - bh\Delta T + \Delta D = \Delta d - bh\Delta T + D - D_0 \tag{6-11}$$

式中：L_m——被测结构物的位移量（m）；

Δd——观测房内固定标点相对于基准值的变化量（mm）；

D——观测房内固定标点的实时测量值（mm）；

D_0——观测房内固定标点的基准值（初始测量值）（mm）。

（二）竖向位移监测方法

1. 水管式沉降仪

水管式沉降仪是利用液体在连通管内的两端处于同一水平面的原理而制成，在观测房内所测得的液面高程即为沉降测头内溢流口液面的高程，液面用目测的方式在玻璃管刻度上直接读出被测点的沉降量等于实时测量高程读数相对于基准高程读数的变化量，再加上观测房内固定标点的沉降量即为被测点的最终沉降量：观测房内固定标点的沉降量由视准线测出。

（1）水管式沉降仪结构。水管式沉降仪由沉降测头、管路、测量柜等组成。

（2）测量方法：测量时，关闭排水阀，打开进水阀，依次打开各溢流管的阀门，向其充水排气；排尽气泡后，打开各玻璃测管的阀门，使其水位略高于测头的高程，关闭进水阀；待玻璃测管内的水位稳定后，读出玻璃测管上的水位刻度值，即为测量高程值，应定期用视准线测量测量柜所在标点的高程，用式（6-12）计算被测结构物的沉降量。

沉降仪的一般计算公式为：

$$S = \left(H_0 - H\right) \times 1000 + S_0 \tag{6-12}$$

式中：S——被测结构物的沉降量（mm）；

H_0——沉降测头内溢流管口埋设时高程值（m）；

H——观测时所测得沉降测头内溢流管口高程值（m）；

S_0——观测标点的沉降量（mm）。

2. 振弦式沉降仪

振弦式沉降仪可自动测量不同点之间的沉降，它由储液罐、通液管和传感器组成，储液罐放置在固定的基准点并用两根充满液体的通液管把它们连接在沉降测点的传感器上，传感器通过通液管感应液体的压力，并换算为液柱的高度，由此可以实现在储液罐和传感器之间测出不同高程的任意测点的高度。

用典型装置来测量在坝体内部的沉降，传感器通过电缆连接到数据采集装置。传感器内包含有一个半导体温度计与一个防雷击保护器，使用通气电缆将传感器连接到储液罐上方来使整个系统达到自平衡，以确保传感器不受大气压变化的影响，安装在通气管末端的干燥管用来防止传感器内部受潮。

振弦式沉降仪大多安装在填土和坝体内，传感器和电缆都被埋设在内部如沉降点在地表面，可将传感器直接安装在结构体上，储液罐的安装高程应比任何传感器和通液管都要高一些。

（1）传感器的安装

传感器通常固定在沉降盘上。在回填平整的情况下，沉降盘可用螺栓直接固定在结构体上。平底槽应为300 ~ 600mm深，将沉降盘放在槽底平面上然后用小颗粒土料回填，用于回填的材料应去除粒径大于10mm的颗粒，用这种材料应当围绕传感器夯实到槽门平面高程为止。

在安装过程中，应当用规范的测量技术来测量沉降盘的高程，同时确认传感器在夯实后没有遭到损坏。

（2）电缆和通液管的安装

电缆和通液管应埋设在300 ~ 600mm深的沟槽里，沟槽不能上下起伏。

电线和通液管应各自单独埋设，且不能相互接触和扭在一起，在任何地方导管都不能高出储液罐。

回填沟槽之前应检查有无气泡的迹象，如发现任何气泡都需要在初始读数之前冲洗通液管。

围绕在电缆周围沟槽里的材料，不允许有大的尖角的石块直接靠在电缆上，为了防止水沿着沟槽形成渗流通道，应分段在沟槽的空隙中填入膨润土。

在土石坝坝体内的沟槽禁止完全穿透黏土核心部分（加防渗墙），在电缆上的填土，当埋层越过600mm厚时即可正常回填。在电缆外露的地方，电缆应适当地沿着其延长方向加固防止弯曲，电缆也应避免阳光直射，可通过注入聚苯乙烯泡沫或氨基甲酸酯泡沫等来绝热防止温度变化对液体的影响。

（3）储液罐的安装

储液罐应安装在稳定的地面上或观测房的墙面上，储液罐的高程应在安装过程中进行测量和记录。松开储液罐顶部螺丝给储液罐注入防冻液直到观测管显示半满状态。储液罐不能直接暴露安装在阳光直射处。

当连接从传感器到储液罐的通气管时不允许空气驻留在通管内，同时应确保连到传感器上的通气管无堵塞。这可以用真空泵来将通气管里抽取成真空，同时观测传感器在读数仪上的读数来校核，连接通气管到通气管的汇集处，并在干燥管中添加新的干燥剂。

建议在储液罐液面上加少许轻油（推荐用挥发性较弱的硅油），它能够阻止液体表层的挥发，同时应注意干燥管与储液罐之间的连接管确无堵塞。

将传感器电缆与需要加长的电缆对应芯线连接，各电缆分别接至终端集线箱。

（4）初始数据

初始读数的读取应格外小心，它是以后所有数据的基准数据。通液管必须在恒定的温度下，若通液管非全埋式，数据应在温度相对恒定的时候读取。确定读数时通液管必须没有暴露在阳光直射下。同时在通液管里应无气泡的存在，管中如有气泡往往会造成读数的不稳定。若观测到气泡，在进行初始读数之前应冲洗通液管。若有任何怀疑，则反复冲洗通液管和重复读数，直到读数稳定为止，同时记录环境温度。

注意测量储液罐的液面高度，并做一个标记或记录测尺读数，以用于迅速观测液面出现的任何波动，用其改变量来修正后面沉降位移的计算。

储液罐液面的波动可能是温度或气压的变化或液体渗漏引起的。

第三节　土石坝的裂缝检测

土石坝坝体裂缝是一种较为常见的病害现象，各种裂缝对土石坝都有不利影响，有些裂缝对坝体危害不严重，但也有些裂缝存在着潜在的危险，例如，细小的横向裂缝有可能发展成为坝体的集中渗漏通道，而有的纵向裂缝可能是坝体滑坡的预兆，因此，对土石坝的裂缝现象，应给予应有的重视。

一、土石坝裂缝的类型和产生的原因

土石坝的裂缝，按其产生的原因可分为干缩裂缝、沉陷裂缝和滑坡裂缝；按其方向可分为龟状裂缝、横向裂缝和纵向裂缝；按其部位可分为表面裂缝和内部裂缝。以下主要就干缩裂缝、横向裂缝、纵向裂缝和内部裂缝分别叙述其产生的原因。

（一）干缩裂缝

干缩裂缝多是由于坝体受大气和植物影响，土料中水分大量蒸发，在土体干缩过程中产生的。

细粒土（黏性土）中水分被蒸发，而由湿变干的过程中，首先是自由水跑掉，继而

是土粒周围的水膜减薄，使土粒与土粒在薄膜水分子吸引力作用下互相移近，引起土体收缩。当收缩引起的拉应力超过一定限度时，土体即会出现干缩裂缝，相反，当细粒吸水时，水膜增厚，土粒间互相挤胀，则土体将会产生膨胀。

对于粗粒土，薄膜水的总量很少，厚度也较薄，故薄膜水对粗粒土的性质没有显著影响，由此可见，当筑坝土料黏性愈大，含水量愈高时，则产生干缩裂缝的可能性愈大，壤土中干缩裂缝比较少见，而在砂土中就不可能出现干缩裂缝。

干缩裂缝的特点是：密集交错，没有特定方向；缝的间距比较均匀，无上下错动；多与坝体表面垂直。干缩裂缝均上宽下窄，缝宽通常小于1cm，缝深一般不超过1m，个别情况也可能较宽较深。干缩裂缝一般不致影响坝体安全，但如不及时维修处理，雨水沿缝渗入，将增大土体含水量，降低裂缝区域土体的抗剪力强度，促使其他病害情况发展。必须注意的是，斜墙和铺盖的干缩裂缝可能会引起严重的渗透破坏，因此，需要及早地进行维修处理。

（二）横向裂缝

1.横向裂缝的特征与成因

与坝轴线垂直或斜交的裂缝称横向裂缝。横向裂缝一般接近铅直或稍有倾斜地伸入坝体内缝，深几米到十几米，上宽下窄，缝口宽几毫米到十几厘米，偶尔也能见到更深、更宽的，裂缝两侧可能错开几厘米甚至几十厘米。横向裂缝对坝体具有极大的危害性，特别是贯穿心墙或斜墙造成集中渗流通道的横向裂缝是最危险的裂缝。

横向裂缝产生的根本原因是沿坝轴线纵剖面方向相邻坝段或坝基产生的不均匀沉陷。从应力条件看，横向裂缝是由于土体中的拉应变超过了土体的允许拉应变造成的。根据坝体应力条件的分析，在土石坝的两端最容易产生垂直于坝轴线的横向裂缝，在坝的中段则多发生平行坝轴线的纵向裂缝，而在坝端和坝中段之间，沉陷裂缝的方向往往与坝轴线斜交。

2.出现横向裂缝的常见部位

（1）土石坝与岸坡接头坝段及河床与台地的交接处。在土石坝与岸坡的接头处，如岸坡过陡（如岩石岸坡陡于1 ： 0.75，土质岸坡陡于1 ： 1.5），或岸坡上有局部峭壁或者有突出的变坡点，就容易产生横向裂缝：在河床与台地的交接处，由于坝体高度变化较大，不均匀沉陷也较大，故也常易产生横向裂缝。

（2）坝基压缩性大的坝段，例如，广东省鹤地水库17号副坝，坝高18m。靠近左岸坝基有一片厚约2m的软黏土层没有清除，由于软黏土的压缩性很大，该处坝体于1964年汛前出现了36条横向裂缝：裂缝平均长度约5m，深约1m，平均宽度为53mm。经处理后，又出现了46条横向裂缝，缝宽减少为15mm。这说明软黏土层的固结渐趋稳定，同时，也说明由于黏土层的固结有一个过程，所以这种裂缝的处理不能一劳永逸。

如果坝基是未经处理的湿陷性黄土，水库蓄水后，由于不均匀的地基沉陷，也将引起横向裂缝。

（3）土石坝与刚性建筑物接合的坝段。土坝与刚性建筑物接合的坝段，往往由于不均匀沉陷而引起横向裂缝（如坝体与溢洪道导墙相接的坝段就是属于这种情况）。

（4）分段施工的接合部位，如，土石坝合拢的龙口坝段，或施工时土料上坝路线，或坝体填筑高差过大，或由于各段坝体碾压密实度不同，甚至接头坝段漏压，引起不均匀沉陷而产生横向裂缝。

对坝体横向裂缝除了加强平时检查，注意发现以外，坝顶防浪墙或路缘石开裂也往往反映出坝体内有横向裂缝的存在。此外，当坝顶相邻的垂直位移标点之间出现较大的不均匀沉陷时，也预示着可能产生了横向裂缝。必要时，应开挖与坝轴线平行的深槽，挖开保护层探明情况。

（三）纵向裂缝

1.纵向裂缝的特征与成因

与坝轴线平行的裂缝称为纵向裂缝。纵向裂缝多发生在心墙坝、斜墙坝和混合坝的坝顶，并位于坝轴线或内外坝肩附近。均质坝也可能发生纵向裂缝，裂缝位置除坝顶部分以外，在坝坡上也可能发生。

产生纵向裂缝的主要原因是坝体横断面上不同土料的固结速度不同，在横断面上发生较大的不均匀沉陷所致。如坝壳与心墙或斜墙之间，由于一般坝壳压实程度较差，蓄水后发生较大的沉陷变形，因而造成心墙或斜墙纵向裂缝。此外，均质坝碾压不密实，或坝基内有局部软弱夹层未彻底清除，或坝基处理不当，从而引起横断面上产生较大的不均匀沉陷，也是产生纵向裂缝的原因。

纵向裂缝如未与贯穿性横向裂缝连通，则不会直接危及坝体安全。但也要及时处理，以免库水进入缝内，降水时造成滑坡，或雨水灌入缝内引起滑坡。防渗斜墙上的纵向裂缝，很易发展成渗漏通道，直接危及坝体安全，应特别注意。

2.纵向沉陷裂缝与滑坡裂缝的区别

除由于坝体横断面上的不均匀沉陷将引起纵向裂缝以外，当土坝滑坡时，其初期亦表现为纵向裂缝。裂缝的成因不同，处理方法也就不同。因此，当坝体发生纵向裂缝后，首先应分析判断是纵向裂缝还是滑坡裂缝，然后才能正确地决定维修处理方法。这2种裂缝一般可参考以下特征进行判断：

（1）纵向沉陷裂缝一般近于直线，而且基本上是垂直向下延伸；而滑坡裂缝一般呈弧形，上游坝坡的滑坡裂缝两端弯向上游，下游坝坡的滑坡裂缝两端则弯向下游。

（2）纵向沉陷裂缝缝宽一般为几毫米到几十厘米，错距一般不超过30cm；而滑坡裂缝的缝宽可达1m以上，错距可达数米。

（3）纵向沉陷裂缝的发展随着土体的固结而逐步减缓；而滑坡裂缝往往开始时发展较慢，当滑坡体失稳后，则突然加快。

（4）滑坡裂缝发展到后期，在相应部位的坝面或坝基上有带状或椭圆状隆起。

3.纵向沉陷裂缝发生的部位

（1）坝基压缩性大的坝段。压缩性大的坝基，主要指的是软土和黄土的地基。对于未经处理的深厚黄土地基，当水库蓄水后，其上游部分先湿陷，因此，在蓄水初期，沿横断面方向，地基就产生不均匀沉陷，使坝体出现纵向裂缝。对于软土地基，如果其厚度沿横断面方向变化较大，则在土坝荷重作用下，地基也会发生较大不均匀沉陷，引起坝体纵向裂缝。

（2）坝身透水料部分沉陷量大，使心墙或斜墙与坝身接合处出现裂缝。

（3）坝体横向分区接合面出现裂缝。有些水库施工时分别从上、下游取土填筑，土料性质不同；或坝身上、下游碾压不一致，甚至在分区接合部有漏压现象，密实性更差。因此，蓄水后容易在横向分区接合面产生纵向裂缝。

（4）与截水槽对应的坝顶处。因截水槽系黏土分层碾压筑成，比其两侧地基的压缩性小，故坝顶沉陷比两侧坝坡沉陷小而产生纵向裂缝。

（5）跨骑在山脊上的土石坝坝顶。当土石坝两端靠岸坡处坐落在山脊上，或有的副坝布置在较为单薄的条形山脊上时，山脊被包在土坝内，由于坝体填土向山脊的两侧沉陷，坝顶很容易出现纵向裂缝。应指出，当岸坡较陡时，还有造成坝体滑坡的可能。

（四）内部裂缝

土石坝坝体不仅可能发生坝面上可观察到的裂缝，坝体内部也可能在以下情况发生内部裂缝：

（1）窄心墙土坝内部水平裂缝。这种裂缝可能产生在用可压缩的黏性土料筑成的边坡陡、断面窄的心墙部位，因心墙的压缩性比两侧坝壳大，心墙下部沉降，而心墙上部挤在上、下游坝壳之间，其重量由剪应力和拱的作用，被传递到坝壳，以致将心墙拉裂，形成内部的水平裂缝。

（2）在狭窄山谷中高压缩性地基上修建的土坝。在坝基沉陷过程中，上部坝体的重量通过拱作用传递到两岸，如果拱下部坝体沉陷较大，就有可能使坝体因拉力而形成内部裂缝或空穴。

（3）建于局部高压缩性地基上的土坝底部因坝基局部沉陷量大，使坝底部发生拉应变而破坏，产生横向或纵向的内部裂缝。

（4）坝体和混凝土（或浆砌石）建筑物相邻部位，因为混凝土建筑物比它周围河床的冲积层或坝体填土的压缩性小得多，从而使坝体和混凝土建筑物相邻部位因不均匀沉陷而产生内部裂缝；类似的情况，也往往发生在坝体和混凝土（或浆砌石）放水涵管相接处。

二、土石坝裂缝检测

（一）裂缝的巡视检查

土石坝裂缝的巡视检查一般均依靠肉眼观察对于观察到的裂缝，应设置标志并编号，保护好缝口对于缝宽大于5mm的裂缝，或缝宽小于5mm但长度较长、深度较深或穿过坝轴线的横向裂缝、弧形裂缝（可能是滑坡迹象的裂缝）、明显的垂直错缝以及与混凝土建筑物连接处的裂缝，还必须进行定期观测，观测内容包括裂缝的位置、走向、长度、宽度和深度等。

观测裂缝位置时，可在裂缝地段按土坝桩号和距离，用石灰或小木桩画出大小适宜的方格网进行测量，并绘制裂缝平面图。裂缝长度可用皮尺沿缝迹测量，缝宽可在整条缝上选择几个有代表性的测点，在测点处裂缝两侧各打一排小木桩，木桩间距以50cm为宜，木桩顶部各打一小铁钉。用钢尺量测两铁钉距离，其距离的变化量即为缝宽变化量。也可在测点处洒石灰水，直接用尺量测缝宽必要时可对裂缝深度进行观测，在裂缝中灌入石灰水，然后挖坑探测，深度以挖至裂缝尽头为准，如此即可量测缝深及走向。

（二）内部裂缝的检查

内部裂缝一般很难从坝面上发现，因此，其危害性很大。裂缝往往已经发展成集中渗漏通道，造成了险情，才为管理人员所发觉，使维修工作被动，甚至无法补救。关于内部裂缝的检查方法，可参考以下几种：

（1）当土石坝实测的坝体沉陷量远小于计算沉陷量时，应结合地形、地质、坝型和施工质量等条件进行分析，判断内部裂缝产生的可能性。

（2）加强渗透观测当初步判断有发生内部裂缝可能时，应加强渗透观测，特别是渗流量和渗水透明度的观测。如渗流量突然增加或渗水由清变浑，则应进一步分析坝体内部裂缝的可能性。

（3）必要时根据分析，在可能产生内部裂缝的部位钻孔或开挖探井进行检查。

钻孔检查时，对深度不大的内部裂缝，可用锥探法造孔；对深度较大的内部裂缝，宜用钻机造孔。钻孔后，注清水入孔内，使水面保持在孔门，同时记录时间和注入水量，当注水量接近某一常值后，算出稳定入渗量，再按水文地质方法算出土体的渗透系数，与土体的原始渗透系数相比，如前者大于后者，则钻孔处坝体内可能存在内部裂缝；也可采用对比的方法，即选择没有裂缝和可能有裂缝的坝段进行注水试验，算出稳定入渗量后，并按式（6-13）计算单位吸水量，再互相对比，以判断内部裂缝存在的可能性。

$$\omega=\frac{Q}{LH} \tag{6-13}$$

式中：ω——单位吸水量［L/（min·m^2）］，为每米水头作用下，每米试验段长度每分钟的吸水量，也常称为吸水率；

Q——稳定入渗量（L/min）；

L——注水试验段长度（m）；

H——作用水头，即注水试验时管内水位与注水前管内水位之差（m）。

当达到稳定入渗后，即停止注水，并随即进行孔内水位下降速度试验，了解下降速度V与作用水头H的关系，从而判断内部裂缝存在的可能性。在黏性土中，孔水位的下降速度V是很缓慢的，且V与H应成线性关系。如果V与H成非线性关系，或有转折，则表明存在内部裂缝的可能，如坝体内已埋有测压管，也可利用测压管进行上述注水试验。

井探检查是从坝顶垂直向下开挖直径1.2m左右的圆井，直接检查坝体内部裂缝情况。这种方法简单、经济，进度较快，检查结果也准确可靠。这种方法在施工时应边开挖边支撑，注意防止井筒的变形和坍塌。

当坝体内埋设有土压力计以观测垂直压力和侧压力时，也可根据坝体内压力分布的规律，分析判断内部裂缝存在的可能性。

对于已发现或存在较大可能有内部裂缝的土坝，不应冒险蓄水，应查明情况，进行妥善的维修处理后，方能使用。

三、非滑动性裂缝的处理方法

处理坝体裂缝时，应首先根据观测资料、裂缝特征和部位，结合现场检查坑开挖结果，参考前述内容，分析裂缝产生的原因，然后根据裂缝不同情况，采用适当的方法进行处理。

裂缝的处理方法主要有三种，即：开挖回填、灌浆和开挖回填与灌浆相结合。开挖回填是裂缝处理方法中最彻底的方法，适用于深度不大的表层裂缝及防渗部位的裂缝；灌浆法适用于坝体裂缝过多或存在内部裂缝的情况；开挖回填与灌浆相结合的方法适用于自表层延伸至坝体深处的裂缝。现仅将开挖回填法和灌浆法介绍如下：

（一）开挖回填法

采用开挖回填方法处理裂缝时，应符合下列规定：

第一，裂缝的开挖长度应超过裂缝两端1m，深度超过裂缝尽头0.5m；开挖坑槽底部的宽度至少0.5m，边坡应满足稳定及新旧填土结合的要求。

第二，坑槽开挖应做好安全防护工作；防止坑槽进水、土壤干裂或冻裂；挖出的土料要远离坑口堆放。

第三，回填的土料要符合坝体土料的设计要求；对沉陷裂缝要选择塑性较大的土料，并控制含水量大于最优含水量的1% ~ 2%。

第四，回填时要分层夯实，要特别注意坑槽边角处的夯实质量，要求压实厚度为填土厚度的2/3。

第五，对贯穿坝体的横向裂缝，应沿裂缝方向，每隔5m挖十字形接合槽一个，开挖的宽度、深度与裂缝开挖的要求一致。

1. 干缩裂缝

对黏土斜墙上的干缩裂缝，为了保证有足够的防渗层，应将裂缝表层全部清除，然后按原设计土料干容重分层填筑压实，对均质坝坝面产生的较深、较宽的干缩裂缝也应开挖回填，同时在坝顶或坝坡上填筑30 ~ 50cm的砂性土料保护层，以免继续干缩开裂。对均质坝坝面产生的缝深小于0.5m，缝宽小于5mm的干缩裂缝，也可不加处理，这种裂缝在坝体浸水后一般均可自行闭合。

开挖时应先沿缝灌入少量石灰水，显出裂缝，再沿石灰痕迹开挖。挖槽的长度和深度都应超过裂缝0.3 ~ 0.5m开挖边坡以不致坍塌并便于施工为原则，槽底宽约0.3m，沟槽挖好后，把槽周洒湿，然后用与坝体相同的土料回填，分层夯实，每层填土厚度以0.1 ~ 0.2m为宜。

2. 横向裂缝

横向裂缝因有顺缝漏水、坝体穿孔的危险，因此，为了安全起见，对大小横缝均用开挖回填法进行彻底的处理。开挖时顺缝抽槽，阶梯高度以1.5m为宜。回填时再逐级削去台阶，保持梯形断面。

对于贯穿性横缝，还应沿裂缝方向每隔5 ~ 6m，与裂缝相交成十字形，挖1.5 ~ 2.0m宽的接合槽。

3. 纵向裂缝

如纵缝宽度和深度较小，对坝的整体性影响不大，可不必开挖回填，只须封闭缝口，防止雨水渗入即可，当纵缝宽度大于1cm，深度大于2m时，则应采用开挖回填处理，其方式如图6-5所示。

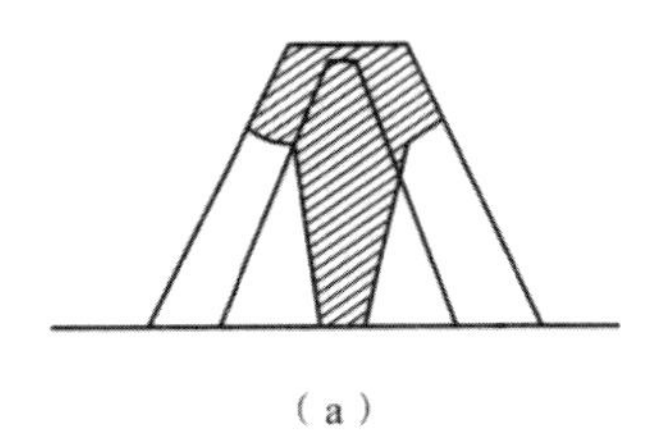
（a）

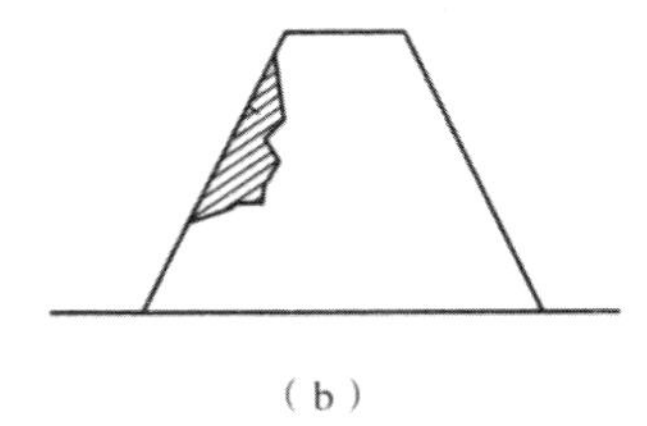
（b）

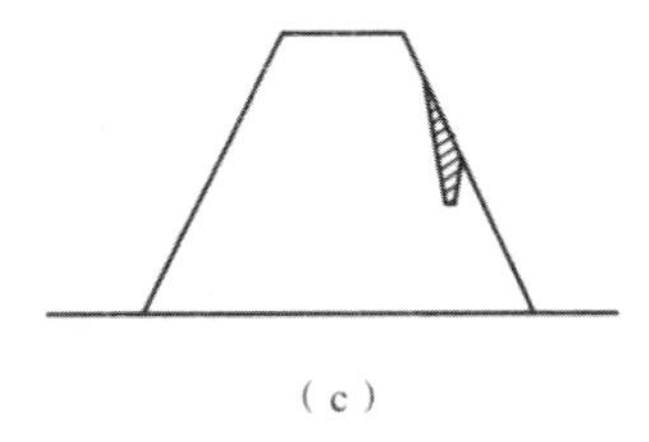
（c）

图6–5　纵向裂缝的开挖回填

图6-5（a）为心墙坝或均质坝坝内裂缝较深、分布较广、透水性强时的处理情况；图6-5（b）为裂缝不深的防渗部位处理情况；图6-5（c）为裂缝不深的非防渗部位处理情况。

不均匀沉陷引起的纵向裂缝，如对坝的安全无严重威胁时，可先暂时封闭缝口，待沉陷趋于稳定后再进行处理。对于因管涌通道而引起的裂缝，应首先处理管涌，再处理裂缝。

（二）充填式黏土灌浆法

当裂缝较深或裂缝很多，开挖困难或开挖将危及坝坡稳定时，宜采用充填式黏土灌浆法处理。对于坝体内部裂缝，则只宜采用灌浆法处理。

采用充填式黏土灌浆处理裂缝时，应符合下列规定：

第一，应根据隐患探测和分析成果做好灌浆设计。对孔位布置，每条裂缝都应布孔；较长裂缝应在两端和转弯处及缝宽突变处布孔；灌浆孔与导渗或观测设施的距离不应小于3m。

第二，造孔时，必须采用干钻、套管跟进的方式进行。

第三，浆液配制。配制浆液的土料应选择具有失水性快、体积收缩小的中等黏性土料，一般黏粒含量在20% ~ 45%为宜；浆液的浓度，应在保持浆液对裂缝具有足够的充填能力条件下，稠度愈大愈好，泥浆的比重一般控制在1.45 ~ 1.7；为使大小缝隙都能良好地充填密实，可在浆液中掺入干料重的1% ~ 3%的硅酸钠（水玻璃）或采用先稀后浓的浆液；浸润线以下可在浆液中掺入干料重的10% ~ 30%的水泥，以便加速凝固。

第四，灌浆压力，应在保证坝体安全的前提下，通过试验确定，一般灌浆管上端孔口压力采用0.05 ~ 0.3MPa；施灌时灌浆压力应逐步由小到大，不得突然增加；灌浆过程中，应维持压力稳定，波动范围不得超过5%。

第五，施灌时，应采用“由外到里、分序灌浆”和“由稀到稠、少灌多复”的方式进行，在设计压力下，灌浆孔段经连续3次复灌，不再吸浆时，灌浆即可结束；施灌时要密切注意坝坡的稳定及其他异常现象，发现突然变化应立即停止灌浆。

第六，封孔，应在浆液初凝后（一般为12 h）进行封孔。先应扫孔到底，分层填入直径2 ~ 3cm的黏土泥球，每层厚度一般为0.5 ~ 1.0m，然后捣实；均质土坝可向孔内灌注浓泥浆或灌注最优含水量的制浆土料捣实。

第七，重要的部位和坝段进行裂缝灌浆处理后，应按《土坝坝体灌浆技术规范》的要求进行灌浆质量的检查或验收。

第八，在雨季及库水位较高时，不宜进行灌浆。

1.裂缝灌浆的效果

由实践和试验结果表明，浆液在灌浆压力作用下，灌入坝体内能产生以下效果：

（1）浆液对裂缝具有很高的充填能力，不仅能充填较大裂隙，而且对缝宽仅1 ~ 2mm的较小裂隙，浆液也能在压力作用下，挤开裂缝，充填密实。

（2）不论裂缝大小，浆液与缝壁土粒均能紧密地结合。同时依靠较高灌浆压力，还能使邻近的、互不相通的裂缝亦因土壤的压力传递而闭合。

（3）灌入的浆液凝固后，无论浆液本身，还是浆液与缝壁的接合面以及裂缝两侧的土体中，均不致产生新的裂缝。

由此可见，采用灌浆法处理裂缝，特别是处理内部裂缝，是一种效果良好的方法。当然，要取得预期的效果，还必须布孔合理，压力适当和选用优良浆液。

2.灌浆孔的布置

灌浆前应首先对裂缝的分布、深度和范围进行调查和探测，调查了解施工时坝体填筑质量以及蓄水后坝体的渗漏和裂缝情况，并通过钻孔和探井来探测裂缝分布位置和深度。

对表层裂缝，一般每条主要裂缝均应布孔，孔位布置在长裂缝的两端、转弯处、缝宽突变处及裂缝密集和错综复杂的交汇处。但应注意，灌浆孔与防渗斜墙、反滤排水设施和观测设备应保持足够的安全距离（一般不应小于3m），以免串浆而破坏各设备的正常工作。

对于内部裂缝，布孔时应根据内部裂缝的分布范围、裂缝的大小和灌浆压力的高低而定：一般宜在坝顶上游侧布置1 ~ 2排，孔距由疏到密，最终孔距以1 ~ 3m为宜，孔深应超过缝深1 ~ 2m。

3.灌浆压力

灌浆压力选择的适当是保证灌浆效果的关键，灌浆压力越大，浆液扩散半径也越大，可减少灌浆孔数，并将细小裂缝也充填密实，同时浆液易析水，灌浆质量也越好。但是，如果压力过大，也往往引起冒浆、串浆、裂缝扩展或产生新的裂缝，造成滑坡或击穿坝壳、堵塞反滤层和排水设施，甚至人为地造成贯穿上、下游的集中漏水通道，威胁土坝安全，因此，灌浆压力的选择应该十分慎重。通常灌浆时的灌浆压力都必须由小到大，逐步增加，不得突然增大；同时采用的最大灌浆压力不得超过灌浆孔段以上的土体重量。允许最大灌浆压力可估算为：

$$P = \frac{\gamma}{10} KH \tag{6-14}$$

式中：P——允许最大灌浆压力（kN/m^2）；

γ——灌浆孔段以上土层的容重，可采用14 ~ 16kN/m^3；

K——系数，对砂质土取1.0，壤土取1.5，黏土取2.0；

H——灌浆孔段埋藏深度（m）。

在实际操作中，灌浆压力要逐步增加。每次增加压力以前，必须争取在该压力下达到吃浆量在0.5L/min左右，并持续10min。

灌浆压力可用灌浆机（泥浆泵）或重力法获得。

4.灌浆的浆液

浆液要求具有三种性质，即：流动性、析水性和收缩性。流动性好，可保证进浆效果；析水性好，可满足在灌浆后能迅速析水固结的要求；收缩性好，可达到浆液与坝体结合密实的效果。实践证明，一般用粉粒含量50% ~ 70%的粉土拌制的浆液，具有以上特点。对于土料中黏粒的含量，希望不超过30%，因为采用黏粒含量过高的土料拌制的浆液，灌浆后体积收缩大，析水慢，凝固时间长，影响灌浆效果。

灌浆的浆液有纯泥浆和水泥黏土混合浆2种，前者多用于浸润线以上坝体的灌浆，后者多用于浸润线以下坝体的灌浆。若在浸润线以下坝体采用纯泥浆灌浆，因泥浆不易析水，将长期不能凝固。若采用混合浆，则可促使浆液及早凝固，发挥灌浆效果。水泥黏土混合浆中一般水泥掺量为干料重的10% ~ 30%。水泥掺和量不宜过大，若掺和量过大，则混合浆凝固后将因不能适应土石坝变形而产生裂缝。

5.泥浆的拌制

泥浆可用干法或湿法拌制。干法系将黏土烘干或晒干后磨细，如水泥一样装袋，运至工地使用。其优点是使用方便、加工可在料场进行、工地布置简单；缺点是加工费用高。故干法适用于浆液需要量不大的情况。湿法系将黏土运至工地，经浸泡、搅拌、过筛和沉淀后流入蓄浆池储存备用。湿法拌制泥浆的优点是成本低，不受降雨限制。缺点是需要有适合的场地进行布置，一般当浆液需用量较大时多用湿法拌制。

使用浆液时，将蓄浆池内浆液搅匀，测定比重，放入配浆桶，再加入水泥和水，制成所需浆液，然后经灌浆泵压入灌浆孔。

6.灌浆过程中应注意的问题

（1）灌浆时应首先灌入比重较小的稀浆，达到疏通管路和坝体通道的目的，同时使细小裂缝能为稀浆充填，不致使裂缝通道过早堵塞。然后在不长的时间内，使浆液逐渐由稀到浓，达到设计浓度。

（2）在灌浆过程中应对灌浆孔附近的坝坡、坡脚及邻孔做仔细的检查。每天进行渗流量观测，并每隔3～5d进行水平位移、垂直位移和浸润线的观测，了解坝体在灌浆过程中的内在变化规律。

（3）灌浆孔口和回浆管上部都应安装压力表，以核对和消除仪表可能发生的读数偏差，正确掌握灌浆压力。

（4）灌浆工作必须连续进行，若中途必须停灌时，应及时清洗灌孔，并尽可能在12h内恢复灌浆。恢复灌浆时，如果吃浆量与中断前接近，则保持浆液土水比不变；如果吃浆量减少很多或不吃浆时，应在旁边重新钻孔灌浆。

（5）在灌浆过程中若发现坝面冒浆或开裂情况，可采取以下措施处理：降低压力，缓慢灌注；改用较浓浆液；若降压加浓后，冒浆、裂缝继续发展，则应暂时停灌或间歇灌浆；用黏土填压堵塞冒浆孔或沿缝开挖回填黏土。

（6）当坝体渗透压力较大，或因裂缝跑浆，浆液流失过多，可采用以下措施处理：灌注掺砂浆液，掺砂量为干料重的30%左右；灌注掺锯末浆液，锯末直径不大于5mm，掺量以不堵塞管路为原则；灌注掺矿渣浆液，掺量不超过干料重的40%，矿渣应用ϕ 2～3mm孔目过筛。

这3种方法，都能达到终止冒浆的目的，实践证明，掺矿渣效果最好。因矿渣比重小（约1.1 t/m^3），在浆液中呈悬浮状态，分散性好，不易沉淀。掺加锯末日后会腐烂、留下隐患，尽量不采用为宜。

（7）灌注黏土水泥混合浆液时，水泥浆应随灌随拌，并与黏土浆充分拌匀方可使用。如外加促凝剂时应制成液态在临灌时加入。施灌过程中，浆液应不断搅拌，防止沉淀离析。黏土水泥混合浆从搅拌起算，凡超过8h未用者，禁止使用。并随时测量浆液浓度、吸浆量等。做好各有关施工记录（如浆液土水比、容重、掺和料比例、灌浆起止时间和压力等）。

（8）日平均气温低于5℃或平均气温在5℃以上，而日最低温度低于-3℃时，应按冬季要求施工，对灌浆材料、设备等采取保温措施。对浆液应进行覆盖，以防日晒雨淋，影响质量。

（9）对水下跑浆，可采用水下取样法和柴油检查法进行检查。

水下取样法，是把带塞的空瓶用特殊工具使其沉到预计的水下跑浆部位，然后打开瓶塞让水进入，如有跑浆，浆液也随之进入，取出即可观察到。

柴油（或颜料）检查法，是在拌和桶内加入5～10kg废柴油，使其随浆液一并灌入坝体内，如有水下跑浆，柴油会很快浮至水面。

（10）灌浆结束的标准，要求残余吸浆量（即灌浆到最后的允许吸浆量）越小越好；要求闭浆时间（即在残余吸浆量情况下，保持允许最大灌浆压力的持续时间）越长越好。

一般要求在允许最大灌浆压力下，吸浆量小于0.2 ~ 0.4L/min，并持续30 ~ 60min以后，灌浆即可结束。

（11）灌浆结束后，应对灌浆机、管路等用压力水冲洗干净。

（12）第一次灌注结束后10 ~ 15d，应对吃浆量较大的孔进行一次复灌，以弥补上层浆液在凝固过程中，因收缩而脱离其上的岩体所产生的空隙缺陷。

（13）待浆液凝固后，视缝隙的深浅，采用钻孔或坑探法进行质量检查。当发现缝隙尚有空隙时，应加密钻孔再行灌浆。

第四节　土石坝的渗漏检测

一、土石坝渗漏的途径及其危害性

由于土石坝的坝身填土和坝基上一般都具有一定的透水性，因此，当水库蓄水后，在水压力作用下，水流除将沿着地基中的断层破碎带或岩溶地层向下渗漏外，渗水还会沿着坝身土料、坝基土体和坝端两岸的集中的孔隙渗向下游，造成坝身渗漏、坝基渗漏或绕坝渗漏，坝身渗漏、坝基渗漏和绕坝渗漏是通常会发生的现象，在坝下游出现少量的稳定的渗流也是正常的。但是，过大的渗流则将对土石坝枢纽造成以下危害：

（一）损失蓄水量

一般正常的稳定渗流，所损失水量较之水库蓄量所占比例是极小的。只有极少数在强透水地基上修建的土坝，由于渗流量较大而可能影响水库蓄水的效益，而严重的问题多出现在岩溶地区。有的水库往往由于对坝基的工程地质和水文地质条件重视不够，未做必要的调查研究，没有进行妥善的防渗处理，以至蓄水后造成大量渗漏损失，有时甚至无法蓄水。

（二）抬高浸润线

抬高坝身浸润线后，会造成下游坝坡出现散浸现象，甚至造成坝体滑坡。

（三）产生渗透变形

在渗流通过坝身或地基时，由于渗流出逸部位的渗透坡降大于临界坡降，使土体发生了管涌或流土等渗透变形破坏：这种渗透变形对土坝的安全影响极大，许多土坝破坏事故，都是由于渗透变形的发展所引起的。

当渗流的渗透坡降过大，使坝体或地基发生管涌、流土破坏时，为危险性渗水；对坝体或地基不致造成渗透破坏的渗水，则为正常渗水。一般正常渗水的渗流量较小，水质清澈见底，不含土壤颗粒。危险性渗水则往往渗流量较大，水质浑浊，透明度低，渗水中含有大量的土壤颗粒。当坝基下有砂层时，如在下游地基渗流出口处出现翻砂冒水现象，也说明发生了危险性渗水。危险性渗水往往造成大坝滑坡甚至垮坝事故，所以，当发现危险性渗水时，必须立即设法判明原因，采取妥善的维修处理措施，防止危害扩大。

防止渗流危害的主要措施是“上堵下排”，“上堵”就是在坝身或地基的上游采取措施提高防渗能力，尽量减少渗透水流渗入坝身或地基；“下排”就是在下游做好反滤导渗设施，使渗入坝身或地基的渗水安全通畅地排走。

二、坝身渗漏的原因及其处理方法

（一）坝身渗漏的常见形式

1.坝身管涌及管涌塌坑

当坝体有贯穿上下游的裂缝或渗漏通道时，渗流将沿裂缝或通道集中渗漏带走坝体中土粒，形成管涌。管涌初期，在没有反滤层保护（或反滤层设计不当）的渗流出口处，渗流把土粒带走并且淘成孔穴，逐渐形成塌坑（称出口塌坑）；随着土粒的不断流失，孔穴将沿渗流向上游发展；由于渗流途径逐渐缩短，渗流量逐渐增大，孔穴发展的速度越来越快，直至形成一条贯穿上、下游的渗漏通道，并在通道进口形成塌坑。在渗漏通道的形成和扩大过程中，在填土质量较差的地方，通道的顶壁将不断坍塌，每坍塌一次，渗漏量表现为突然减少，渗水变清；但当渗流把虚土冲开后，水色变得特别浑浊，渗漏量也较前更大。顶壁坍塌不断垂直向上发展，最后常在渗漏通道上的坝坡上出现直立的陷阱塌坑，呈漏斗或倒漏斗状。这时，管涌塌坑已发展到很危险的阶段，必须迅速维修处理，否则极易造成垮坝事故。

2.斜墙或心墙被击穿

塑性斜墙或心墙是坝体重要的防渗设施，坝体的稳定和渗流稳定都要在斜墙或心墙正常工作的前提下方能得到保证。由于斜墙和心墙的厚度较薄，渗透坡降较大，当在坝体沉陷不均，填筑质量差或者反滤不符合要求等情况下，往往可使斜墙或心墙发生裂缝或土料流失，最后使斜墙或心墙被击穿形成渗漏通道。

3.渗流出逸点太高

水库蓄水后，经过坝体的渗流在坝下游的出口处叫作出逸点。当渗流出逸点太高，超过下游排水设备顶部而在下游坝坡上逸出时，则将在下游坝面造成大片散浸区，使坝体填土湿软，或引起坝坡丧失稳定。如广西壮族自治区小江水库为均质土坝，坝高38.6m，由于施工时铺土层过厚，碾压不实，整个坝身水平向透水性远大于垂直向的透水性，因而坝身实际浸润线高于计算浸润线，渗流出逸点在下游坝面较高位置，造成大片散浸区。

4.坝体集中渗漏

由于各种原因，在土石坝坝体内形成水平薄弱层，水库蓄水后，在土坝下游坝面出现成股水流涌出的情况，叫作集中渗漏。集中渗漏对坝体的安全威胁极大，特别是在涵管等埋于坝内的建筑物与坝体接触面的集中渗漏，是一种既普遍又严重的现象。

（二）造成坝身渗漏的原因

（1）坝身尺寸单薄，特别是塑性斜墙或心墙由于厚度不够，使渗流水力坡降过大，容易造成斜墙或心墙被渗流击穿。

（2）坝体施工质量控制不严，如：碾压不实或土料含砂砾太多，透水性过大；或者施工过程中在坝身内形成了薄弱夹层和漏水通道等，从而造成管涌塌坑；或逸出点和浸润线抬高；或者造成集中渗漏。

（3）坝体不均匀沉陷引起横向裂缝；或坝体与两岸接头不好而形成渗漏途径；或坝下压力涵管断裂造成的渗漏，在渗流作用下，发展成管涌或集中渗漏的通道。

（4）下游排水设施尺寸过小不起作用，或因施工质量不良，或由于下游水位过高，洪水期泥水倒灌，使反滤层被淤塞失效，造成逸出点和浸润线抬高。

（5）反滤层质量差，未按反滤原理铺设，或未设反滤层，常成为管涌塌坑和斜墙与心墙遭到破坏的重要原因。

（6）管理工作中，对白蚁、獾、鼠等动物在坝体内的孔穴未能及时发现并进行处理，以致发展成为集中渗漏通道。

（三）坝身渗漏的处理方法

1.斜墙法

适于原坝体施工质量不好，造成了严重管涌、管涌塌坑、斜墙被击穿、浸润线和逸出点抬高、坝身普遍漏水等情况。具体做法是在上游坝坡补做或修理原有防渗斜墙，截堵渗流，防止坝身继续渗漏。修建防渗斜墙时，一般应降低库水位，揭开块石护坡，铲去表土，然后选用黏性土料（黏土或黏壤土），分层夯实。对防渗斜墙的要求有以下几方面：

（1）斜墙所用土料，其渗透系数应为坝身土料渗透系数的百分之一以下，即：

$$k_s \leqslant \frac{1}{100} k_d \tag{6-15}$$

式中：k_s——斜墙土料的渗透系数；

k_d——坝身土料的渗透系数。

（2）斜墙顶部厚度（垂直于斜墙上游面）应不小于0.5 ～ 1.0m。

（3）斜墙底部厚度应根据土料容许水力坡降而定。根据经验，黏性土一般容许水力坡降为4 ～ 6，黄土应适当减小。斜墙最小厚度不得小于作用水头的1/5，但最近，有些工程采用斜墙厚度较小，只有作用水头的1/10。

（4）斜墙顶部应高出水库最高洪水位，并保持0.6 ～ 0.8m超高。

（5）斜墙顶部和上游面应铺设保护层，用砂砾或非黏性土壤自坝底铺到坝顶。保护层的厚度应大于冰冻层和干燥层深度，一般为1.5 ～ 2.0m。

（6）斜墙下游面通常应按反滤要求铺设反滤层。

（7）如坝身土料渗透系数较小，渗透不稳定现象不太严重，而且主要是由于施工质量较差引起的，则可不必另筑斜墙，只须将原坝上游坡土料翻筑夯实即可。

（8）斜墙底部应修建截水槽，插入坝基的相对不透水层。

当水库不能放空，无法补做斜墙时，可采用水中抛土法处理坝身渗漏。即用船载运黏土至漏水处，从水面均匀倒下，使黏土自由沉落在上游坝坡上，堵塞渗漏孔道，但效果没有斜墙法好。

2.采用土工膜截渗法

采用土工膜截渗时，应符合以下规定：

（1）适用于均质坝和斜墙坝。

（2）土工膜厚度选择应根据承受水压大小而定。承受30m以下水头的，可选用非加筋聚合物土工膜，铺膜总厚度0.3 ～ 0.6mm；承受30m以上水头的，宜选用复合土工膜，膜厚度不小于0.5mm。

（3）土工膜铺设范围，应超过渗漏范围上下左右各2 ～ 5m。

（4）土工膜的连接，一般采用焊接，热合宽度不小于0.1m；采用胶合剂粘接时，粘接宽度不小于0.15m；粘接可用胶合剂也可用双面胶布粘贴，要求粘接均匀、牢固、可靠。

（5）铺设前应进行坡面处理，先将铺设范围内的护坡拆除，再将坝面表层土挖除30 ～ 50cm，要求彻底清除树杂草，坡面修整平顺、密实，然后沿坝坡每隔5 ～ 10m挖滑沟一道，沟深1.0m，底沟宽0.5m。

（6）土工膜铺设，将卷成捆的土工膜沿坝坡由下而上纵向铺放，同时周边用V形槽形式埋固好；铺膜时不能拉得太紧，以免受压破坏；施工人员不允许带钉鞋进入现场。

（7）回填保护层要与土工层铺设同时进行；保护层可采用沙壤土或砂，厚度不小于0.5m；先回填防滑槽，再填坡面，边回填边压实；保护层上面再按设计恢复原有护坡。

3.灌浆法

对于均质土坝，特别是对心墙坝，当要求进行防渗处理的深度很大，而采用斜墙法或水中抛土法处理有实际困难时，可采用灌浆法处理坝身渗漏问题。这种方法不要求放空水库，可在水库照常运用情况下进行施工，具体方法与裂缝处理时的灌浆法相同。

由于纯黏土浆强度低，凝固时间长，不能抵御较大的渗透流速冲刷，因此，当坝身存在严重的集中渗漏时，灌注纯泥浆的效果较差，而应采用水泥黏土混合浆。

4.防渗墙法

这种方法是用冲击钻或振动钻在坝身上打成直径0.5 ~ 1.0m的圆孔，再将若干圆孔形成一槽形孔（为了防止孔壁坍塌，一般采用泥浆固壁），然后在造好的槽孔内浇筑混凝土，将许多槽孔连接起来，形成一道防渗墙，以解决坝身渗漏问题。防渗墙法比压力灌浆可靠，是处理坝身渗漏较为彻底的方法，目前，国内已有多处工程使用。

5.导渗法

这种方法是加强坝体排水能力，使渗水顺利排向下游，不致停留在坝体内。根据具体情况，可分别采用以下几种措施：

（1）导渗沟法

当坝体散浸不严重，不至于引起坝坡失稳时，可在下游坝坡采用导渗沟法处理。导渗沟在平面上可布置成垂直坝轴线的沟或人字形沟（一般是45°），也可布置成两者接合的“Y”形沟。

导渗沟的顶部高程应高于渗水出逸点，沟的间距一般为3 ~ 5m，而以能使两沟之间的坝面保持干燥为原则。沟内分层填筑反滤料，每层厚一般为0.2 ~ 0.4m。如导渗沟做成暗沟形式，而上部仍用黏性土回填时，则在黏土的底部也应加反滤层，防止雨水下渗所挟土粒堵死导渗沟。

（2）导渗培厚法

当坝体散浸严重，渗水在排水设施以上逸出，且坝身单薄，坝坡较陡，要求在处理坝面渗水的同时还要求增加下游坝坡的稳定性，此时可采用导渗培厚法，在下游坡加筑透水后戗，或在原坝面上填筑排水砂层后再补强下游坡。应特别注意使新老排水设施相连接，否则非但没有作用，反而会引起不良后果。

（3）导渗砂槽法

当散浸严重，但坝坡较缓，采用导渗沟不能解决问题时可用此法。

具体做法是：在渗漏严重的坝坡上，用钻机钻成并列的排孔，孔与孔之间要求相隔1/3孔径。一般孔径越大越好，根据设备条件而定。孔深按要求排渗的高程而定，排孔的下端应与排水设备相接，以达到导渗目的。

为了使坝身土料有良好的透水性，钻孔时不应使用泥浆固壁，而应采用静水压力固壁，为确保工程安全，在每钻好两组孔后（每组4个孔位），用木板和导管把两组隔离，在第一组投放级配较好的干净砂料，以此类推，直至坝趾滤水体为止，形成一条导渗砂槽。

导渗砂槽能深达坝基，把坝体内渗水迅速排走，有效地降低坝体浸润线；施工安全，可在适当降低库水位的条件下进行施工；但需要一定的机械设备，且造价较高。

6.毒杀动物堵塞孔洞

若因鼠蚁或其他动物钻成洞穴而造成漏水时，应先找到洞穴，用石灰和药物等塞入洞内，然后用黏土补塞洞穴。或从坝顶开挖到洞穴，再填土夯实。白蚁对土坝的危害性很大，应重视白蚁的防治工作，要贯彻“以防为主，防治并重”的方针，发现白蚁要及时处理，防止蔓延。

三、坝基渗漏的原因及其处理方法

（一）坝基渗漏的原因

水库蓄水后，在水压力作用下，坝基也是主要的渗透途径之一。如果坝基没有适当的防渗、导渗措施，或原有的防渗、导渗设施失效，均会造成库水经坝基大量流失，或使坝基发生管涌、流土等渗透破坏现象。

造成坝基渗漏的根本原因是坝址处的工程地质条件不良，而设计施工中又没有很好处理所引起。调查研究清楚地区和坝址处工程地质情况，是处理好坝基渗漏的先决条件，透水坝基的工程地质情况可归纳为三种主要类型：

第一，单层结构坝基。坝基为渗透性大致相同的砂土或砂砾石层所构成。

第二，双层结构坝基。坝基上层为不透水层或弱透水层，下层为强透水层或透水性递增的透水层。

第三，多层结构坝基。坝基的透水层中间有连续的或不连续的黏性土夹层。

进行设计、施工或处理工作时，均应对坝基属于何种类型及其工程地质特点有全面的了解。

产生坝基渗漏的直接原因常见的有：缺少必要的防渗措施；截水槽未与不透水层相连接；截水槽填筑质量不好或尺寸不够而破坏；铺盖长度不够；铺盖厚度较薄被渗水击穿；水库运用不当，库水位降落太低，以致河滩台地上部分黏土铺盖暴晒裂缝而失去防渗作用；因导渗沟、减压井养护不良，淤塞失效，致使覆盖层被渗流顶穿形成管涌或使下游逐渐沼泽化等。

在各种不同类型坝基中，渗漏造成的破坏现象也略有不同。

1.在单层结构坝基

由渗水性较大的均质砂土构成的单层结构坝基，由于缺少防渗措施，或原有防渗失效，使渗流出口的出逸坡降超过地基土的允许水力坡降而产生管涌破坏。此时，多表现为坝脚下游地基表面翻水带砂。在开始阶段，水流带出的砂粒沉积在附近，堆成砂环，时间越长，砂环越大，当砂环发展到一定程度后即不再增大，因为此时渗流量加大，渗流带出的砂子被水流带走而不再沉积下来，这种现象若不立即采取措施制止，就将在坝基中很快发展成集中渗漏通道，危及大坝安全。

由均质砂砾层构成的单层结构坝基一般问题较少。但是，如果坝基内存在大孔层而截水槽又未与不透水层紧密连接，仍将引起严重的渗漏问题。

2. 在双层结构坝基

在双层结构坝基中，由于地基表层较薄，当防渗设施较差，例如，铺盖长度不够，或铺盖裂缝，或铺盖较薄为渗流击穿时，均易造成下游坝基表层为渗流顶穿、涌水翻砂、渗流量不断增大的事故。

这种破坏的发展过程随水头的变化而分为三个阶段：

（1）下游出现泉眼。当水头较低时，在下游局部地方出现泉眼，渗出清水，不加处理也不继续发展。

（2）下游产生隆起或松动现象。当水头增大到一定程度，对于表层为黏性土的坝基，渗透压力将把表土抬高，产生明显的隆起现象；对表层为砂土的地基，在渗透压力作用下，将有明显的砂土松动现象，此时，有些泉眼自行堵塞，有些则变为涌沙。

（3）顶穿表层。当水头继续增大，则表层将为渗流所顶穿，从而引起大量冒水翻砂现象。

3. 在多层结构坝基

由于利用了不连续的黏土层作为隔水层，或截水槽未与连续的黏土层相连，均可能造成坝基严重渗漏，如果此时地基表层为均质砂层，则危险性渗漏的表现也为坝后地基表面翻水带砂，发展过程与单层结构坝基相同。

（二）坝基渗漏的处理措施

坝基的渗漏处理措施，仍可归纳为“上堵下排”。堵就是用防渗措施不让或少让渗流经过坝基；排就是用导渗措施使已进入坝基的渗流安全排走。

防渗措施有垂直防渗和水平防渗2种。垂直防渗措施有：明挖回填黏土截水槽；混凝土防渗墙；砂浆板桩以及灌浆帷幕等。当地基透水层较浅，坝比较高，又要求严格控制渗漏水量损失时，宜用垂直防渗措施。当地基透水层较深，而渗透稳定性较好，如砂砾石地基，且水库水头不高，允许一定的水量损失时，用铺盖即水平防渗措施减少渗透量，保证坝基渗流稳定，往往是比较经济的。

导渗措施有排水沟和减压井等，前者适用于表层为较薄的弱透水层的双层结构坝基；后者适用于表层为较厚的弱透水层的双层结构坝基或多层结构坝基。此外，为了防止下游坝基发生流土破坏，也可采用透水盖重方法进行保护。

现将处理坝基渗漏常用的防渗、导渗措施介绍如下：

1.黏土截水槽

通过大量工程实践表明，黏土截水槽是很可靠的防渗措施之一，国内外的高土坝多采用这种防渗措施。因此，在条件适合（不透水层较浅，土坝质量较好，主要是由于基础未挖到不透水层而造成的坝基渗漏）时，应优先采用黏土截水槽处理坝基渗漏。

修筑黏土截水槽的设计、施工要求如下：

（1）截水槽的底宽应根据回填土料的允许渗透坡降和施工要求确定，当回填土料为黏土及重壤土时，允许渗透坡降可采用5 ~ 10，故截水槽底宽为（1/5 ~ 1/10）h（h为作用水头）；当回填土料为壤土时，允许渗透坡降可采用3 ~ 5，故截水槽底宽为1/5h ~ 1/3h。截水槽底宽过大是没有必要的，过大反而增加了施工困难和工程投资。

（2）截水槽的边坡主要根据覆盖层的开挖稳定坡度而定，一般采用1 ∶ 1 ~ 1 ∶ 1.5。

（3）截水槽内的回填土应分层填筑，碾压密实。当坝体为黏土斜墙坝时，截水槽回填土料应与斜墙土料相同。

（4）均质土坝或黏土斜墙坝采用截水槽处理坝基渗漏时，截水槽只能布置在上游的适当位置，此时，应注意使坝身或斜墙与截水槽可靠地连接起来。

（5）截水槽底部与基岩（或不透水层）接合良好，是保证截水槽质量的关键。所以，必须在开挖基坑后，认真进行渗水处理，清理岩面，并经验收合格后方能回填。

许多工程为了防止截水槽与基岩接合面发生集中渗流，往往在接合面设置混凝土滞水墙。但是，也有些工程单位对这种方式提出了不同看法，理由是：黏土同混凝土滞水墙的接合，不一定比黏土直接和岩面接合更好；滞水墙缩小了基坑填土的工作面，影响填土的碾压；墙顶有造成应力集中及内部裂缝的可能此外，坝基渗漏处理时，往往时间受到限制，建造滞水墙将加长处理时间，因此，不如严格控制接合面的填土质量而不要滞水墙。

当坝基为较厚的多层结构地基，利用其中的黏土层作为隔水层而与截水槽相接时，应注意黏土隔水层的完整性。

当坝基透水层较薄，虽然截水槽能与基岩连接，但尚应仔细研究基岩的透水性。如基岩中裂隙发育或岩溶发育，蓄水后在基岩中仍将产生渗漏，并引起截水槽下游冲积层的渗透变形，此时，应对基岩进行帷幕灌浆。

2.混凝土防渗墙

如地基透水层较深，修建黏土截水槽开挖断面过大很不经济时，可考虑采用混凝土防渗墙处理坝基渗漏，这也是一种很可靠的方法。

混凝土防渗墙一般是用冲击钻造孔，然后在孔内浇筑混凝土，形成一道封闭的防渗墙防止坝基渗漏。目前多采用槽形防渗墙，即将防渗墙分段，每段槽孔长5 ~ 12m，先打第一期槽孔，浇筑混凝土一周后，再打第二期槽孔。第二期槽造孔时将第一期槽孔两端各削掉80cm左右，以保证搭接处有足够的墙厚。造孔时常用劈打法，先隔一定距离打主孔，然后劈打二孔之间的部位，这样可提高造孔效率。

用冲击钻造孔时一般用泥浆固壁，即随着钻进注入槽孔内胶体状黏土浆。借比重较大（1.2 ~ 1.4）的泥浆静压力作用，维持孔壁不至坍塌。这种泥浆的特点是：当处在静止状态时呈胶滞体；而在重新搅动时，又很快变为液体。随着钻孔的加深，不断注入泥浆，泥浆不断地把钻孔底部的岩屑搅和在胶滞体内，通过泥浆泵压上地面，然后流经振动筛，筛出岩屑，而泥浆则循环使用。

当槽孔达到所需深度后，用水冲稀孔中浆液，然后在稀浆下用导管法进行水下浇筑混凝土。

对混凝土防渗墙的主要要求如下：

（1）防渗墙的厚度应根据抗渗要求、抗溶蚀要求和应力条件决定。但是，目前计算方法尚不够完善。从抗渗要求看，已建的混凝土防渗墙所承受的水力坡降为60 ~ 90，当混凝土的抗渗标号为S_6 ~ S_8时，混凝土防渗的厚度根据抗渗要求可按下式估算：

$$\frac{H}{t}\leqslant 60\sim 90 \tag{6-16}$$

式中：H——防渗墙上下游水头差（m）；

t——防渗墙厚度（m）。

我国实际工程中采用的厚度一般为0.6 ~ 1.3m，其中多数工程是结合施工设备的造孔能力采用0.8m。

（2）防渗墙的顶端应插入土坝防渗体部1/6H（H为防渗墙上下游水头差），以增加接触渗径因为墙顶有很高的应力集中，易产生拉力和内部裂缝，因此，应在墙顶一定范围内用高塑性土料填筑。

防渗墙底部和两侧，应嵌入基岩0.5 ~ 1m，以加强连接。

（3）防渗墙的混凝土浇筑多用导管法在泥浆下进行导管插入泥浆底部，最初用木板将混凝土与泥浆隔开，以后导管就埋入混凝土下1 ~ 6m，随着混凝土不断浇筑，导管也逐渐提升，因槽孔中泥浆的比重较混凝土小，故泥浆始终浮在表面，直到混凝土浇筑到地面为止，最后形成混凝土防渗墙。槽孔与槽孔之间必须有足够的搭接长度；混凝土的配合比和水灰比，必须按设计要求严格掌握。

当水头较低时，在用料上，近年来已逐渐发展采用泥结卵砾石防渗墙一这种非刚性的防渗墙更能适应变形要求，在方法上，不用钻机而用索铲挖槽，成本较低，这种防渗墙受所用挖槽施工设备限制，一般深度为24 ~ 30m，再深则须借灌浆帷幕延伸，泥结卵砾石防渗墙的渗透系数为10^{-6} ~ 10^{-5}cm/s，管涌破坏坡降达34.6。用防渗墙处理坝基渗漏时，可直接将防渗墙与原坝体的防渗设备连接在一起，也可将防渗墙布置在上游，利用一小段黏土铺盖与原坝体防渗设备连接起来。

3.砂浆板桩

砂浆板桩，就是用人力或机械把20 ～ 40号的工字钢打入坝基内，一组在前面打，一组在后面拔。工字钢腹板上焊一条直径32mm的灌浆管，管底装一木栓塞。在拔桩的同时开动泥浆泵，把水泥砂浆经灌浆管注入地基内，以充填工字钢拔出后所留下的孔隙。待工字钢全部拔出并灌浆后，整个坝基防渗砂浆板桩就完成了。

砂浆板桩防渗，具有简单易行、造价低廉的特点。适用于粉砂、淤泥等软基渗漏处理。由于机械所限，板桩深度目前不超过10m。

灌注的浆液采用1 ： 2的水泥砂浆，为使砂浆有良好的和易性和密实度，砂浆内宜掺少量（约1/10）石灰膏，砂浆并应过滤。

此法主要优点有：

（1）省工省料施工迅速每一根桩包括打、拔、灌浆仅需20min。

（2）造价低廉。如以某材料基价计算比较，砂浆板桩每单位阻渗面积的材料费5元/m^2，钢筋混凝土板桩为26元/m^2。

（3）质量好经过多次施工和试验的结果，一般都能达到工程质量要求（接缝好，不透水，基本成形）当工字钢拔起时，腹板两侧往往带有泥土，故砂浆板桩不呈工字形而近似呈长方形，且比原工字钢腹板厚1.2 ～ 1.5倍。

水泥砂浆板桩防水性能的好坏，关键在于打下的工字钢是否正直，两工字钢之间是否紧贴无隙，以及灌浆时的压力是否正常。因此，施工操作要特别注意。

4.高压喷射灌浆

采用高压喷射灌浆处理坝基渗漏时，应符合下列规定：

（1）适用于最大工作深度不超过40m的软弱土层、砂层、砂砾石层地基渗漏的处理，也可用于含量不多的大粒径卵石层和漂石层地基的渗漏处理，在卵石、漂石层过厚、含量过多的地层不宜采用。

（2）灌浆处理前，应详细了解地基的工程地质和水文地质资料，选择相似的地基做灌浆围井试验，取得可靠技术参数后，进行灌浆设计。

（3）灌浆孔的布置。灌浆孔轴线一般沿坝轴线偏上游布置；有条件放空的水库，灌浆孔位也要可以布置在上游坝脚部位；凝结的防渗板墙应与坝体防渗体连成整体，伸入坝体防渗体内的长度不小于1/10的水头；防渗板墙的下端应落到相对不透水层的岩面。

（4）孔距的喷射形式。根据山东省和各地高喷灌浆经验，单排孔孔距一般为1.6 ～ 1.8m，双排孔孔距可适当加大，但不超过2.5m；喷射形式一般采用摆喷、交叉折线连接形式；喷射角度一般为20% ～ 30%。

（5）喷射设备应选用带有质量控制自动检测台的三管喷射装置。主要技术参数：水压力25 ~ 30MPa，水量60 ~ 80L/min，气压0.6 ~ 0.8MPa，气量3 ~ 6m³/min，灌浆压力0.3MPa以上，浆量70 ~ 80m³/min，喷射管提升速度6 ~ 10cm/min，摆角20 ~ 30°，喷嘴直径1.9 ~ 2.2mm，气嘴直径9mm，水泥浆比重1.6左右。

（6）坝体钻孔应采用干钻套管跟进方法进行，管口应安设浆液回收设施，防止灌浆时浆液破坏坝体；地基灌浆结束后，坝体钻孔应按有关规定进行封孔。

（7）高喷灌浆的施工。应按照布孔→钻孔→安设喷射装置→制浆→喷射→定向→摆动→提升→成板墙→冲洗→静压灌浆→拔套管→封孔的工艺流程进行。

（8）检查验收。质量检查一般采用与墙体形成三角形的围井，布置在施工质量较差的孔位处，做压水试验，测定透水率；验收工作可参照有关规定进行。

5.灌浆帷幕

灌浆帷幕是在一定压力作用下，把浆液压入坝基透水层中，使浆液充填地基土体中孔隙，使之胶结而成防渗帷幕。

采用灌浆帷幕防渗时，除应进行灌浆帷幕设计外，还应符合以下规定：

（1）非岩性的砂砾石坝基和基岩破碎的坝基可采用此法。

（2）灌浆帷幕的位置应与坝身防渗体接合在一起。

（3）帷幕深度应根据地质条件和防渗要求而定，一般应落到相对不透水层。

（4）浆液材料应通过试验确定。一般可灌比M≥10、地基渗透系数超过每昼夜40 ~ 50m时，可灌注黏土水泥浆，浆液中水泥用量占干料的20% ~ 40%；渗透系数超过每昼夜60 ~ 80m时，可灌注水泥浆。

（5）造孔时，要求坝体部分干钻、套管跟进方式进行；在坝体与坝基接触面没有混凝土盖板时，要求坝体与基岩接触面先用水泥砂浆封固套管管脚后，再进行坝基部分的钻孔灌浆工序，施灌时，严格按钻灌工程施工规范和操作规程进行。

6.黏土铺盖

黏土铺盖是一种水平防渗措施，是利用黏性土在坝上游地面分层填筑碾压而成。铺盖的作用是覆盖渗漏部位，加长渗径，减小坝基渗透比降，保证坝基渗透稳定。

黏土铺盖主要优点是施工简单，不需要降低地下水位，可以抢修，造价低廉，所以与黏土截水槽一样，也是在坝基渗漏处理中被广泛采用的措施之一。当土坝质量较好，不透水层很深，开挖截水槽困难时，采用铺盖防渗是特别适合的，在多沙河道上，铺盖防渗的效果将随着土坝使用年数的增长，由于库区淤积的增多而增大，因此，在多沙河道上采用铺盖将更加有利。但是，也应指出，采用铺盖防渗虽然可以防止坝基土壤的渗透变形并减少渗透流量，但却不能完全杜绝渗漏。

（1）铺盖的长度应满足以下要求，即地基中的实际平均水力坡降和坝基下游未经保护的出口处水力坡降均小于或等于地基土体的允许平均水力坡降J_a。对于心墙坝和斜墙坝，能保证地基渗透稳定的或系完全用不透水材料做成的铺盖长度L_r为：

$$L_r \geqslant \frac{H}{J_a} \quad (6\text{-}17)$$

式中：H——坝上下游水位差（m）；

J_a——地基的允许平均水力坡降，可由表6-1查得：

表6–1　坝基土的允许平均水力坡降

坝基土名称	黏性土	粗砂	中砂	细砂
容许平均水力坡降J_a	0.55	0.44	0.36	0.27

按上式确定的铺盖长度为理论铺盖长度，即铺盖是由完全不透水的材料做成时所需长度。但实际采用的黏土铺盖都有一定的透水性，因此，必须将上述理论铺盖长度适当加长，使能起到同样作用：加长时，首先按下列公式计算系数α_0，然后根据$\alpha_0 L_r$查表6-2即可得铺盖长度应加长的百分数β，从而可算得相应的实际铺盖长度L_n。

表6–2　铺盖加长百分数

$\alpha_0 L_r$	0.20	0.30	0.40	0.50	0.60	0.70	0.75	0.80	0.85	0.90
β/%	1.4	1.5	6.0	10.0	16.0	24.0	29.8	37.4	48.0	63.0

计算α_0系数的公式为：

$$\alpha_0 = \sqrt{\frac{k_n}{k_0 T t}} \quad (6\text{-}18)$$

式中：k_n——铺盖土的渗透系数；

k_0——坝基土的渗透系数；

T——透水地基厚度（m）；

t——铺盖厚度（m）。

实际需要的铺盖长度L_n为：

$$L_n = L_r(1+\beta) \quad (6\text{-}19)$$

式（6-19）中各符号意义如前所述。

当铺盖长度达到一定限度时，再增加长度，其效果便不显著了，这个长度铺盖的有效长度。因此，实际铺盖长度不应超过有效长度。而有效长度除与水头有关外，还与铺盖土料的渗透系数大小、坝基情况等有关。一般在水头较小，透水层较浅的工程中，有效铺盖长度可采用5 ~ 8倍水头；对水头较大、透水层较深的坝基，可采用8 ~ 10倍水头。

对于均质土坝，由于坝体本身往往已具有保证地基渗透稳定的渗径长度，故其铺盖长度可不再从平均水力坡降方面提出要求，而应由容许的水库渗漏损失来决定。

（2）铺盖厚度应保证各处通过铺盖的渗透坡降不大于容许值（对黏土采用4 ~ 6倍，对壤土减少20% ~ 30%）。故铺盖厚度应自上游向下游逐渐加厚。一般用碾压施工时，前端厚度约0.5 ~ 1.0m，末端厚度约（1/10 ~ 1/6）为水头。铺盖与心墙或斜墙连接处应适当加厚。

（3）铺盖的渗透系数k_n一般不应大于1×10^{-5}cm/s。坝基土体的渗透系数k_0与铺盖渗透系数k_n之比（即k_0/k_n）最好能大于1000。

（4）如果在透水性较强的砾卵石层（渗透系数大于50m/d）上设置铺盖，应按反滤要求在铺盖下设反滤层。在渗透系数大于1m/d的含砾粗砂地基上修建铺盖时，一定要用碾压法施工，并要达到一定密实度，以防铺盖土料被渗流带入地基而失掉防渗作用。为防止铺盖干裂，铺盖表面可铺1.0 ~ 1.5m厚保护料。

（5）在水库运用期间，如不允许放空水库后设置铺盖时，也可采用水中抛土法形成铺盖。

7.排渗沟

在坝下游修建排渗沟的目的有二：一方面是有计划地收集坝身和坝基的渗水，排向下游，以免下游坡脚积水；另一方面当下游有不厚的弱透水层时，尚可利用排水沟作为排水减压措施。

排渗沟应设在下游坝脚附近。对一般均质透水层，排渗沟只须深入坝基1 ~ 1.5m。对双层结构地基，如表层弱透水层较薄，则应挖穿弱透水层，将排渗沟放在透水层内，以引走渗流并降低剩余水头。但是当透水层较深时，这种排渗沟仅能引走一小部分渗流，剩余的渗流将绕过排渗沟，故其作用只是局部的，作为导渗减压的控制渗流措施就不适宜了。

排渗沟若仅为排引渗透水，其底宽及断面可根据渗流量设计。如需起排水减压作用，则要通过专门的计算确定。排渗沟还要有一定的纵坡和排水出路，使渗透水能顺利排除。排渗沟内应设反滤保护，以防止渗流破坏。

排渗沟一般采用明式以利检查，有时为了防止地表水流入沟内造成淤塞，也可采用暗式。由于暗式排渗沟工程较大，一般只宜用于排水量较小的情况。

8.减压井

减压井是利用钻机在地基内每隔一定的距离钻孔形成的。钻孔穿过弱透水层直达强透水地基的一定深度，孔的下部埋设滤水管，中段接不透水引水管，将渗水由上部出水口排出。这样，可以把地基深层的承压水导出地面，以降低浸润线和防止坝基土渗透变形，并可防止下游地区沼泽化。所以，减压井是解决砂砾石地基渗流稳定的重要措施之一。

减压井虽然有良好的排渗降压效果，但施工较复杂，对管理和养护的要求也高，有的工程在运用多年以后，容易出现淤积堵塞使减压井失效的现象，因此，一般仅用于下列情况：

（1）上游黏土铺盖或天然铺盖，由于长度不够或被破坏，渗透逸出坡降升高，同时坝基为复式透水地基，用一般导渗措施不易施工，例如，强透水层埋藏较深而不易挖穿，或其他措施处理无效。

（2）由于不能放空水库，采用“上截”的措施有困难，而在运用上允许在安全控制地基渗流条件下，损失部分水量。

（3）在施工、管理运用上和技术经济方面都比其他处理措施优越。

减压井的设计，主要是合理地确定井系轴线位置，井的直径、间距、深度与计算出流量。井系轴线的布置越靠近坝脚，降压效果越好但是应考虑井的控制范围和施工方便，并不影响以后坝的加高培厚。

井径决定于打孔机具，不宜太小，太小沿程摩擦水头损失较大；但也不宜过大，过大则不经济，一般为15 ~ 30cm或稍大。

井距可初步采用15 ~ 30m，坝头部位因绕坝渗流影响可适当加密。河床段间距较大，以后再根据实际减压效果决定是否加密。

减压井的深度一般要求滤水管长度 $s=(0.65\sim10)T$（T为主要透水层厚度），减压井最好为完整井，即井底插入基岩，特别是多层地基土壤分层复杂时更应这样。s/t称为减压井的相对贯入度。据研究，当相对贯入度s/t小于0.5时，减压效果即将显著降低。

减压井的滤水管可采用无砂混凝土管或金属管及陶瓷管滤水管的开孔率（孔眼的面积占滤水管内壁面积的百分数）一般为10% ~ 20%，孔底应先填约1m反滤料，管底必须堵以木托盘以防止管底进砂、管周围的反滤料应严格选择，要求不均匀系数不大于5，且最大粒径不大于反滤层厚度的1/5反滤料填至距地面1m即停止，随后填以黏土或混凝土。

9.透水盖重

透水盖重是在坝体下游的地面上，根据反滤原则铺设的透水盖重层，利用其自重以平衡渗透压力，防止地基渗透破坏。由于这种方法简单易行，也是在处理坝基渗漏中较常采用的一种手段，特别是双层结构地基应用更多。

现取一个单位面积上的土柱进行分析，根据平衡条件得：

$$\gamma t+\gamma_1 t_1=K\gamma_{\mathrm{w}}\frac{H_r}{t_1}t_1 \tag{6-20}$$

$$t=\frac{K\gamma_{\mathrm{w}}H_r-\gamma_1 t_1}{\gamma} \tag{6-21}$$

式中：t ——透水盖重厚度；

γ ——透水盖重的容重；

H_r ——坝下游弱透水层底面上测压管水位与下游水位差；

γ_w ——水的容重；

t_1 ——弱透水层厚度；

γ_1 ——弱透水层土体的浮容重；

K ——安全系数，采用1.5 ~ 2.0。

一般弱透水层的实用阶段容重 $\gamma_1 \approx 1\text{t}/\text{m}^3$，水的容重 $\gamma_w = 1\text{t}/\text{m}^3$，透水盖重的容重 $\gamma = 2\text{t}/\text{m}^3$，于是式（6-21）可变为：

$$t = 0.5KH_r - 0.5t_1 \tag{6-22}$$

由式（6-22）可见，当已知弱透水层厚度t_1，并利用埋设的测压管测出弱透水层底面水位与下游水位差H_r后，即可定出透水盖重的厚度。

用作透水盖重的土料必须比地基土层透水性大，但也不能过粗，因为还要求起反滤作用。

透水盖重应铺设到弱透水地基中实际水力坡降小于坝基土的允许水力坡降处。

四、绕坝渗漏的原因及处理方法

（一）绕坝渗漏的原因

水库的蓄水，不仅可能通过土坝坝身和坝基渗漏，而且也可能绕过土坝两端的岸坡渗往下游，这种渗漏现象称为绕坝渗漏。绕坝渗漏可能沿着坝岸接合面（引起集中渗流），也可能沿着坝端山坡土体的内部渗往下游。绕坝渗漏将使坝端部分坝体内的浸润线抬高，岸坡背后出现涸湿、软化和集中渗漏，甚至引起滑坡产生绕坝渗漏的主要原因如下：

1. 两岸地质条件过差

造成绕坝渗漏的内因是由于坝端两岸地质条件过差，如：覆盖层单薄，且有砂砾和卵石透水层，风化岩层透水性过大；坡积层太厚且为含石块泥土；岩层破碎严重，节理裂隙发育以及有断层、岩溶、井泉等不利地质条件，而施工中未能妥善处理，均可能成为渗漏通道。

2. 坝岸接头防渗处理措施不完善

部分水库由于客观条件的限制，对两岸地质条件缺乏了解，因此，未能提出合理的防渗措施，如岸坡接头截水槽方案，有时不但没有切入不透水层，反而挖掉了透水性较小的天然覆盖，暴露出内部强透水层，加剧了绕坝渗漏。也有的甚至没有进行防渗处理，以至形成渗漏通道。

3.施工质量不符合要求

施工中由于开挖困难或工期紧迫等原因，没有根据设计要求进行施工，例如，岸坡坡度开挖过陡，截水槽回填质量较差等，造成坝岸接合质量不好，形成渗漏通道。

（二）绕坝渗漏的处理措施

处理前首先应观测渗漏现象，摸清渗漏原因，对渗漏与库水位的关系、渗漏与降雨量的关系、渗漏的部位、水文地质条件、施工接头处理和质量控制等方面均应进行了解分析，然后提出处理措施。处理措施仍可归纳为上堵下排两方面，常用的具体措施如下：

1.截水墙

当岸坡中存在强透水层引起绕坝渗漏时，可开挖深槽切断强透水层，回填黏土形成截水墙防止绕渗。

2.防渗斜墙

当坝端岸坡岩石异常破碎从而造成大面积渗漏时，如岸坡地形平缓，又有大量黏性土可供使用，则可沿岸坡做黏土防渗斜墙防止绕坝渗漏，斜墙下端应做截水槽嵌入不透水层，或以铺盖向上游延伸如水库放空困难，水下部分也可采用水中抛土或浑水放淤方法处理。

在斜墙顶部以上应沿山腰开挖排水沟，把雨水排向他处，以免冲刷斜墙。由较粗的砂砾料堆积成的岸坡，也可采用黏土防渗斜墙处理绕坝渗漏，此时在斜墙下应铺设反滤层。对于斜墙坝和均质坝，特别适宜采用黏土防渗斜墙防止绕坝渗漏。

3.黏土铺盖

在坝肩上游的岸坡上设置铺盖以延长破碎岩层中的渗径，也是防止绕渗的有效措施。尤其对于坝肩岩石节理裂隙细小，风化轻微，但山坡单薄，黏性差，透水性大者，用此法效果较好。当山坡较缓时，可贴山坡做黏土铺盖防渗；当山坡较陡时，在水位变化较少的部位，可采用砂浆抹面；在水位变化较频繁的部位，或者裂缝较大地段，可用混凝土、钢筋混凝土或浆砌石材料，结合护坡，做衬砌防渗。这种衬砌可以根据绕坝渗漏情况，只在渗漏岩层段的上游面进行，不必沿整个岸坡全做。

4.灌浆帷幕

当坝端岩石裂隙发育，绕渗严重时，也可采用灌浆帷幕处理。具体方法与坝基的灌浆帷幕处理相同。坝肩两岸的灌浆帷幕应与坝基的灌浆帷幕形成一完整的防渗帷幕。

5.堵塞回填

如绕渗主要是由于岸坡岩石中的裂缝造成，则可先将岸坡进行清理，用砂浆勾缝，再用黏土回填夯实。如岸坡内存在洞穴且与库水相通时，应按反滤原理堵塞洞身，上游面再用黏土回填夯实。如洞穴并未与库水相连通，则可用排水沟或排水管把泉水引导到坝体下游。

6.下游导渗排水

在下游岸坡绕坝渗流的出逸段，可铺设排水反滤层，保护土料不致流失，以防管涌、流土的产生。对岩石岸坡，如果下游岸坡岩石渗水较小，可沿渗水坡面以及下游坝坡与山坡接触处铺设反滤层，导出渗水；当下游岸坡岩石地下水位较高，渗水严重时，可沿岸边山坡或坡脚处，打基岩排水孔，引出渗水；当下游岸坡岩石裂隙发育密集，可在坝脚下山坡岩石中打排水平洞，切穿裂隙，集中排出渗水。

五、石灰岩地区渗漏的处理方法

我国南方，石灰岩分布较广，如湖南、广西、云南、贵州等省、区不少地方，均为石灰岩地区，岩溶发育。这些地区，通常也是较为严重的缺水区。在溶岩地区修建水库时，防渗处理措施尤其重要。

在石灰岩地区修建水库的主要问题是地下溶洞、泉水、暗河、陷阱等引起的库区和坝基渗漏的问题。总结各地区在这类地区筑坝的经验，对库区的坝基防渗的方法有：铺盖法、堵塞法、截水墙或帷幕灌浆法、导泄法、围井法和隔离法等六种方法。

（一）铺盖法

对库内均匀岩溶裂隙漏水地带，可用黏土（或混凝土）做铺盖防渗。这种溶岩地区铺盖设计，与砂砾石透水层防渗铺盖的设计略有不同。应视地质情况重点放在溶洞或渗透集中的个别地段，将漏水岩石地段铺盖起来，与其周围非岩溶地层相连接，使库底形成一个封闭的防渗层。因此，对铺盖除要求分层压实紧密，铺至一定厚度以外，并要与四周不透水层接合良好，才能发挥有效的作用。

这种方法能就地取材，工作可靠，缺点是所需土方量大。因此，当库区可能产生溶洞漏水的面积较大或原有土层很薄的水库，采用此法时，应事先周密考虑，并与其他方案比较。此外，当库区内有上升泉或反复泉之处，不能采用铺盖。因为当泉井涌水时将把铺盖顶破，而地下水位下降时，则又成为漏水途径。在库内泉井、陷阱、漏水洞等处做铺盖时，应先用大块石塞好井孔，然后填入块石、碎石和粗砂，最后再做黏土铺盖。应该注意，在岩溶地区进行维修水库时，必须保护库内天然覆盖层，不能在库内取土，以免破坏天然铺盖，造成或加重库区漏水。有些水库大面积均匀溶隙漏水，每年引含砂量大的洪水蓄水，利用洪水淤积，形成天然铺盖防渗，也有一定的效果。

（二）堵塞法

此法是经查明溶洞通道或漏水洞穴系统之后，在其中段或上口加以堵塞，切断地下水通道，起到防渗的作用。对溶洞系统较为简单或个别孤立的落水洞或坝基出水的小泉眼此法效果较好。

堵塞法有全部堵塞和局部堵塞2种。全部堵塞是将洞身全部充填，按照反滤级配原理，将溶洞填筑大块石、碎石、砂子与黏土。此法用材多，耗劳力大，防渗效果也不如混凝土堵塞，支承洞身的防塌作用力也不够强，当溶洞或暗河裂隙已穿，水很深，排水困难，不可能用混凝土堵塞时，用此法较为有利。

局部堵塞仅须将溶洞、暗河切断，阻隔地下水通路即可。这种堵塞方法要求先查明溶洞与溶洞或暗河之间相互连接的关系，查明通路的咽喉加以堵塞，方能见效。否则仅仅堵住一支，就不能起到隔水防渗作用。堵塞时可在洞内堵塞或在洞口堵塞，可用水下混凝土堵塞，也可用砂卵石填筑后再灌水泥浆胶结。当溶洞埋藏不深，地下水较浅时，可采用竖井法。浅井施工和排水都较方便，易于保证质量。

泉井堵塞是一项必须重视的坝基处理工程，因为泉井能造成水库漏水和坝基管涌。堵塞泉井时，应先清除井口范围的松动土石至基岩为止，以大块石堵塞井口，再依次填以小石、碎石和粗细砂后，用混凝土或浆砌石封堵。当泉井涌水量很大，上述方法都会造成施工困难，此时可先埋一根管子或中间留一圆井导流，四周用混凝土填塞，待混凝土凝固后再堵塞管子或圆井，加厚混凝土盖板，封住泉水。

当坝基有多股小泉眼或分散出露的无压裂隙水时，一般在坝体回填时把它堵塞在坝基下。堵塞时应先小后大，先高后低，先山边后河床，先堵坝轴线上游、后堵坝轴线下游。

水库在蓄水期间发生溶洞集中漏水时，也可借助水力冲填砂石加以堵塞。先将碎石冲入漏水溶洞，然后再冲填粗砂和细砂，最后沉下黏土，截断渗水。

（三）截水墙或帷幕灌浆法

采用开挖截水墙或帷幕灌浆法截断强透水层也是一种有效的防渗措施。当坝基岩溶发育得不好，没有大的溶洞，只有小的溶洞（小于1m）和溶蚀裂隙漏水时，宜于采用这种方法。

当相对漏水层埋藏较浅时，可用开挖法筑截水墙切断漏水通道。截水墙应挖至相对隔水层，并以采用混凝土或巧工砌体做截水墙材料最佳。

当岩溶透水层埋藏较深时，可采用帷幕灌浆法。用钻机打孔，灌注水泥浆或水泥黏土混合浆等形成防渗帷幕。这种方法对于裂隙性岩溶的充填与胶结有其独特作用，并能使用于深层溶洞和地下水很深地段。

（四）导泄法

在坝基开挖中出现泉水或漏水点而堵塞困难时，可用导泄法把泉水引出坝外。一般在泉水的出口处，砌以石块和粗细砂，做成反滤形式导泄。通常对坝轴线上游的泉水以堵塞为佳，对坝轴线下游的泉水以导泄处坝体为佳。但是，当坝轴线上游泉水流量大，水头高，堵塞困难，且泉水的下游有隔水层并与库外地下水无关联时，可在坝的内坡做导管，坝泉水导入库内。若泉水与库外地下水有关联时，导入库内反会变成库内漏水通道，则应导出坝外，并应在导管顶端做一截水墙，尽量截断库水与地下水的联系，截水墙不能离上游坝坡脚太近，并应在上游做铺盖减少漏水量。

（五）围井法

在库区回水范围内有反复泉，雨季出水，旱季落水或周期性的反复出水落水，堵塞困难，不堵塞又是漏水通道；或者在库区内有直径较大的落水洞竖井，深度、宽度较大，大小溶洞连通，要把溶洞逐个加以堵塞，工程量很大且不保险，此时可采用围井法处理。具体做法是在反复泉或落水洞口四周，筑黏土围井（如水头较高而洞口又不太大时，则可用混凝土或土方做围井）。围井高度应高出水库最高洪水位。做围井时应注意围井的基础一定要放在不透水层或完整的基岩上。

（六）隔离法

当库内个别地段落水洞竖井集中，溶洞很多，采用铺、堵、截、围的方法处理均极困难时，可采用隔离法，在落水洞集中的漏水地段做隔堤与水库隔开，以保证蓄水。

上述各种处理方法，根据具体情况，可单独使用，也可综合使用。对一般坝址区的渗漏多用铺、堵、截、导的方法。对水库区的渗漏则多采用铺、堵、围、隔的方法。

六、反滤层的应用

（一）对反滤层的要求

设置反滤层是防止土体发生管涌的有效措施。在渗流的出逸处，或渗流从细粒土流向粗粒土时，为防止渗水将土粒带走，往往在出逸面或接触面用透水料铺设一定厚度的透水层，使渗流自由通过，而不允许被保护土粒穿过透水层，这种透水层即称反滤层。在透水性较小的塑性斜墙或心墙与透水性较大的坝身土料相接处，以及排水设施与坝身和坝基相接处，应设置反滤层，以防止产生管涌，引起坝身或坝基严重渗漏或塌陷。为使渗水能自由通过而又不带走土粒，反滤层必须符合下列条件：

（1）反滤层材料的孔隙大小应不允许被保护土的土粒穿过。但是少量的特别小的颗粒例外，它们允许被带走。因为只要土壤中的骨架颗粒不被带走，就不会产生危险的变形。

（2）反滤层中粒径较小的一层土粒，不允许穿过粒径较大的一层。

（3）反滤层的透水性应远较被保护土体为大，并应保证反滤层不被淤塞。

（4）反滤层应有足够的厚度以保证其均匀性。

（5）反滤层透水料应采用坚硬的砂砾或碎石，并具有耐风化、耐溶蚀的特性。

（二）反滤层的设计

设计反滤层的任务主要是：选择宜于做反滤层的天然土料（取土场土料）和人工土料（碎石）；计算反滤层的层数和厚度；规定反滤层各层的最大偏差等。下面分别介绍非黏性土和黏性土反滤层的设计：

1.非黏性土反滤层的设计

根据渗透水流流向、反滤层的方向、土料布置特点和渗流在反滤层中的运动情况，反滤层可分为以下三种形式：

Ⅰ型反滤：水流流向反滤层的方向为自上而下，细粒料位于粗粒料之上。土坝堆石排水和褥垫式排水处的反滤层属于这种类型。

Ⅱ型反滤：水流流向反滤层的方向为自下而上，粗粒料位于细粒料之上。坝基排水及管式排水处反滤层属于这种类型。

Ⅲ型反滤：水流流向反滤层的方向为顺着两相邻的接触面，粗粒料位于细粒料之上。土石　坝的贴坡式排水处反滤层属于这种类型。

非黏性土壤Ⅰ型与Ⅱ型反滤层的设计中，对反滤料级配的选定，可采用以下方法：

（1）当非黏性土和反滤料都比较均匀时，选择反滤料的标准为：

$$\frac{D}{d} \leqslant 4 \sim 6 \tag{6-23}$$

式中：D——均匀反滤料的粒径；

d——均匀砂土的粒径。

D/d 称为层间系数。

根据几何特性，3个直径为D而且相互相切的大圆球，中间孔隙通过一直径为d的小圆球，如小圆球与3个大圆球相切，则可求得 $D/d \approx 6.5$。因此，如果大圆球孔隙不允许小圆球穿过，就必须要求 $D/d < 6.5$。

显然，实际反滤料的颗粒不是球体，式中较小的数值适合于Ⅰ型反滤，而较大数值适合于Ⅱ型。因为对于Ⅰ型反滤，渗流方向向下，反滤层置于被保护土层的下部，此时若反滤料粒径过粗，土粒就更容易进入反滤层。因此，反滤料不能过粗，层间系数次应取较小的数值。对于Ⅱ型反滤，因为此时反滤层位于被它保护的土层上部，土粒必须在渗流带动下，克服自重作用后，才可能进入反滤层，因此，反滤料可以粗一点，即层间系数可取较大的数值。

（2）在实际工作中，总是用颗粒大小不均一的土料制作反滤料，以节省费用，此时，如果被保护土料的$d_{50}>0.15$mm，不均匀系数$\eta<10$时。根据层间系数D_{50}/d_{50}及反滤料的不均匀系数DM。查得的对应点如落在曲线的右下方允许区域内，则表明细颗粒土料不会穿越粗颗粒土料。

（3）当被保护土料的不均匀系数$\eta>10$时，用选得的反滤料的粒径往往过大，被保护土料中的细颗粒会被渗流带走。此时，可将被保护土料中大于2mm的粒径从颗粒级配曲线中去掉，重新画出颗粒级配曲线，其不均匀系数一般均小于10。

2.黏性土反滤层的设计

黏粒含量大于10%的土称为黏性土。有黏性土填筑的心墙、斜墙和截水槽，与砂砾石坝体或地基砂卵石的接触面之间，均应设置反滤层。由于黏性土料具有黏性，故不会产生小颗粒被带走的管涌现象。但是，在黏性土与第一层反滤材料接触区域中，黏性土却可能发生被剥落的情况。

我国有些工程对黏性土防渗设备的反滤层采取以下做法，就是控制砂砾料坝体的砾石含量（粒径大于5mm的）不超过70%，且不许有砾石集中现象，然后在防渗体与坝体之间做砂砾垫层，要求含砾量小于30%，最大粒径不超过50mm，厚度约30cm，这种做法效果甚好。

对于未认真碾压，或者用水中倒土方法施工的黏性土，一般干容重较小，土的黏性低，反滤料应按非黏性土要求选择。

3.反滤层的厚度及层数

每层反滤料所需的厚度t_F一般按其平均粒径D_{50}而定。

当$D_{50}>25$mm时，反滤料厚度t_F按下式计算：

$$t_F \geqslant 8D_{50} \tag{6-24}$$

当$D_{50}>35$mm时，则：

$$t_F \geqslant 6D_{50} \tag{6-25}$$

实际采用的反滤层厚度常较上式计算结果为大。为使反滤料分布均匀及施工方便，反滤层的最小厚度，对于较细颗粒应不小于15cm，对较粗颗粒（砾石、碎石），应不小于20cm。

从坝体土料（平均粒径d_{50}）过渡到最粗的排水材料（平均粒径D_{50}^{m+1}），需要反滤层的层数m可按下列方法确定：

$$当\frac{D_{50}^{m+1}}{d_{s0}}=0\sim50时，\quad m=1 \tag{6-26}$$

$$当\frac{D_{30}^{m+1}}{d_{50}}=50\sim100时，\quad m=2 \tag{6-27}$$

$$当\frac{D_{50}^{m+1}}{d_{50}}=500时，\quad m=3 \tag{6-28}$$

反滤层应尽量做成单层的或双层的，至多不超过3层。

对于Ⅰ型反滤，往往需用2层或3层反滤料才能满足反滤要求。对于多层反滤的相邻两层间。

铺设反滤层时，各层厚度的偏差不应超过下列数值：当厚度为10 ~ 20cm时，偏差不大于3cm；当厚度为20 ~ 50cm时，偏差不大于5cm；当厚度超过50cm时，偏差不大于反滤层厚度的10%。

七、土石坝渗漏检测

（一）土石坝坝体渗漏检测

坝体渗漏检测主要是指坝体的渗漏压力检测，其目的是确定监测断面上渗漏压力的分布和浸润线的位置，以便对坝体的防渗效果做出判断。

1.测点布置

观测的测点应选择有代表性、能反映主要渗漏情况以及预计有可能出现异常渗流的横断面，断面宜布置在最大坝高处、合龙段、地形或地质条件复杂或突变处，一般不应少于3个。横断面间距一般为100 ~ 200m，如果坝体较长、断面情况大体相同，也可以适当增大间距。

每个横断面内测点的数量和位置，要根据坝型结构、断面大小和渗流场特征而定。布置前先初步计算在最高、最低库水位条件下浸润线的波动范围。一般要求在均质坝横断面中部、心、斜墙坝的强透水料区，每条铅直线上可只设一个监测点，高程应在预计最低浸润线以下。在渗流进、出口段，渗流各相异性明显的土层中，以及浸润线变幅较大处，应根据预计浸润线的最大变幅沿不同高程布设测点，每条铅直线上的测点不少于2个。

常见的几种情况如下：

（1）均质坝的上游坝肩、下游排水体前缘各1条，其间部位至少1条。

（2）斜墙（或面板）坝的斜墙下游彻底部、排水体前缘和其间部位各1条。

（3）宽塑性心墙坝，坝体内可设1 ~ 2条，心墙下游侧和排水体前缘各1条，窄塑性或刚性心墙坝，墙体外上下游侧各1条，排水体前缘1条，有时在墙体坝轴线上设1条。

2.观测设备

渗流压力一般均采用测压管进行监测。测压管主要由进水管段和保护设备2部分组成，由于其长期埋设在土石坝内，其埋设经常采用钻孔埋入法，在大坝填筑完成后钻孔埋入。其步骤如下：

（1）测压管的钻孔及安装

在坝高和埋深小于10m的壤土层中埋设测压管时，可采用人工取土器钻孔。深度大于10m时应采用钻机造孔。为了使孔壁和测压管之间有足够的空隙进行封孔，装单根测压管的钻孔直径应大于100m。埋深多管时，应根据孔径扩大一级，安装时自下而上逐管埋设。不论何种土质，造孔均宜采用岩芯管冲击法干钻，如果采用水钻，如果孔较深，孔下部土体会受到很大的水压力，对坝体造成损害。同时应对岩芯做编录描述，最好取样进行土工试验，以使将来对测压管的进水条件、坝体的防渗性能进行分析。

埋设前，应对钻孔深度、孔底高程、孔内水位、有无塌孔以及测压管质量、各管段长度、接头、管帽情况等进行全面检查并做好记录。下管前应先在孔底填约10cm厚的反滤料。下管过程中，必须连接严密，吊系牢固，保持管身顺直。就位后，应立即测量管底高程和管水位，并在管外回填反滤料，逐层夯实，直至本测点的设计进水段高度。

凡不需要监视渗透的孔段，应严格封闭，否则会受到其他高程渗透水的影响，或受到降雨的影响，使测压管实测水位无法分析。封孔材料，宜采用膨润土球或高崩解性黏土球。要求在钻孔中潮解后的渗透系数小于周围土体的渗透系数。土球应由5 ~ 10mm的不同粒径组成，应风干，不宜日晒、烘烤，封孔时须逐粒投入孔内，必要时可掺入10% ~ 20%的同质土料，并逐层捣实。切忌大批量倒入，以防架空。

（2）测压管的灵敏度检验及水位监测

一般采用注水法进行检验，可选择在库水位稳定期定期进行，试验前先测定管内水位，然后向管内注清水。注入后不断监测水位，直至恢复到或接近注水前的水位。黏壤土一昼夜内降至原水位为灵敏度合格，砂砾土1 ~ 2h降至原水位为合格。

测压管水位监测的方法比较简单，常采用的仪器有电测水位计和测深钟等。有些地方也采用压气U形管，示数水位器以及研制遥测测压管水位计。

（二）土石坝坝基渗水压力检测

坝基渗流压力监测的目的是监测坝基天然岩土层、人工防渗和排水设施等关键部位的渗流压力。监测断面布置主要取决于地层结构、地质构造情况，断面数一般不少于3个，可以与坝体渗流压力监测断面相重合。布置简介如下：

（1）坝基为比较均匀的砂砾石层，没有明显的成层情况，一般布置2 ~ 3个断面，每个断面3 ~ 5个测点。

（2）对于上层为相对弱透水层，下层为强透水层的双层地基，应垂直坝轴线至少布置2 ~ 3排测压管。多层地基可再各层中分别埋设测压管，每层不少于3根。

（3）当基岩有局部破碎带、断层、裂隙和溶洞等情况时，为了解其集中渗流变化及检查垂直防渗设施的防渗性能，须布置适当的测压管。通常是沿破碎带、断层、裂隙等透水方向布设至少3根测压管，其进水管应深入断层、裂隙中。为检查基岩垂直防渗的效果，可沿垂直防渗设施轴线布置3排基岩测压管，每排至少在轴线上下游各1根。

（三）土石坝绕坝渗流压力检测

绕坝渗流一般通过埋设测压管进行观测，测压管的布置以能使观测成果绘出绕流等水位线为原则。一般应根据土石坝与岸坡和混凝土建筑物连接的轮廓线，以及两岸地质情况、防渗和排水设施的形式等确定。

对于均质坝，若两岸山体本身的透水性差别不大，则测点可沿着绕渗的流线方向布置。若要绘制出两岸的等水位图，则需要设置较多的测点。对于心墙或斜墙坝，由于下游坝壳多为强透水材料，故它成为绕坝渗流的排水通道，主要的渗流出口。因此，除在坝外山体内布置一定数量的钻孔外，还应通过坝体钻孔，在岸坡内设置一定数量的测点。若有断面通过坝头，则应沿断面方向布置测点，测点就设在断面内。

（四）土石坝渗流量检测

渗流量监测是渗流监测的重要内容，它直观反映了坝体或其他防渗系统的防渗效果。正常的情况下，渗流量与水头的大小保持稳定的对应变化。如果渗流量显著增加，则有可能在坝体或坝基发生管涌或集中渗流通道；渗流量显著减少，则有可能是排水体堵塞。

土石坝渗流量设施的布置，可根据坝型和坝基地质条件、渗流水的出流和汇集条件等因素确定。对坝体、坝基、绕渗的渗流量尽可能进行分区、分段测量。同时，还必须与上、下游水位以及其他渗透观测项目配合进行，土石坝渗流量观测要与浸润线观测、坝基渗水压力观测同时进行。

观测总渗流量通常应在坝下游能汇集渗流水的地方，设置集水沟，在集水沟出口处观测。当渗流水可以分区拦截时，可在坝下游分区设置集水沟进行观测，并将分区集水沟汇集至总集水沟，同时观测其总渗流量。观测渗流量的方法，根据渗流量的大小和汇集条件，可选用不同的监测方法。

（1）容积法，适用渗流量小于1L/s的渗流监测。具体监测时，可采用容器对一定时间内的渗水总量进行计量，然后除以时间就能得到单位时间的渗流量。如渗流量较大时，也可采用过磅称重的方法，对渗流量进行计量，同样可求出单位时间的渗流量。

（2）流量大于300L/s时，可将渗流水引入排水沟，只要测量排水沟内的平均流速就能得到渗流量。

（3）对于流量在1 ~ 300L/s时，一般采用量水堰法。量水堰又可根据渗流量的大小，分别采用直角工角形堰、梯形堰、矩形堰3种。

第五节　土石坝滑坡检测

土石坝坝坡的一部分土体，由于各种原因失去平衡，发生显著的相对位移，脱离原来的位置向下滑移，这种现象叫作滑坡。土石坝滑坡是土坝常见病害之一。对土石坝滑坡，如不及时采取适当的处理措施，将造成垮坝事故，并对大坝安全造成严重的威胁。因此，必须严格注意。

一、滑坡的种类

土石坝滑坡可按其滑动性质分为以下三种类型：

（一）剪切破坏型

当坝体与坝基土层是高塑性以外的黏性土，或粉砂以外的非黏性土时，土石坝滑坡多属剪切破坏。破坏的原因是由于滑动体的滑动力超过了滑动面上的抗滑力所致，这种滑坡称为剪切破坏型滑坡。

这类滑坡的特点，首先是在坝顶出现一条平行于坝轴线的纵向裂缝，然后，随着裂缝的不断延长和加宽，两端逐渐向下弯曲延伸，形成曲线形。滑坡体开始滑动时，主裂缝向两侧便上下错开，错距逐渐加大。与此同时，滑坡体下部逐渐出现带状或椭圆形隆起，末端向坝趾方向滑动。滑坡在初期发展较缓，到后期有时会突然加快。滑坡体移动的距离可由数米到数十米不等，直到滑动力和抗滑力经过调整达到新的平衡以后，滑动才告终止。

（二）塑流破坏型

如坝体或坝基土层为高塑性的黏性土，这种土的特点是当承受固定的剪应力时，由于塑性流动（蠕动）的作用，土体将不断产生剪切变形。即使剪应力低于土的抗剪强度，也会出现这一现象。当坝坡产生显著塑性流动现象时，称为塑流破坏型滑坡，或称塑性流动。土体的蠕动一般进行得十分缓慢，发展过程较长，较易觉察，并能及时防护或补救。但是，当高塑性土的含水量高于塑限而接近流限时，或土体几乎达到饱和状态又不能很快排水固结时，塑性流动便会出现较快的速度，危害性也较大。水中填土坝在施工期由于自由水不能很快排泄，坝坡也会出现连续的位移和变形，以致发展成滑坡，这种情况就多属于塑性流动的性质。

塑流破坏型滑坡通常表现为坡面的水平位移和垂直位移连续增长，滑坡体的下部也有隆起现象，但是，滑坡前在滑坡体顶端则不一定首先出现明显的纵向裂缝。若坝体中间有含水量较大的近乎水平的软弱夹层，而坝体沿该层发生塑流破坏时，则滑坡体顶端在滑动前也会出现纵向裂缝。

（三）液化破坏型

如坝体或坝基土层是均匀中细砂或粉砂，当水库蓄水之后，坝体在饱和状态下突然经受强烈的振动时（例如，强烈地震、大爆破、机器与车辆的振动，或地基土层剪切破坏等），砂的体积有急剧收缩的趋势，坝体中的水分无法析出，使砂粒处于悬浮状态，从而向坝趾方向急速流泻，这种滑坡称为液化破坏型滑坡，或称振动液化。特别是级配均匀的中细砂或粉砂，有效粒径与不均匀系数都很小，填筑时又没有充分压实，处于密度较低的疏松状态，这种砂土产生液化破坏的可能性最大。

液化破坏型滑坡往往发生的时间很短促。大体积坝体顷刻之间便液化流散，所以，难以观测、预报或进行紧急抢护。

上述三种类型的滑坡以剪切破坏最常见。所以，这里主要分析这种类型滑坡的产生原因和处理措施。塑流破坏型滑坡的处理方法与剪切破坏型滑坡基本相同。至于液化破坏的问题则应在建坝前加以周密的研究，并在设计与施工中采取防范措施。

二、坝坡稳定的分析

工程实践证明，土坝坝坡滑动面的形状与坝体土料性质有关：用黏性土壤填筑的均质土坝、多种土质坝或厚心墙土坝，其滑动面都近似圆弧面，在横断面上呈圆弧形，通称滑动圆弧。

滑动土体在其自重作用下，将绕滑动圆心O产生一滑动力矩，使滑动土体产生下滑趋势。但是，沿滑动面上土粒间的摩擦力和黏结力，又将绕滑动圆心O产生一阻滑力矩，阻止滑动土体下滑。阻滑力矩与滑动力矩之比即为土坝坝坡的稳定安全系数K_c。

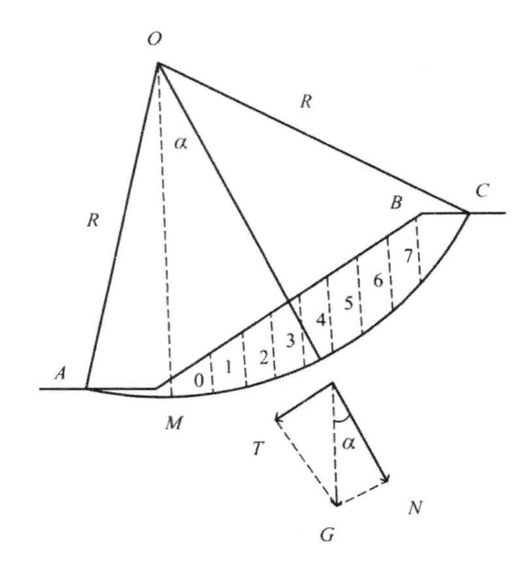

图6–6　土坝边坡所受的作用力

为了便于计算，将圆弧与坝坡间的土体划分为若干土条，当坝体断面无渗透水流影响时，作用于每一土条上的力有：土条重量G，滑动面上土粒间的摩擦力和黏结力。向下滑动的力等于各土条自重G沿滑动圆弧面的切向分力T的总和，由图6-6可知：

$$\sum T=\sum G\sin\alpha \tag{6-29}$$

阻止土体滑动的土粒间的摩擦力为$\sum N\tan\varphi$，而阻止土体滑动的AC面上的土粒黏结力cL，由图6-6可知：

$$\sum N\tan\varphi=\sum G\cos\alpha\tan\varphi \tag{6-30}$$

故大坝坝坡的稳定安全系数K_c为：

$$K_c=\frac{\text{阻滑力矩}}{\text{滑动力矩}}=\frac{\sum N\tan\varphi R+cLR}{\sum TR}=\frac{\sum GR\cos\alpha\tan\varphi+cLR}{\sum GR\sin\alpha} \tag{6-31}$$

式中：G——土条自重；

α——各土条圆弧边的弦与水平线的夹角；

N——土条重量的法向分力；

φ——土壤内摩擦角；

c——土壤黏结力；

L——滑弧AC的长度；

R——滑动圆弧半径。

显然，当安全系数K_c等于1时，说明坝坡处于极限平衡状态；当K_c大于1时，坝坡是稳定的；当K_c小于1时，则坝坡将产生滑动，一般根据坝的重要性不同，要求$K_c \geqslant 1.1$。

非黏性土坝坡的滑动面为一平面，如果坝坡的一部分浸于水中，则滑动面为折线面，折点就在水面与滑动面的交点处。当坝基内存在软弱夹层时，滑动面往往通过这一软弱层，形成一个由两段圆弧和中间一段直线构成的复式滑动面。

三、造成滑坡的原因

（一）勘测设计方面的原因

（1）坝基有含水量较高的成层淤泥，筑坝前未做适当处理；或清基不彻底，坝基下存在软弱夹层、树根、乱石；或坝脚有水塘、深潭等，因坝基抗剪强度极差而造成滑坡。

（2）设计中坝坡稳定分析时选择的计算指标偏高，以致设计坝坡陡于土体的稳定边坡。

（二）施工方面的原因

（1）筑坝土料黏粒含量较多含水量大，加之坝体填筑上升速度太快，上部填土荷重不断增加，而土料渗透系数小，孔隙压力不易消散，降低了土壤颗粒间的有效压力而造成滑坡。这种滑坡多发生于土坝施工的后期。

如果坝身土料在固结过程中，土壤孔隙间的水和空气不能很快地排出，孔隙间的水和空气就得承受很大一部分压力，这种压力称为孔隙压力。随着孔隙中水和空气的排出，孔隙压力逐渐减少，荷重才逐渐转到土壤颗粒上。因此，土坝刚建成时，也是坝坡具有不稳定因素的情况之一。以后随着孔隙压力的逐渐减少，坝坡的稳定条件才将获得改善。

（2）施工质量不好，上坝土料含水量过高，碾压不密实，土料未达到设计干容重，坝体抗剪强度降低，蓄水后即可能产生滑坡。

（3）雨后、雪后坝面处理不好，土料含水量过高，形成塑流区。当坝体填土荷重不断增大时，坝体顺塑流区向下滑动，产生塑流型滑坡。这种滑坡在剖面上裂缝倾角很小，缝宽上下趋于一致，虽有错距，但无显著擦痕。

（4）冬季施工时没有采取适当的保温措施，没有及时清理冰雪，以致填方中产生冻土层。解冻后或蓄水后库水入渗形成软弱夹层没有清理的冻土层在用水中填土方法施工的上坝中便成为隔水层，上部填土的水分陆续下渗，不易排水固结，从而使冻土层上面形成了集中的软弱带，这样也常易引起滑坡。

（三）运用管理方面的因素

（1）放水时库水位降落速度太快，或因放水闸门开关失灵等原因，引起库水位骤降而无法控制，此时，往往在迎水坡引起滑坡。

当均质土坝或厚斜墙土坝在长期蓄水，浸润线已形成后，库水骤降更为危险。因为此时在浸润线至库水位之间的土体由浮容重增加为饱和容重，增大了滑动力矩；同时，上游坝体的孔隙水向迎水坡排泄，造成很大的渗透压力，也增加了滑动力矩，极易造成上游滑坡。

（2）由于坝面排水不畅，坝体填筑质量较差，在长期持续降雨时，下游坝坡土料饱和，大大增加了滑动力矩，减少了阻滑力矩，从而引起滑坡。这类滑坡主要发生在用中等透水性的砂或砂砾料（如中、粗砂、含泥的砂砾石等）填筑的坝壳，对于透水性很大或很小的填土，雨水都不易使土体饱和，因此，很少发生这种滑坡。

此外，强烈地震、坝体防渗设备和排水设备失效以及绕坝渗漏也常易造成坝坡滑坡事故。实际上滑坡往往是多种原因综合产生的，所以，当发现滑坡象征后（如滑坡裂缝或坝体变形观测中坝坡顶部标点沉陷而下部标点上升等），都应认真调查研究，分析滑坡原因，并根据不同的情况，采用有效的方法及时处理，避免滑坡情况发展恶化，甚至发生重大的滑坡事故。

四、滑坡的检测

（一）滑坡巡视检查及其他监测项目

在水库运用的关键时刻，如初蓄、汛期高水位、特大暴雨、库水位骤降、连续放水、有感地震或坝区附近大爆破时，应巡视检查坝体是否发生滑坡：在北方地区，春季解冻后，坝体冻土因体积膨胀，干容重减小。溶化后土体软化，抗剪强度降低，坝坡的稳定性变差，也可能发生滑坡坝体滑坡之前往往在坝体上部先出现裂缝，因此，应加强对坝体裂缝的巡视检查。

我国大数的滑坡是由于降雨引起的。因此，除了日常的巡视检查之外，也应监测降雨强度、累计降雨量等影响降雨的重要因素，这些监测能够有效预测滑坡的发生，其监测项目主要包括表面、内部变形、地下水位、水质等项目。同时还应结合建筑物的具体结构情况，布置监测项目，如应力应变、渗流量等。

（二）测点布置

一般来说，滑坡体空间分布广，施工难度大，测点布置应以全面掌握、突出重点为原则，综合考虑各个因素后进行监测布置，并将表面和内部布置结合起来，这样才能代表整个或大部分滑坡体。空间位移状态的特征点表面设置一般纵横结合布置，在滑动面上按照预计滑动方向布置重点监测断面，以了解滑坡体的整体情况；垂直布置上应该深入相对稳定处，在同一孔内不同高程布置测斜仪，监测布置时应对表面和内部变形、地下水位水温、降雨等各个监测项目综合设置，同时还应根据滑坡体形态和变形特征、动力因素及监测预报等具体要素确定。

测点布置时，一般布置在最大坝高处、合龙段、地形突变处、地质条件差的部位，形成监测横断面，还要考虑沿坝轴线方向的纵断面监测布置，此外，针对特定坝体结构还须设置一些专门的监测仪器。

（三）监测技术和方法

1.表面和内部监测

主要利用GPS进行滑坡的表面变形监测GPS具有全天候、测站间无须通试、可同时测定三维位移等优点，这是常规监测手段无法实现的。GPS卫星信号质量决定了工程所在地能否使用GPS。GPS监测点分二级布设，即基准网点和滑坡体监测网点。基准网点一般选在距崩滑体50 ~ 1000m的稳定岩体，每个滑坡体应有2个基准点，且最好位于其两侧，每一滑坡体监测点数一般为3 ~ 8个，且能构成1 ~ 2条监测剖面。GPS的观测精度为厘米级，其精度与测量设备、天气情况、单次测量持续时间、配套软件等有关。

此外，还可利用钻孔测斜仪监测。滑坡体的测斜仪安装可以利用地质钻孔，在地质钻孔完成后即进行测斜仪保护管的安装，否则，在滑坡体内部变形或塌孔后就无法将测斜保护管埋入孔中，只能重新钻孔。

2.地下水位监测

滑坡体的失稳，在很大程度上是因为地下水位的抬高造成土体含水率升高而诱发的。因此，可通过长期测量地下水位，掌握其变化规律，间接了解滑坡体内部情况。一些滑坡体的治理就是通过排水沟、排水平洞降低地下水位，防止滑坡事故发生。测量地下水位，可以利用现有的地质钻孔埋设渗压计实现。

3.综合的实时监测

综合上述各类方法，并采用模型技术和GIS技术进行数据分析处理，及时进行滑坡的监测和预测。随着计算机技术及空间及遥感技术GPS，GIS、RS的发展，这种方法将越来越多地运用在各种大中小型土石坝滑坡的监测工作当中，同时取得非常好的成效。

五、滑坡的处理方法

（一）堆石（或抛石）固脚

在滑坡坡脚增设堆石体加固坡脚，是防止滑动的有效方法。当水库有条件放空时，最好在放水后采取堆石的办法，而在坝脚处堆成石度，效果更好。堆石部分的具体尺寸，应根据稳定计算确定。当水库不能放空时，可在库岸上用经纬仪定位，用船向水中抛石固脚一堆石固脚的石料应具有足够的强度，并具有耐水、耐风化的特性，石料的抗压强度一般不宜低于4kN/cm^3。

上游坝坡滑坡时，原护坡的石块常大量散堆在滑坡体上，可结合清理工作，把这部分石料作为堆石固脚的一部分。

当滑坡是由于坝基有软弱层或淤泥层引起时，可在坝脚将淤泥部分清除，做水平或垂直排水，降低淤泥层含水量，加速淤泥层固结，增加其抗剪强度，然后在坝脚用石料做平衡台，以保持坝体稳定。

（二）放缓坝坡

当滑坡是由于边坡过陡所造成时，放缓坝坡方为彻底处理的措施。

放缓坝坡后，如果要求维持坝顶原有宽度，则应适当加厚下游坝体断面。因放缓坝坡而加大坝体断面时，应先将原坡面挖成阶梯，回填时再削成斜面，用与原坝体相同的土料分层夯实。

（三）裂缝处理

对土坝伴随滑坡而产生的滑坡裂缝必须进行认真处理。因为土体产生滑动以后，土体结构业已破坏，抗剪强度减小，加以各裂缝易为雨水或渗透水流浸入使土体软化，将使与滑动体接触面处的抗剪强度迅速减小而降低稳定性。

处理滑坡裂缝时，应将裂缝挖开，特别要将其中的稀泥挖除，再以与原坝体相同土料回填，并分层夯实，达到原设计要求的干容重。对滑坡裂缝一般不宜采用灌浆法处理。但是，当裂缝的宽度和深度较大，全部开挖回填比较困难，工程量太大时，可采用开挖回填与灌浆相结合的方法，即在坝体表层沿裂缝开挖深槽，回填黏土形成阻浆盖，然后以黏土浆或水泥黏土混合浆灌入。此时必须注意，在灌浆前应先做好堆石固脚或压坡工作，并经核算坝坡确属稳定后才能灌浆。灌浆过程中，应严格控制灌浆压力，并有专人经常检查滑坡体及其邻近部位有无漏浆、冒浆、开裂或隆起等现象；在处理的滑坡段内要经常进行变形观测。当发现不利情况时应及时研究处理，必要时要停灌观测，切不可因灌浆而使裂缝宽度加大，破坏坝体稳度，加速坝坡滑动。

在滑坡处理时，下列三种做法是错误的：

（1）沿滑坡体表面均匀抛石，这样抛石的结果，在坝腰部位效果很小，在坝顶部位反而有不利影响，将加速滑坡滑动。所以只能堆石（或抛石）固脚，而不应沿滑坡体表面均匀抛石。

（2）对滑坡裂缝未进行稳定分析和加固措施即采用灌浆处理方法。这种做法是不安全的。滑坡裂缝最好采用开挖回填处理，如必须采用灌浆法处理时，应在加固以后并经核算坝坡确属安全时方能进行。

（3）在滑坡体上打桩阻止滑动也是错误的。因为打桩不但不能抵抗巨大推力，反而会将土体震松，加速滑坡滑动。如果桩本身就落在松动滑坡土体之内，则桩随滑动土体向下移动，丝毫也起不了作用。

第七章　水闸安全鉴定与检测技术

第一节　水闸工程基本情况

一、水闸工程基本概念

（一）水闸工程的功能和分类

水闸具有调节水位和控制水头流量的双重功能，有堵水和排水的功能。广泛应用于防洪、治涝、灌溉、供水、航运、发电等领域。根据水闸的作用，可分为进水闸、节制闸、排水闸、挡潮闸、分洪闸、船闸和冲刷闸；按闸室结构型式分为开敞式、胸墙式、涵洞式和双层式闸门。

（二）水闸工程的组成

水闸工程由闸室、防渗排水、消能防冲、两岸连接、管理和保护设施组成。

闸门是水闸的主体，闸门由底板、闸墩、工作桥、启闭机房、大修桥、交通桥等组成。可根据开口、胸墙、涵洞等布置，也可双层布置。闸顶高程、闸孔净宽、底板高程和形状、闸墩及分缝、胸墙、闸门及门槽、启闭机等由设计单位确定。闸门按材质分类主要有钢、混凝土和正在淘汰的钢丝网水泥薄壳闸门，按形状分类主要有平板、弧形闸门。启闭机主要有卷扬（固定或移动）、液压、螺杆启闭机。电气设备主要包括变压器、线路及供配电系统、操作控制和自动化监控系统、照明及防雷系统等。

防渗排水工程包括铺盖、垂直防渗体（板桩、防渗墙、帷幕、铺膜等）、排水井（沟）等。

消能防冲工程包括陡坡（溢流面、挑流段）、消力池、消力槛、围裙、海堤、防冲槽和护坡。两岸连接工程包括岸壁、上游和下游翼墙、上游和下游护坡和堤防等。

水闸工程管护设施包括水闸工程的管理范围和保护范围、工程观测项目及设施、交通设施、通信设施、生产生活设施等。管理范围是管理单位直接管理和使用的范围，包括各种建筑物的覆盖（上游导流通道、洞室、下游消能防冲工程和两岸相连的建筑物）。加固维修及美化环境所需范围、管理及运行所必需的其他设施占地（包括办公、生产、生活及福利区多种经营等设施占地）。保护范围是管理范围以外，禁止危险工程安全活动的范围。一般观测项目和设施包括水位、流量、沉降、抬升压力、水流流态、冲刷和淤积。特殊观测项目和设施，包括水平位移、持续时间和水维度，裂缝、结构应力、地基反力墙后土压力、混凝土碳化和冰凌等项目及设施。

（三）水闸等级划分及洪水标准

首先，等级划分。平原区水闸枢纽根据《水闸设计规范》，确定项目的等级和规模，平原区水闸枢纽工程的等级和规模见表7-1。山丘区水利水电枢纽工程中水闸的级别，可根据所属枢纽工程的等级及水闸自身的重要性按表7-2确定。山丘区水利水电枢纽工程等级按《水利水电工程等级划分和洪水标准》的规定确定。灌排渠系上建筑物的级别，按《灌溉与排水工程设计规范》的规定确定，见表7-3。位于防洪（挡潮）堤上水闸的级别，不得低于防洪（挡潮）堤的级别。

表7-1　平原区水闸枢纽工程的等级和规模

项目	工程等别				
	Ⅰ	Ⅱ	Ⅲ	Ⅳ	Ⅴ
工程规模	大（Ⅰ）型	大（Ⅱ）型	中型	小（Ⅰ）型	小（Ⅱ）型
最大过流量（m^3/s）	≥ 5000	1500 ~ 1000	1000 ~ 100	100 ~ 20	＜ 20
保护对象的重要性	特别重要	重要	中等	一般	—

注：按最大过流量和保护对象重要性确定水闸等级时，应综合分析确定。

表7-2　山区水闸枢纽建筑物级别

工程等别	永久建筑物级别		临时性建筑物级别
	主要建筑物	次要建筑物	
Ⅰ	1	3	4
Ⅱ	2	3	4
Ⅲ	3	4	5
Ⅳ	4	5	5
Ⅴ	5	5	—

表7-3　灌排建筑物分级指标

工程级别	1	2	3	4	5
过水流量（m^3/s）	＞300	300～100	100～20	20～5	＜5

其次，洪水标准。水闸工程的洪水标准以水闸建筑物的级别来确定。水闸工程的设计和校核洪水位、闸顶超高及抗滑稳定安全系数由洪水标准（即设计和校核洪水重现期）确定。

平原区水闸的洪水标准按表7-4及发展要求确定。挡潮闸的设计潮水标准见表7-5。山丘区水利水电枢水闸的洪水标准与枢纽中永久建筑物一致，按《水利水电工程等级划分和洪水标准》确定。灌排渠系上水闸的洪水标准见表7-6。防洪（挡潮）堤上水闸的洪水标准，不得低于防洪（挡潮）堤的洪水标准。

平原区水闸消能防冲设施的洪水标准与水闸一致。山丘区水利水电枢纽水闸消能防冲设施的设计洪水标准见表7-7。

表7-4　平原区水闸的洪水标准

水闸级别		1	2	3	4	5
洪水重现期（a）	设计	60～100	30～50	20～30	10～20	10
	校核	200～300	100～200	50～100	30～50	20～30

表7-5　挡潮闸设计潮水标准

挡潮闸级别	1	2	3	4	5
设计潮水位重现期（a）	—	50～100	20～50	10～20	10

表7-6　灌排渠系上水闸的洪水标准

灌排渠系上水闸的级别	1	2	3	4	5
设计洪水重现期（a）	50～100	30～50	20～30	10～20	10

表7-7　山丘区水利水电枢纽水闸消能防冲设施的设计洪水标准

水闸级别	1	2	3	4	5
设计洪水重现期（a）	100	50	30	20	10

二、水闸工程的特征

（一）水闸数量多

中华人民共和国成立前，我国水闸的数量和规模非常小，大部分用于灌溉和引水。中华人民共和国成立后，党和政府高度重视水利建设，特别是在20世纪50—70年代。在水利修复的高潮中，全国各地修建了大量水闸，成为水利基础设施的重要组成部分。

（二）工程结构型式复杂多样

由于挡水或泄水条件、运行要求以及地形、地质情况的不同，我国水闸的结构类型复杂多样，一般可分为开敞式、胸墙式、涵洞式和双层式。开敞式水闸闸室是敞开式结构，当闸门完全打开时，过闸水流通畅。过水面积和泄流量随水位增高而增加，漂浮物可随水流下泄，适用于泄洪、分洪和通航需要。胸墙式闸门水流通过固定孔排出，闸孔高度低，保水高度高。这种结构广泛应用于长江及沿海地区。涵洞式水闸分为压力型和非承压型。主要修建在引水流量不大、堤身较高的渠道上。双层式水闸闸室分为上、下2个闸门，开启上层闸门时可利用面层泄流，泄放洪水和漂浮物，开启下层闸门时可利用底层泄流冲走闸前淤积的泥沙。这种结构型式多数适用于拦河节制闸或进水闸、分水闸。如位于江苏省淮安市南郊的淮安水利枢纽工程，就是公路立交旱闸。

（三）在国民经济发展中的作用重大

水闸工程属于水利基础设施，是江河湖泊防洪除涝体系的重要组成部分。多年来，在各级主管部门和水闸管理单位的共同努力下，水闸工程在防洪、灌溉、排涝、供水、发电、通航等方面发挥了显著的经济效益和社会效益，今后在国民经济发展中的作用也将越来越重要。

（四）水闸工程安全隐患突出

水闸工程的安全性和服务功能在长期运行中逐渐弱化是不可逆转的客观规律。同时，许多水闸建立较早，施工标准低，老化和故障严重，因此存在着广泛的安全隐患，形成了大量的危险水闸。

第二节　安全鉴定单位及其职责

水闸安全鉴定工作由鉴定组织单位、鉴定承担单位和鉴定审定部门共同完成。水闸安全鉴定过程中，安全鉴定单位应协同配合，各尽其责，按照《水闸安全鉴定管理办法》的相关规定分工完成委托鉴定、安全评价、成果审定等各项工作内容。

一、鉴定组织单位及其职责

在水闸安全鉴定工作中，鉴定组织单位一般为水闸工程管理单位或其上级主管部门，负责组织所管辖水闸的安全鉴定工作。水闸鉴定组织单位的主要职责包括以下几个方面：

1. 制订水闸安全鉴定工作计划；

2. 委托相应资质的鉴定承担单位进行水闸安全评估工作；

3. 进行工程现状调查；

4. 向鉴定承担单位提供必要的基础资料；

5. 筹措水闸安全鉴定经费；

6. 其他相关职责。

经安全鉴定，水闸安全类别发生改变的，水闸管理单位应按《水闸注册登记管理办法》的规定，及时向水闸注册登记机构申请变更注册登记。

二、鉴定承担单位及其职责

鉴定承担单位为从事相关工作、具有相应资质的科研院所、设计单位和大专院校。鉴定承担单位受鉴定组织单位委托，依据《水闸安全定管理办法》及其他相关技术标准，对水闸安全状况进行评价，提出《水闸安全评价总报告》。

鉴定承担单位的主要责任包括以下几个方面：

1. 在鉴定组织单位现状调查的基础上，提出现场安全检测和工程复核计算项目，编写《工程现状调查分析报告》。

2. 按有关规程进行现场安全检测，评价检测部位和结构的安全状态，编写《现场安全检测报告》。

3. 按有关规范进行工程复核计算，编写《工程复核计算分析报告》。

4. 在分析总结《工程现状调查分析报告》《现场安全检测报告》和《工程复核计算分析报告》的基础上，对水闸安全状况进行总体评价，提出工程存在的主要问题、水闸安全类别鉴定结果和处理措施建议等，编写《水闸安全评价总报告》。

5. 按照鉴定审定部门的审查意见，补充相关工作，修改水闸安全评价报告。

6. 其他相关职责。

根据水闸工程规模和重要性，《水闸安全鉴定管理办法》对鉴定承担单位资质进行了相应规定。具有水利水电勘测设计甲级资质的单位可承担大型水闸的安全评价。水利水电科研院所也可承担大、中型水闸的安全评价。另外，在安全评价工作中承担现场安全检测的机构资质，应符合国家有关部门或机构的相关规定。

三、鉴定审定部门及其职责

水闸安全鉴定审定部门是组织专家审查安全评价成果、审定安全鉴定报告书的机构，一般由县级及以上地方人民政府水利行政主管部门、流域管理机构或其委托的有关单位承租，按照《水闸安全鉴定管理办法》分级管理原则，结合水闸工程规模和重要性，对鉴定审定的管理权限进行了相应规定。其中，省级地方人民政府水利行政主管部门审定大型及其直属水闸的安全鉴定意见，市（地）级及以上地方人民政府水利行政主管部门审定中型水闸的安全鉴定意见，流域管理机构审定其直属水闸的安全鉴定意见。

水闸安全鉴定审定部门的主要职责包括以下几个方面：成立水闸安全鉴定专家组；组织召开水闸安全鉴定审查会；组织专家组审查水闸安全评价报告、提出水闸安全鉴定报告书；审定水闸安全鉴定报告书并及时印发；其他相关职责。

为遵循客观、公正、科学的原则审查水闸安全评价报告，水闸安全鉴定专家组应由水闸主管部门的代表、水闸管理单位的技术负责人和从事水利水电专业技术工作的专家组成，在专业分类，技术职称、属地化、参建单位等方面，应符合下列要求：

1. 鉴定专家组应按需要由水工地质、金属结构、机电、管理等相关专业的专家组成。

2. 大型水闸安全鉴定专家组由不少于9名专家组成，其中，具有高级技术职称的人数不得少于6名；中型水闸安全鉴定专家组由7名及以上专家组成，其中，具有高级技术职称的人数不得少于3名。

3. 水闸主管部门所在行政区域以外的专家人数不得少于专家组成员的三分之一。

4. 水闸原设计、施工、监理、设备制造等单位的在职人员，以及从事过工程设计、施工、监理、设备制造的人员总数不得超过水闸安全鉴定专家组成人员的三分之一。

对鉴定为三类、四类的水闸，水闸主管部门及管理单位应采取除险加固、降低标准运用或报废等处理措施，在此之前必须制定保闸安全应急措施，并限制运用，以确保工程安全。

第三节　水闸安全鉴定的基本程序

很多水利工程，由于建设年代久远，施工质量较差，许多结构杆件强度不足，水泥用量不足，机电产品质量差，混凝土碳化，老化失修严重使得水利工程形成了大量的病险水闸，导致很多水利工程难以正常投入使用，威胁着下游人民的生命财产安全。为此就需要定期对水闸安全进行全面鉴定，以制定加固措施，确保整个水利工程安全可靠。根据水利部发布的《水闸安全鉴定管理办法》和《水闸安全鉴定规定》规范，我水利工程的水闸投入使用每间隔10年，就需要进行一次全面的安全鉴定。某些水利工程如果达到折旧年限之后，应该缩短鉴定周期，适时进行鉴定。为此，在鉴定工作开展之前，需要制订完善的鉴定方案，明确相应的鉴定流程，并注意水闸安全鉴定过程中需要防范的问题。

一、水闸安全鉴定的程序

（一）工程现状调查分析

在对水闸安全鉴定之前，需要对整个水利工程的运行情况进行全面调查分析，收集和整理水闸在设计阶段、施工阶段、运行利用阶段的各个技术资料和相关数据资料。在对资料进行全面整理分类的基础上，对水闸进行全面的检查。水闸安全鉴定应该重点突出水闸运行的薄弱环节、隐藏环节和平时不容易检查的部位。主要内容主要包括以下三个方面：一是水闸底部工程检查。检查水闸的底板和防渗铺盖是否存在断裂损坏的地方，滤水器是否存在堵塞。然后对消力池内的杂质进行全面检查，检查其中是否存在砂石堆积或者磨损的现象。进一步对海漫防冲槽和河床是否存在磨损冲刷进行检查。二是闸门和启闭机部位检查。重点检查水闸平面闸门一端的柱子是否存在严重腐蚀损坏，相关支撑装置的主管轮是否能够正常运转，轨道是否存在磨损现象，是否存在脱落。然后对弧形闸门的支撑臂和支铰连接处进行检查，查看各个部件的缝隙是否正常，部件之间是否存在锈蚀磨损。然后对经常处于水下的启闭机钢丝绳套和闸门吊耳的连接情况进行检查，查看连接是否紧固，是否磨损，是否锈蚀，是否有断裂的情况。三是编写水闸安全调查报告。对检查过程中发现的，可能会影响到整个水利工程安全运行的问题，进行初步诊断分析，找出水闸安全故障的原因，分析故障的危害程度，提出相应的鉴定建议。并且在报告中还应该进一步说明尚不能够了解掌握的工程缺陷，以及不能够仔细计算的问题，提出需要进行重复检测和重复计算的建议。

（二）水闸现场安全检测

为了满足水闸安全鉴定的工作要求，在进行现场审查鉴定过程中，应该结合水闸安全鉴定的相关项目，对工程存在的一些问题进行分析。主要包括了对水闸所在地区填土料的基本工程性质进行分析，检查防渗系统、导渗系统、消能防冲设施的有效性和完整性。对整个水闸混凝土结构的强度、变形和耐久性进行检查。闸门的开启和关闭是否安全，电气设备运行是否安全，观测设备是否能够正常运行，并开展其他专项检测。通过对水闸进行现场安全检测，能够较好地反映整个水利工程的实际运行状态。如果水利工程、水闸规模较大，在进行全面普查的基础上，要选取能够有效反映整个水闸实际安全状态的闸孔进行抽样检测，查明具体的运行情况，明确具体检测内容，确保各项检测行为符合相应技术标准。

（三）复核计算

复核计算主要是依据最新的调查结果，观测资料和安全检测成果，结合现行的规范和相关技术标准，对整个水闸运行的安全性、稳定性、消能防冲以及上下游引河的过水能力和各个部件的强度进行复核计算。现场安全检测和工程复核计算工作，应该委派专业的检测单位进行。

（四）安全评价

安全评价组委会结合水闸工程的调查现状分析报告和现场安全检测，以及最终的复核结果，进行全面的审查。检查数据来源是否准确，是否可靠，核算方法是否符合相关技术标准，最后论证检测报告和复核计算报告中的各项分析结论是否准确合理，并在此基础上召开专家组会议，对水闸的安全性进行全面分析。按照水闸运行的安全性，将水闸划分为四种标准：一类水闸能够达到既定的设计要求，运行过程中不存在缺陷，通过日常养护维修，即可保证正常运行；二类水闸能够基本达到设计要求，水闸存在一定的损坏情况，但经过大修之后，可以达到正常运行要求；三类水闸应用指标达不到相应的设计标准，水闸存在比较严重的损坏情况，需要进行除险加固处理才能够达到相应的使用要求；四类水闸不能够达到既定的设计要求，工程存在严重的安全问题，即便是做大修处理，也不能达到原有的设计要求，需要降低标准或者报废重新建设。

二、水闸安全鉴定过程中应该注意的问题

鉴定单位在进行现场水闸安全鉴定过程中，鉴定单位除了应该符合水利部门的相关规定之外，还应该具备省级以上计量认证主管部门的资质认证证书。在进入现场进行鉴定检测前，应该对相关技术材料进行全面收集整理，对水闸的安全运行现状进行全面调查，依据现行的规范，制订合理的现场安全检测方案，依据最终制订的方案，开展现场安全检测。在进入进行现场安全检测时，如果现有的观测材料能够满足安全鉴定分析要求，则不需要再次进行检测，以免严重浪费人力和资金。在对水闸进行安全检测时，避免对水闸造成二次损伤，最好采用无破损的检测方法。如果必须进行破损检测时，应该减少检测点，选取具有代表性的检测部位，检测结束之后，应该及时将损坏部位修复。修复后的部件应该满足原部件的承载能力。在进行工程复核计算过程中，应该以国家最新的规划数据检查观测资料和安全测定成果为主要依据，加强对水闸运行缺陷性多个方面的论证分析。并给出这些缺陷对水闸安全影响程度的判断。

总之，通过对水闸进行安全鉴定，可以全面直观地掌握水闸的现有运行状态，有利于保障下游群众的生命财产安全，更有利于地方防洪调度，方便水利管理部门按照水利工程破损的轻重缓急，制订合理的维护计划。

第四节　工程复核计算

工程复核计算是根据水闸的基本技术资料，按照有关规程和规范对水闸进行安全分析。目的是分析水闸的安全隐患，揭示成因和机理，并给出相应的结论，为水闸安全专家组的安全评价打下良好的基础，是安全论证过程中的一个重要环节和步骤。水闸的整治，是揭示问题的成因和机理的重要因素。

《水闸安全鉴定管理办法》对水闸工程复核计算的主要内容、需要开展复核计算的情况、钢筋锈蚀后混凝土结构的复核计算方法和材料锈蚀后钢闸门的复核计算方法等，进行了原则规定。下面主要依据上述规定，结合工程实践经验，从工程复核计算的基本资料、计算方法、成果判定分析等方面，简要介绍水闸安全鉴定中工程复核计算的常用计算方法和步骤，以供水闸安全鉴定工作参考。

一、一般规定

（一）基本资料

1.设计资料

设计资料主要包括以下几种：

（1）规划信息。主要包括闸门的最新规划数据、设计改造中的水利规划任务和要求、规划条件、规划设计图等。规划资料是水闸复核计算的主要依据之一。

（2）水文气象资料。主要包括水文分析、水利计算、当地气象资料三个方面的内容。

（3）工程地质与水文地质资料。主要包括工程地质勘察报告，如地质剖面图、柱状图、地基土的物理力学指标、水文地质各项指标、工程地点地震烈度等。

（4）水闸的施工图。主要包括规范、地形、地质、水流、挡水、排放和运行要求等设计依据、设计计算方法、工程施工图等。

2.施工资料

施工资料主要包括以下几种：

（1）施工依据的技术标准、规范规程，施工组织设计。

（2）材料的品种和数量、出厂合格证和质量检测报告等，砂石料的来源及质量检测报告。

（3）混凝土配合比和砌块试验报告，第二浆料的配合比和砌块试验、焊接试验或检测报告等试验报告。

（4）地基承载力试验报告。

（5）地基开挖记录，施工日志，隐藏工程验收报告，安装工程验收报告，工程分项、分部和单位工程质量评定验收报告，施工中的其他技术资料，如施工过程中发现的质量问题、处理措施及其效果的详细记录等。

（6）施工期间的沉降观测记录。

3.运行管理数据

一般主要包括闸门控制、检查和观测、维修维护等资料。

（二）基本要求

大中型水闸复核计算应遵守以下规定，小型水闸亦可参照执行。

（1）以最新的规划数据（防洪标准、水闸规模等）、检查观测资料和安全检测成果为主要依据，按照《水闸设计规范》及其他有关标准进行。

（2）复核计算应充分利用现场安全检测成果，分析水闸缺陷，如裂缝产生的原因、消力池的冲刷、洞室倾斜等，并判断其对安全的影响程度，并给出对水闸安全影响程度的判断。

二、复核计算内容

（一）复核计算的主要内容

闸门工程复核计算主要包括防洪标准、过水能力、消能防冲、抗渗稳定性、整体稳定性、结构强度和变形、钢闸门结构强度、变形和抗震性能等几个主要方面。

（1）对防洪标准的审查主要是根据最新的规划数据，检查水闸顶高度是否大于设防水位。

（2）根据水闸的类型计算出水闸出口流量Q，并与设计流量进行比较。

（3）根据闸门水位、闸门流量和水流方式的不同，确定消力池的长度、宽度、深度等是否满足消能需求。

（4）抗稳定性复核主要依据过闸水位差和渗径长度，结合防渗布置的现状，判断渗流损伤的形式，计算出闸基出口处的渗透坡降，并与规范允许值进行比较。

（5）闸门整体稳定性的复核主要基于闸门的渗透压力和外部作用，根据闸门的结构型式，判断岸墙和翼墙的基础应力、抗滑稳定性和抗倾角稳定性，以及基础应力、抗滑稳定性和抗浮性。

（6）混凝土结构强度和变形的复核主要依据现场检验的结果（包括材料性能、结构尺寸和断裂现象）。根据闸门的结构型式，对构件的强度、变形和裂缝分别进行承载力极限状态和正常使用极限状态的判别。

（7）钢闸门结构强度和变形的复核主要依据现场检验结果（包括材料性能、结构尺寸和材料腐蚀程度）、闸门面板、主梁、次梁、吊耳和轨道等构件的强度和变形进行判别。

（8）抗震性能复核主要依据现有的地质调查资料和闸门结构型式，对设防烈度下的闸门基础和上部结构的抗震性能进行判别。

（二）计算内容确定的基本原则

水闸安全鉴定工作中，工程复核计算的具体内容应根据《水闸安全评价导则》的相关规定，结合工程现状调查分析和现场安全检测成果综合确定。确定的方法和原则如下：

（1）在不同的情况下计算闸门、岸壁、翼墙的整体稳定性、抗渗稳定性、水闸的蓄水能力、水闸消能的强度、结构的强度等。

（2）由于荷载的增加，闸门的结构将影响工程的安全性，应检查结构的强度和变形。

（3）应根据新测得的地基土和填土地基的基本工程性质，测量闸门或岸壁和翼墙的异常沉降、倾斜和滑移，并计算闸门或岸壁和翼墙的整体稳定性。

（4）应检查闸室基础或岸壁和翼墙基础的异常渗流。

（5）当需要限制裂缝宽度的结构构件出现超过允许值的裂缝时，应检查结构强度和裂缝宽度。当需要控制变形值的结构构件的变形超过允许值时，应检查结构强度和变形。

（6）当钢闸门结构严重腐蚀，截面削弱时，应检查结构强度、刚度和稳定性。闸门的上部位和埋藏部位严重腐蚀或磨损时，应根据实际截面验算强度。

（7）如果水闸上游和下游水位由于河流上游和下游的严重淤积或冲刷而发生变化，则应进行闸门水流能力的计算和消能防冲。

（8）地震设防区的水闸，原设计未考虑抗震设防或设计设防烈度低于现行标准的，应按《水工建筑物抗震设计规范》等有关规定进行复核计算。

三、防洪标准复核

防洪标准是水闸安全鉴定中的重要环节。早期建成的水闸一般存在着防洪标准偏低的问题。按照《中华人民共和国工程建设标准强制性条文》中水利工程部分的要求，对水闸防洪标准进行复核属于强制性内容。

（一）基本资料

（1）水闸最新规划数据，特别是水闸所处位置的防洪标准或相邻柱位的防洪标准。

（2）水闸改扩建资料，如水闸所处位置进行加高加固的相关资料。

（3）水闸沉降观测资料。

（二）复核计算

一般来说，水闸安全鉴定中，各类有设防要求的水闸均需要进行防洪标准复核，复核的步骤和方法如下：

1.设防水位

设防水位可通过查询流域或河流规划数据获得。对于没有对应规划数据的水闸，可按照《水利工程水利计算规范》和《水利水电工程设计洪水计算规范》中规定的计算方法，依据相关资料进行设防水位的推算。

2.闸顶高程

闸顶高程可满足防洪标准的高度计算方法如下：

（1）挡水

闸顶高程等于正常蓄水位（或最高挡水位）与相应安全超高值之和。

（2）泄水

闸顶高程等于设计洪水位（校核洪水位）与相应安全超高之和。

（三）成果判别与分析

应根据不同类型的水闸，区分挡水闸和泄水闸，通过对比分析顶高程与对应水位的关系进行判断。

四、过流能力复核

水闸的过流能力是水闸工程安全程度的重要指标，对于控制、调节和输水水闸应根据规划数据等外部条件的变化有针对性地进行过流能力复核，验算其在不利工况下的实际过流能力是否满足分洪和灌溉等方面的要求。

（一）基本资料

（1）水闸设计文件中的设计洪水的计算，确定设计过流能力。

（2）工程运行资料，如运行期的最高水位等。

（3）水闸验收及前次安全鉴定资料。

（4）水闸结构有关资料，如结构尺寸参数等。

（5）最新规划数据，包括以下主要内容：①流域最新规划数据，如防洪标准等；②运用期流域内相关水文（位）站历年实测洪水资料及人类活动（如调水、调沙）对水文参数的影响资料；③引渠高程等。

（二）复核计算

1.需要复核计算的情况

① 水闸规划数据改变；②水闸上、下游河道发生严重淤积或冲刷而引起上、下游水位发生变化。

2.复核方法和步骤

（1）开敞式水闸

根据闸门在闸室的位置及闸门运行方式，判定过闸水流是堰流还是孔流状态；根据防洪标准及水闸设计相关资料，确定过闸水位差；堰流状态可分为平底堰流、高淹没度堰流、有坎宽顶堰流。结合水闸结构布置，平底堰流、高淹没度堰流计算过闸流量Q，有坎宽顶堰流计算过闸流量Q；孔流状态计算过闸流量Q。

（2）涵洞式水闸

闸室段和涵洞段分别计算。

① 闸室段计算方法同开敞式水闸。

② 将根据闸室段计算出的下游水位高度，作为涵洞入口处水位高度来判别涵洞的流态。

③ 当涵洞处于半有压流和有压流之间时，应判别涵洞底坡陡、缓，分别计算对应的界限值，并判断涵洞流态。涵洞按流态可分为无压涵洞、半有压涵洞和有压涵洞3种流态。

④ 对无压涵洞，通过相关计算判断长短洞。

⑤ 分别按照不同情况，计算涵洞过流量、上部净空：无压涵洞确定最小净空高度，然后计算涵洞过流量Q；半有压涵洞计算涵洞过流量Q；有压涵洞根据非淹没压力流涵洞和淹没压力流涵洞分别计算涵洞过流量Q。

（三）成果判别与分析

设Q为根据水闸现有条件进行复核之后得到的过流量（m^3/s），M为水闸原设计过流量（m^3/s），则：

（1）$Q > M$，过流量满足设计要求；

（2）$Q < M$，过流量不满足设计要求。

五、消能防冲复核

水闸的消能防冲设施是保证水闸下游河（渠）道不被严重冲刷破坏的重要设施，对水闸安全具有重要的影响。因此，应根据水闸运用要求、上下游水位、过闸流量及泄流方式等，核算其在最不利水力条件下能否满足消散动能与均匀扩散水流等方面的要求。

（一）基本资料

（1）水闸设计资料。如设计洪水计算部分的上下游水位、地质勘探资料等。

（2）工程运行管理资料。如水闸正常运用方式等。

（3）水闸验收及前次安全鉴定资料。

（4）水闸消能防冲设施设计资料。如消力池的尺寸等。

（5）最新规划数据。如防洪标准及对水闸运用的具体要求等。

（6）引渠相关资料。如高程、淤积情况等。

（7）现场安全检测成果。重点为消能防冲设施的冲刷磨损情况，以及与河（渠）道连接部位的损坏情况，设置防冲槽的深度等。

（二）复核计算

（1）需要复核计算的情况：①规划数据改变；②消能防冲设施出现病险问题。

（2）复核方法和步骤：水闸常用消能方式较多，如挑流消能、底流消能和面流消能等。对应的消能设施也较多，如消力池、消力坎和消力齿、消力墩、消力梁等辅助消能工程。

以下主要介绍水闸工程中使用较多的挖深式底流消能矩形消力池的复核计算，同时简要介绍海漫长度和河道冲刷深度的复核方法：

第一，消力池。消力池深度长度按以下步骤复核：根据上游水深及收缩断面水深、单宽流量等参数试算出满足水闸消能的消力池深度；根据弗劳德数F_r并区分不同情况分别计算自由水跃长度；计算消力池长度。

第二，海漫。根据不同土质确定土的抗冲系数计算海漫长度。

第三，河床冲刷深度。分别计算海漫末端河床冲刷深度和上游护底首端河床冲刷深度。

第四，跌坎高度。利用现场实测的跌坎坎顶仰角、跌坎反弧半径、跌坎长度等计算跌坎的高度范围。

（三）成果判别与分析

1.消力池

将复核出的消力池深度、长度分别与现场检测测得的对应尺寸进行对比：如小于现场测得的尺寸，则满足规范要求；否则为不满足。

2.海漫长度

将复核出的海漫长度与现场检测的海漫长度进行对比：如小于现场测得的尺寸，则满足规范要求；否则为不满足。

3.河床冲刷深度

将复核出的海漫末端河床冲刷深度d和上游护底首端河床冲刷深度d分别与现场检测的下游防冲槽和上游防冲槽的深度进行对比：如小于现场测得的尺寸，则满足规范要求；否则为不满足。

4.跌坎高度

现场实测的跌坎高度在计算的高度范围内，为满足；反之为不满足。

六、防渗排水复核

由于裂缝、散浸、沼泽化、流土、管涌等而造成的水闸安全和水资源浪费属于渗流排水方面的问题。应根据水闸渗控工程的实际效果、渗流条件的变化（如止水带破坏等）等现场检测成果对防渗排水的布置（排水孔、伸缩缝止水）、渗透压力和抗渗稳定性等方面进行复核。

（一）基本资料

（1）水闸设计资料。如设计洪水计算部分的上下游水位、地质勘探资料、结构尺寸布置等。

（2）工程运行管理资料。如水闸中出现渗漏的部位和发生过的险情等。

（3）水闸验收及前次安全鉴定资料。

（4）最新规划数据。如防洪标准等。

（5）水文观测资料。如运用期流域内相关水文（位）站历年实测洪水资料及人类活动（如调水、调沙）对水文参数的影响资料。

（6）现场安全检测成果，重点为止水带的损坏及水闸实际径长度的测量，如有闸底板下脱空区的数据，则应进行分析，绘出脱空区分布情况。

（二）复核计算

1.需要进行防渗排水复核的情况

① 因规划数据的改变而影响安全运行的应对水闸抗稳定性复核计算；②闸室或岸墙、翼墙的地基出现异常渗流，应进行抗稳定性计算。

2.复核方法和步骤

①防渗排水的布置，计算水闸径长度L，包括闸基轮廓线防渗部分水平段和垂直段长度。②渗透压力，当水闸地基为岩基，可采用全截面等直线分布法计算渗透压力；当水闸地基为土基，可采用改进阻力系数法计算渗透压力。③抗渗稳定性，水闸抗渗稳定性主要是对出口段渗流坡降值J进行判断。

（三）成果判别与分析

1.防渗排水布置

依据现行规程规范，从渗径长度、水平排水和垂直排水等方面对防渗布置及设施进行分析判别。

2.渗流允许坡降值

（1）水闸地基为土基时，水平段和出口段允许坡降值见表7-8。当渗流出口设置滤层时，表列数值可加大30%。

表7–8　水平段和出口段允许渗流坡降值

地基类别	允许坡降	
	水平段	出口垂直段
粉砂	0.05 ~ 0.07	0.25 ~ 0.30
细砂	0.07 ~ 0.10	0.30 ~ 0.35
中砂	0.10 ~ 0.13	0.35 ~ 0.40
粗砂	0.13 ~ 0.17	0.40 ~ 0.45
中砾、细砾	0.17 ~ 0.22	0.45 ~ 0.50
粗砾夹卵石	0.22 ~ 0.28	0.50 ~ 0.55
砂壤土	0.15 ~ 0.25	0.40 ~ 0.50
壤土	0.25 ~ 0.35	0.50 ~ 0.60
软黏土	0.30 ~ 0.40	0.60 ~ 0.70
坚硬黏土	0.40 ~ 0.50	0.70 ~ 0.80
极坚硬黏土	0.50 ~ 0.60	0.80 ~ 0.90

（2）水闸地基为砂砾石地基时，应首先判断可能发生的渗流破坏形式是流土破坏还是管涌破坏，判断方法为当$4p_f(1-n)>1.0$时，发生流土破坏；当$4p_f(1-n)<1.0$时，发生管涌破坏。流土破坏时渗流允许坡降值$[J]$仍采用表7-8中的数值，管涌破坏渗流允许坡降值[J]为：

$$[J]=\frac{7d_5}{Kd_f}\left[4p_f(1-n)\right]^2 \tag{7-1}$$

$$d_f=1.3\sqrt{d_{15}d_{85}} \tag{7-2}$$

式中：[J]为防止管涌破坏的允许渗流坡降值；d_f为闸基土的粗细颗粒分界粒径，单位为mm；p_f为小于土粒百分数含量，单位为%；n为闸基土的孔隙率；d_5、d_{15}、d_{85}分别为闸基颗粒极配曲线上小于含量5%、15%、85%的颗粒粒径；K为防止管涌破坏的安全系数，可采用1.5 ~ 2.0。

3.判断方法

当$J\leqslant$[J]时，水闸抗渗稳定性满足规范要求；当$J>$[J]时，水闸抗渗稳定性不满足规范要求。

七、结构稳定复核

水闸闸室、岸墙或翼墙发生异常沉降、倾斜、滑移等病险是由于结构不稳定造成的，对结构在防洪排涝时的影响非常大。因此，应根据水闸上下游水位、结构布置、外部荷载、地基和填料土、渗流等方面资源对闸室、岸墙和翼墙结构在正常运行情况和防洪情况下的稳定性进行复核。

（一）基本资料

（1）水闸设计资料。如设计洪水计算部分的上下游水位、地质勘探报告及地基土和填料土设计采用的基本工程性质指标、结构尺寸布置等。

（2）工程运行管理资料。如水闸异常变形的观测资料和发生过的险情等。

（3）水闸验收及前次安全鉴定资料。

（4）最新规划数据。如防洪标准等。

（5）现场安全检测成果。重点为水闸变形的测量，如针对地基土和填料土进行了取样或现场检验，则应以其基本工程性质试验结果作为计算基本资料。

（二）复核计算

水闸结构稳定复核一般包括闸室地基承载力、抗滑和抗浮复核，岸墙地基承载力和抗滑复核，翼墙地基承载力、抗滑和抗倾复核。水闸结构稳定计算采用单一安全系数法，荷载采用标准值。

1. 需要进行复核计算的情况

① 规划数据改变影响结构稳定的；②闸室、岸墙或翼墙发生异常沉降、倾斜、滑移变形的。

2. 复核方法和步骤

（1）荷载计算

作用在水闸上的荷载一般有结构及其上部填料的自重、水重及静水压力、扬压力、土压力、淤沙压力、风压力、浪压力和地震惯性力等。

（2）荷载组合

水闸在设计时的荷载组合思想是：将可能同时作用的各种荷载进行组合，荷载组合可分为基本组合和特殊组合两类，基本组合由基本荷载组成，特殊组合由基本荷载和一种或几种特殊荷载组成。地震荷载只应与正常蓄水位情况下的相应荷载组合。

综合起来，依据最新的规划数据，在水闸设计荷载组合的基础上，从充分反映水闸存在的病险问题角度出发，应最少将以下三种情况作为水闸荷载组合的最不利情况，并进行对应的核算。

第一，检修情况，要注意考虑水闸防渗排水的破坏，并在计算扬压力时有所反映。

第二，设计水位时期，闸上游为设计水位、下游为相应低水位，闸室的荷载除自重、水重和扬压力以外，还要考虑风浪压力。

第三，校核洪水位时期，闸上游为非常挡水位、下游则为相应最低水位，闸室荷载与常蓄水时期种类相同，具体数值不同。

需要说明的是，在原设计未考虑抗震设防或地震设防烈度发生改变的情况时，尚须对水闸进行抗震能力复核。

3. 计算步骤

水闸结构稳定计算方法的具体步骤如下：

（1）根据水闸结构型式，划分合理的计算单元

闸室：闸室稳定计算的计算单元应根据水闸结构布置特点确定。一般来说，宜取两相邻顺水流向永久缝之间的闸段作为计算单元。对于未设顺水流向永久缝的单孔、双孔或多孔水闸，则以未设缝的单孔、双孔或多孔水闸作为一个计算单元；对于顺水流向永久缝进行分段的多孔水闸，一般情况下，由于边孔闸段和中孔闸段的结构边界条件及受力状况有所不同，因此应将边孔闸段和中孔闸段分别作为计算单元。

岸墙、翼墙：对于未设横向永久缝的重力式岸墙、翼墙结构，应取单位长度墙体作为

稳定计算单元；对于设有横向永久缝的重力式、扶壁式或空箱式岸墙、翼墙结构，取分段长度墙体作为稳定计算单元。

（2）基底应力计算

闸室、岸墙和翼墙的基底应力应根据结构布置及受力情况，分结构对称和结构不对称2种情况分别进行复核。

（3）稳定性计算

水闸稳定性计算主要分为抗滑稳定性和抗倾覆稳定性2个主要内容。根据国内水闸的建设情况，还应针对地基和基础的不同情况分别复核。

地基的基底一般分为：①土基，包括土基上采用钻孔灌注桩、木板桩等型式基础的水闸；②黏性土地基；③岩基。

（三）成果判别与分析

按照上述计算方法，分闸室和岸墙、翼墙稳定两部分，各种计算结果的判定标准分别如下：

1.闸室段

（1）基底应力

首先，土基情况：各种荷载组合下平均基底应力不大于地基允许承载力，最大基底应力不大于地基允许承载力的1.2倍；基底应力的最大值与最小值之比不大于表7-9的规定。

表7–9 土基上闸室基底应力最大值与最小值之比的允许值

地基土质	荷载组合	
	基本组合	特殊组合
松软	5	2.0
中等坚实	0	2.5
坚实	2.5	3.0

注：①对于特别重要的大型水闸，其闸室基底应力最大值与最小值之比的允许值可对应表内数值适当减小；②对于地震区的水闸，闸室基底应力最大值与最小值之比的允许值可对应表内数值适当增大；③对于地基特别坚实或可压缩土层甚薄的水闸，可不受本表的规定限制，但要求闸室基底不出现拉应力。

其次，岩基情况：在各种计算情况下闸室最大基底应力不大于地基允许承载力。在非地震情况下，闸室基底不出现拉应力；在地震情况下，闸室基底拉应力不大于100kPa。

（2）抗滑稳定。土基情况：不小于相关规定。岩基情况：不小于相关规定。

（3）抗浮稳定。不论水闸级别和地基条件，在基本荷载组合条件下，闸室抗浮稳定安全系数不应小于1.0；在特殊荷载组合条件下，闸室抗浮稳定安全系数不应小于1.05。

2.岸墙和翼墙

（1）基底应力

① 土基情况

各种荷载组合下平均基底应力不大于地基允许承载力。最大基底应力不大于地基允许承载力的1.2倍；基底应力的最大值与最小值之比不大于相关规定。

② 岩基情况

在各种计算情况下闸室最大基底应力不大于地基允许承载力。

（2）抗滑稳定

① 土基情况：不小于相关规定。②岩基情况：不小于相关规定。

（3）抗倾覆稳定

不论水闸级别和地基条件，在基本荷载组合条件下，岩基上翼墙抗倾覆稳定安全系数不应小于1.50；在特殊荷载组合条件下，岩基上翼墙抗倾覆稳定安全系数不应小于1.30。

八、混凝土结构强度和变形复核

钢筋锈蚀、混凝土强度降低和结构体系破坏的危险性将改变混凝土结构的强度和变形。规划数据的变化、堤防的加高和加固、应用方式的改变将超过闸门的设计荷载值，改变结构产生的内力，破坏原有闸门结构的抗力平衡。因此，应充分考虑结构特征的变化和外部荷载的变化，根据现场检测结果和观测资料，重新检查闸门混凝土结构的强度和变形。

（一）基本资料

（1）最新规划数据。主要包括校核洪水位、设计洪水位，水闸由单向改为双向运用的资料。

（2）作用荷载变化。包括堤防加高加固后与原来相比的高差，公路交通荷载设计标准的提高等级，增建的管理设施相关图纸和资料，如桥头堡、新增的启闭机房等。

（3）水闸的原施工图、竣工图及改建图。

（4）水闸地质勘探报告及地基土和填料土设计采用的基本工程性质指标。

（5）水闸管理运行中的沉降观测和异常观测资料。

（二）复核计算

1.需要进行复核的情况

第一，规划数据改变而影响结构强度和变形的；第二，结构荷载标准提高而影响工程安全的。

2.复核方法和步骤

荷载组合采用分项系数法，所涉及的九类荷载分项系数取值如下：

①自重分项系数，即水闸结构和永久设备自重作用分项系数，当作用效应对结构不利时采用1.05，对结构有利时采用0.95。

②静水压力（包括外水压力）的作用分项系数采用1.0。

③扬压力的作用分项系数，对于浮托力应采用1.0、对于渗透压力应采用1.2。浪压力的作用分项系数采用1.2。

④主动土压力和静止土压力的作用分项系数应采用1.2；埋管上垂直土压力、侧向土压力的作用分项系数，当作用效应对结构不利时采用1.1、有利时采用0.9。

⑤风荷载的作用分项系数应采用1.3。

⑥冰压力（包括静冰压力和动冰压力）的作用分项系数应采用1.1。

⑦土的动膨胀力的作用分项系数应采用1.1。

⑧地震荷载的作用分项系数应采用1.0。

⑨其他荷载，应按照相关荷载规范或设计规范选取。

3.内力计算

依据不同的水闸结构可以划分为不同的计算单元和构件，如闸底板、闸墩、涵洞、工作桥、交通桥、启闭机房等，各构件的计算方法可以按照《水闸设计规范》及相关规程规范复合计算。

水闸结构内力计算分为闸室、机架桥、引水涵洞等部分内容。引水涵洞计算可假设地基反力为等直线分布，按照刚架模型利用结构力学位移法求解。机架桥属于底部固支的钢架模型，可采用结构力学位移法进行求解。闸室段一般可分为闸底板和闸墩的内力计算2部分内容：闸墩可按照底部固支的悬臂梁模型进行求解；闸底板内力计算较为复杂，要考虑地基的不同情况分别假设不同的地基反力进行对应的计算。本部分重点对闸底板内力计算方法的选用进行说明。

闸底板计算的核心问题是地基反力的确定，地基反力的分布形式和大小确定之后，问题便转化为材料力学中梁的已知荷载分布求内力函数的问题。闸底板内力的计算也根据地基反力假设的不同，分为反力直线分布法、弹性地基梁法和基床系数法三种，对于小型水闸还可使用倒置梁法进行计算。

选择原则。首先，土基上水闸闸室底板的应力分析可采用反力直线分布法或弹性地基梁法。相对密度小于或等于0.5的砂性地基，可采用直线反力分布法；对黏性土地基或相对密度大于0.5的砂性土地基，应采用弹性地基梁法。其次，当采用弹性地基梁法分析水闸闸室底板应力时，应考虑可压缩土层厚度与弹性地基梁半长之比值的影响。当比值小于0.25时，可按基床系数法计算；当比值大于2.0时，可按半无限深的弹性地基梁法计算；当比值为0.25 ~ 2.0时，可按有限深的弹性地基梁法计算。再次，岩基上水闸闸室底板的应力分析可采用基床系数法计算。最后，小型水闸可采用倒置梁法进行内力计算。

弹性地基梁的电算化分析程序。基于文克尔假定，即使用链杆法求解的弹性地基梁，也可以采用电算化分析程序进行分析。

（三）成果判别与分析

混凝土结构的评价主要分为：结构的强度、裂缝开展宽度和结构挠度三个方面，分述如下：

1.结构的强度

对构件截面应力最大点进行判断，分为拉应力和压应力的判断。也可按照计算出来的效力进行配筋与水闸截面实配钢筋面积进行对比分析。但由于新规范规定的最小构造配筋率提高，所配置的钢筋面积一般较大，不容易满足强度要求，因此常采用根据截面配筋计算其能够承担的最大抗力，然后与效力进行对比，以抗力不小于效力作为是否满足的限值。

2.裂缝宽度

将不同使用环境条件下不同构件的最大允许裂缝宽度，与现场检测或经复核计算核算出的裂缝宽度进行对比，裂缝宽度大于最大允许裂缝宽度要求者为不满足，反之为满足。

3.结构挠度

一般情况下，根据测量成果，将规范规定的允许最大挠度与构件挠度检测值进行对比，构件挠度检测值小于允许值为满足，否则为不满足。

九、工程复核计算及安全状态综合评价报告的编写大纲

一般来说，水闸工程复核计算报告应分为概述、工程概况、计算依据、复核计算的项目和内容、复核计算成果及分析、水闸安全状态综合评价等六部分主要内容，各部分内容的编写提纲如下：

（一）概述

主要简单介绍水闸安全鉴定的委托（或招投标）情况，安全鉴定的主要原因和水闸现场安全检测主要结论，以及开展工程复核计算的必要性和重要性。

（二）工程概况

工程概况应从以下五个方面分别概括说明：

（1）水闸所处位置、桩号及管理单位等总体情况概述。

（2）水闸原设计相关参数（如设计流量、防洪水位、校核水位、建筑物等级、通航能力、灌溉引水面积等），地基和基础情况，设计单位及设计时间。

（3）水闸施工情况，如施工单位、监理单位、施工中出现的问题及处理措施、施工中遗留至今的问题（如水闸施工中的遗留混凝土垃圾由于没有及时清理导致目前水闸过流能力的削弱）等。

（4）水闸改扩建或除险加固的情况。

（5）工程现状调查和现场安全检测成果反映出的水闸存在的主要病险问题及概述。

（三）计算依据

主要从以下三个方面进行说明：

（1）依据更新后的规范规程及水利部发布的相关文件。

（2）规范不能够满足时，需要参考的经典理论手册、教材等，宜列出。

（3）工程现状调查和现场安全检测成果，要对工程复核计算中使用到的相关成果进行说明并列出必要的数据，包括地基等参数的取值。

（四）复核计算的项目和内容

主要从以下两个方面进行说明：

（1）工程复核计算的项目，应根据已有资料和成果，结合《水闸安全鉴定管理办法》进行判定，并论证计算项目的必要性及作用。

（2）分别阐述上述计算项目应开展的计算内容。

（五）复核计算成果及分析

下述的提纲应根据水闸工程复核计算实际情况，有选择地编写报告。

（1）防洪标准。采用的防洪标准及水闸现有设计防洪标准，如堤顶高程等防洪标准成果及分析。

（2）过流能力。相关计算参数、计算方法及主要计算过程，过流能力计算主要成果及分析。

（3）消能防冲。消能防冲计算条件及参数，包括现场检测结果在计算中的考虑，计算方法及主要计算过程，消能防冲计算主要成果及分析。

（4）防渗排水。防渗排水计算工况及计算参数，计算方法及主要计算过程，排水布置复核主要成果及结论，防渗稳定性主要成果及分析。

（5）闸室稳定。闸室稳定计算工况、荷载计算、计算方法及主要计算过程，闸室、岸墙及翼墙抗浮、抗倾及抗滑稳定，地基承载力，地基最大应力与最小应力比值等计算成果及分析。

（6）结构强度和变形。结构计算工况，部分荷载计算，荷载采用的分项系数、设计状况系数、结构重要性系数等参数的确定，结构计算模型，内力计算结果，强度和变形复核成果，对成果的分析。

（7）结构抗震。水闸原抗震设防烈度及现行规范规定水闸所在地区的抗震设防烈度，计算参数，抗震计算方法，主要计算成果及分析。

（8）闸门强度和变形。闸门计算模型、荷载计算，采用材料容许应力，计算方法及主要计算过程，面板、主框架及附属构件计算成果及分析。

（六）水闸安全状态综合评价

防洪标准、过流能力、消能防冲、防渗排水、闸室稳定、结构强度和变形、结构抗震、闸门强度和变形；结合现场检测成果，判定是否满足规范要求，给出相关建议。

第五节　水闸安全评价成果审查

一、评价准则和标准

（一）评价准则

水闸的安全性、耐久性和适用性要求是水闸安全评价的标准。从应用指标能否达到设计标准、结构损伤程度和结构可修性等方面进行具体判断。

对项目状态、现场安全检查报告和审核计算报告的审查和分析。是水闸安全评价的重要环节，直接影响水闸安全类别的评定。

（二）评价标准

根据《水闸安全评价导则》，闸门按安全等级可分为四类。

1. 一级闸门

运用指标能达到设计标准，无影响正常运行的缺陷，按常规维护可保证正常运行。

2. 二级闸门

运用指标基本达到设计标准，工程存在一定损坏，检修完成后，可正常运行。

3. 三级闸门

运用指标达不到设计标准，工程存在损坏严重，经除险加固后，可以正常运行。

4. 四级闸门

运用指标无法达到设计标准，工程中存在严重的安全问题，需要降低标准运用或报废重建。

二、成果审查

水闸的安全评价结果集中在回顾资料来源和可靠性、现场安全检查和工程审查的完整性、方法的规范化和结论的合理性上。

水闸安全鉴定承担单位可参照表7-10填写各项内容以供审查。

表7-10　安全评价成果审查内容

<table>
<tr><th colspan="4">评价项目</th><th rowspan="2">主要成果</th><th rowspan="2">主要结论</th><th rowspan="2">审查意见</th><th rowspan="2">备注</th></tr>
<tr><th colspan="3">防洪能力</th><th>复核计算</th></tr>
<tr><td colspan="2" rowspan="3">水闸稳定性和抗渗稳定性岸墙、翼墙抗渗稳定</td><td>闸室</td><td>现场检测复核计算</td><td></td><td></td><td rowspan="3"></td><td rowspan="3">现场检测成果可主要从复核计算外观缺陷、异常变形等方面进行描述，复核消能计算成果可主要从基底应力，抗滑、抗倾及抗浮稳定等方面不满足规范或设计要求的地方填写。如满足，则如实填写</td></tr>
<tr><td>现场检测复核计算</td><td></td><td></td><td></td></tr>
<tr><td>现场检测复核计算</td><td></td><td></td><td></td></tr>
<tr><td colspan="3">抗震能力</td><td>复核计算</td><td></td><td></td><td></td><td></td></tr>
<tr><td colspan="2" rowspan="2">消能防冲海漫</td><td>消力池</td><td>现场检测复核计算</td><td></td><td></td><td></td><td rowspan="2">现场检测成果可主要从复核计算外观缺陷等方面进行描述，复核消能计算成果可主要从长度、深度等方面不满足规范或设计要求的地方填写。如满足，则如实填写</td></tr>
<tr><td>现场检测复核计算</td><td></td><td></td><td></td><td></td></tr>
<tr><td colspan="3">过流能力</td><td>复核计算</td><td></td><td></td><td></td><td></td></tr>
<tr><td rowspan="9">结构安全</td><td rowspan="5">闸室</td><td>底板</td><td>现场检测复核计算</td><td></td><td></td><td></td><td rowspan="9">现场检测成果可主要从外观缺陷、内部缺陷、强度不足、异常变形等方面进行描述，复核计算成果可主要从结构强度、裂缝开展宽度、变形等方面不满足规范或设计要求等方面填写。对构件完好的分部工程，如开展相关工作且证明不存在安全隐患，可分别如实填写“完好，满足规范要求”</td></tr>
<tr><td>顶板</td><td>现场检测复核计算</td><td></td><td></td><td></td></tr>
<tr><td>闸墩</td><td>现场检测复核计算</td><td></td><td></td><td></td></tr>
<tr><td>胸墙</td><td>现场检测复核计算</td><td></td><td></td><td></td></tr>
<tr><td>边墙</td><td>现场检测复核计算</td><td></td><td></td><td></td></tr>
<tr><td rowspan="3">涵洞</td><td>中墙</td><td>现场检测复核计算</td><td></td><td></td><td></td></tr>
<tr><td>底板</td><td>现场检测复核计算</td><td></td><td></td><td></td></tr>
<tr><td>顶板</td><td>现场检测复核计算</td><td></td><td></td><td></td></tr>
<tr><td colspan="2">机架桥</td><td>现场检测复核计算</td><td></td><td></td><td></td></tr>
</table>

第八章　水利工程质量检验与评定资料的核查

第一节　工程质量检验与评定资料核查的基本要求

工程质量检验与评定资料是工程质量实体监督检查中不可缺少的一项内容，它与工程现场检查互为补充，从而全面地反映出工程实体质量水平。工程质量检验与评定资料的核心是各种合格证、试验报告、试验记录等原始资料、检测数据、质量结论。水利工程质量监督机构对工程质量检验与评定资料的核查就是检查资料的完整性和真实性，使这些资料真正成为反映工程质量的客观见证，成为评价工程质量的主要依据，成为工程的“合格证”和技术说明书。

一、基本概念

水利工程施工质量检验与评定资料是反映水利工程建设过程中，各个环节工程质量状况的基本数据和原始记录，是反映已完工工程项目的测试结果和记录。凡直接关系到工程质量的措施、记录、见证等文字材料，能证明、说明质量情况的，都是施工质量检验与评定资料。

同时，工程施工质量检验与评定资料是工程技术资料的核心，是建设管理和企业经营的重要组成部分，更是质量管理的重要方面，是反映建设管理水平高低的重要见证，因此从广义质量来说，工程施工质量检验与评定资料就是工程质量的一部分。工程施工质量检验与评定资料，是从众多的工程技术资料中，筛选出有直接关系和说明工程质量状况的技术资料，多数是提供实施结果的记录、报告等文件见证材料。由于水利水电工程的安全性能要求特别高，工程质量不能整体测试，只能在建设过程中分别测试、检验或间接地检测，所以工程施工质量检验与评定资料比产品的合格证更重要。

二、主要作用

工程施工质量检验与评定资料的作用主要包括：

1. 可以证明工程质量的优劣和结构安全可靠的程度，为确定工程质量等级和处理质量事故提供依据。

2.可以为工程建设过程中的结算提供证据，减少参建各方之间的经济纠纷或为经济纠纷的解决提供支持。

3.可以促进施工人员按法规、规范、规程组织工程施工，考核工程施工、技术管理的好坏程度。

4.可以为工程建设的管理者、技术负责人在生产、技术上的决策、指挥和组织工作起到参谋和助手的作用。

5.可以为本工程日后的使用、维护、检修、改建、扩建提供文字资料和技术依据。

6.可以为参建单位及工程监管部门以后的工程建设与管理积累经验、提供参考，为工程技术人员了解、熟悉与掌握本行业施工技术提供服务。

三、核查要求

为了能突出主要内容，水利部水利工程质量与安全监督总站专门列出了“水利水电工程施工质量检验与评定资料核查表”，明确了施工质量检验与评定资料一般应包括的内容。由于水利水电工程种类繁多、结构复杂，中小型水利工程建设中可能会遇到其他情况，可以根据工程建设具体内容收集有关的施工质量检验与评定资料。

施工质量检验与评定资料是系统反映工程项目技术性能、使用功能和工程安全的，因此，其合格证、试验报告单、检测记录等单据的情况、数据的记录，必须真实、可靠、系统和齐全，其数据都必须满足有关规范、标准和设计图纸的要求。检查时，应逐项加以评价，对各种合格证、试验报告、试验记录等原始资料、检测数据、结论等，都要严格检查。

检查后，对达到合格要求的要给出“符合要求”的结论；对达不到合格要求的，要进行改正处理，经过鉴定合格的，能保证工程安全和使用要求的，可定为“经鉴定达到合格”。

第二节　工程质量检验资料的核查

一、原材料

（一）水泥

1.出厂合格证

工程上使用的水泥均应按厂家、品种、批号、标号提供水泥出厂合格证。水泥出厂合格证必须由水泥厂质量检验部门提供给用户单位或由物资供应部门转抄、复印给用户单位。

合格证内容包括：水泥牌号、厂标、水泥品种、标号、出厂日期、批号、合格证编号、抗压强度、抗折强度、安定性、细度、初终凝结时间等检验数据及鉴定结论，并加盖厂质检部门印章。

转抄件应说明原件存放处、原件编号、转抄人及加盖转抄单位印章和抄件日期。备注栏内填明工程名称及使用部位。

2.厂家试验报告

用户需要时，水泥厂应在水泥发出之日起7天内，寄发除28天强度以外的各项试验结果。28天强度值应在水泥发出之日起32天内补报。

试验报告的主要内容应包括：不溶物含量、氧化镁含量、三氧化硫含量、烧失量、细度、凝结时间、安定性、强度和碱含量等指标。水泥试验报告必须在配合比设计之前提供，试验结论要明确，并有主管、审核、试验人员签字，加盖试验室印章。

当水泥质量合格证及试验报告单数据有重大变异时，应立即查明原因，做出正确鉴定和处理，不得盲目使用。水泥出厂合格证及试验报告单均应符合有关规范和标准的要求。

3.复验报告

水泥除有出厂合格证和生产厂家的试验报告外，对用于承重结构的水泥，或无出厂质量证明的水泥或其中指标数据不全、印章不明的水泥，或对其质量有怀疑的水泥，或发现有受潮、结硬块的水泥，或出厂超过3个月（快硬硅酸盐水泥为1个月）的水泥等，在使用前都应按规定进行复试。

水泥复试应由有资质的检测单位承担，报告应有试验编号（以便与试验室的有关资料查证核实），复试项目一般应有3天或28天的抗压强度、抗折强度、凝结时间及安定性、细度等指标，复试结果应有明确结论，复试报告应签章齐全。

4.核查内容

（1）根据设计图纸、施工组织设计查工程所有水泥的品种、型号、用量，列出表格（由施工单位协同），核查水泥出厂合格证或试验报告单的项目、子目是否齐全，编号是否填写，各项试验项目和数据指标是否符合要求。

（2）核对水泥出厂合格证或试验报告单和配合比试配单、试块强度试验报告单上的水泥品种、标号、厂牌、编号是否一致。

（3）根据水泥进场记录、使用记录和施工记录等查需要复试水泥的数量、批次；各复试项目的数据指标是否符合要求。

（4）核对出厂日期和实际使用日期是否超期而未做抽样检验；核查各批水泥批量之和，是否和该工程水泥的需要量基本一致；核查试验数据是否异常或填写有误，是否审核或审核有误，签章是否齐全。

5.核查结论

经核查整个工程无水泥出厂合格证或试验报告单，或需要进行复试的水泥，在使用前未按规定进行复试；复试的水泥与实际使用的水泥品种、标号、牌号、编号、批次不一致，或复试报告中的主要试验项目不完整等情况时，该项目核定为“不符合要求”。

（二）钢材

1.出厂合格证

凡施工图所配各种受力钢筋及型钢均应有钢材出厂合格证。钢筋出厂合格证由钢筋生产厂质量检验部门提供给用户单位或由物资供应部门转抄、复印给用户单位。

钢筋合格证内容包括：钢种、牌号、规格、强度等级及其代号、数量、机械性能（屈服点、抗拉强度、冷弯、伸延率）、化学成分（碳、磷、硅、锰、硫等）的数据及结论、出厂日期、检验部门印章、合格证的编号。

型钢合格证内容有钢材的钢种、型号、规格、脱氧方法、机械性能、化学成分等技术指标，如为高碳合金钢或锰铁、锰铁机等钢种，还应有耐低温（–40℃）冲击韧性数据，并有钢材生产厂厂名和厂址以及检验单位、检验人员的印章。

合格证要求填写齐全，不得漏填或错填，同时须填明批量。转抄件应说明原件存放处、原件编号、转抄人及加盖转抄单位印章和抄件日期。备注栏内施工单位填明工程名称及使用部位。如钢筋在工厂集中加工，其出厂证及试验单应转抄给使用单位。

2.复验报告

凡结构设计施工图所配各种受力钢筋除有出厂合格证外，还要有机械性能检验报告单，冷拉钢筋尚应有冷拉后钢筋的机械性能检验报告单；使用进口钢筋除有出厂合格证、商检证外，其化学成分还应符合国产相应级别的技术标准，进口钢筋进场后，在焊接前，须先经化学成分检验和焊接试验，符合有关规定后方可用于工程。当进口钢筋的国别及强度级别不明时，可根据试验结果确定钢筋级别，但不宜用在主要承重结构的重要部位上。

钢材在加工过程中如发现脆断，焊接性能不良或机械性能明显不正常等现象时，应进行化学成分检验及其他专项检查，并做出明确结论，不合格品应有去向处理情况说明；预应力钢筋混凝土工程除有钢筋合格证外，还应有检验单，锚具的出厂证明书及检验单，焊接检验单、冷拉参数及冷拉钢筋检验单，张拉控制应力等均应符合设计要求和有关规范的规定。

用于重要结构、重要部位的型钢，除有出厂合格证外，还应对其进行抽样试验，以确保其力学性能和化学成分符合材质标准的有关规定。另外，如对进场钢材材质有异议或出厂合格证中技术数据不全、外观质量不符合要求等情况，均应及时抽样进行复查试验核对，将其成果留档存查。

钢材试验报告内容一般包括：委托单位、工程名称、使用部位、钢材级别、钢种、钢号、外形标志、出厂合格证编号、代表数量、送样日期、原始记录编号、报告编号、试验数据及结论（伸长率指标应注明标距、冷弯指标应注明弯心半径、弯曲角度及弯曲结果）。钢材进场时，应按炉罐（批）号抽取试样试验，试验报告单的各项技术性能应符合有关技术标准的规定。

3.核查内容

（1）根据设计施工图纸和钢材配料单查工程所有钢材的品种、规格、用量并列出表（由施工单位协同）；根据钢材的品种、规格、用量，查钢材出厂合格证和试验报告单中的钢材品种、规格、批量、取样检验组数是否充足、齐全。

（2）查各份合格证和试验报告单中各项技术数据是否完善、试验方法及计算结论是否正确，试验项目是否齐全，是否符合先试验、后使用、先鉴定、后隐蔽的原则；查合格证和试验报告单抄件（复印件）的各项手续是否完备。

（3）代换钢筋、降级使用钢筋及降规格使用钢筋是否有计算书及鉴定签证，计算、鉴定结果是否符合设计及现行规范标准要求。

4.核查结论

核查时，如发现主要受力钢筋或重要部位的型钢无试验报告，或机械性能检验项目不齐全，或某一机械性能指标不合格又未经鉴定处理，或使用进口钢材和改制钢材时，焊接前未做化学成分检验和焊接试验，或发现主要受力钢筋有“先隐蔽，后检验”等情况，则该项目核定为“不符合要求”。

（三）石灰

水利工程建设中常常将消石灰粉与黏土拌和后称为灰土，再加砂或石屑、炉渣等即成三合土。灰土和三合土广泛用于建筑物的基础和道路的垫层。

1.质量证明书

每批产品出厂时，生产厂家的质检部门按批量进行出厂检验并向用户提供质量证明书。证明书上应注明厂名、产品名称、等级、试验结果、批量编号、出厂日期、标准编号和使用说明。当购货单位对产品质量提出异议时，由双方协商后，共同取样复检或委托双方同意的有关单位复检，以做最后判断。

2.核查内容

（1）根据设计图纸、施工组织设计查石灰用量，检查质量证明书的符合性。

（2）检查石灰使用前是否按规定的批次进行试验，试验报告是否完整规范。

（3）检查是否有不合格情况，在石灰试验不合格单后是否附双倍试件复试报告单或处理报告，不合格单不允许抽撤。

（4）检查施工记录、施工日志、施工组织设计、技术交底和洽商记录等是否与石灰的用量对应一致。

3. 核查结论

如发现没有质量证明书或未经有资质的质量检测机构抽检就使用等情况时，应核定该项目为“不符合要求”。

（四）外加剂

混凝土外加剂是在拌制混凝土过程中掺入，用以改善混凝土各种性能的化学物质。工程建设中按照工程本身不同部位的功能和作用以及施工环境的要求，需要使用外加剂来改善混凝土的性能以满足工程建设的需要。工程建设中常用的外加剂有普通减水剂及高效减水剂、引气剂及引气减水剂、缓凝剂及缓凝减水剂、早强剂及早强减水剂、防冻剂、膨胀剂等。

1. 质量证明书

凡工程上使用的外加剂都必须有出厂合格证和生产厂家的质量证明书。质量证明书的内容包括：厂名、产品名称及型号、包装（质量）重量、出厂日期、主要特性及成分、适用范围及适宜掺量、性能检验合格证（匀质性指标及掺外加剂混凝土性能指标），贮藏条件及有效期、使用方法及注意事项等。内容要清楚、准确、完整，有的还要求附上地方政府有关部门颁发的“建筑材料使用认证证书”复印件，并要求摘取一份防伪认证标志，贴附于产品出厂合格证上，归档保存。

外加剂在使用前，应委托有资格的质量检测机构进行性能试验并有试验报告和掺外加剂普通混凝土（砂浆）的配合比通知单（掺量）。

2. 核查内容

（1）根据设计图纸、施工组织设计查工程所有外加剂的品种、型号、用量并列出表（由施工单位协同），根据外加剂的品种、型号、用量，查外加剂出厂合格证和质量证明书的符合性；查对产品出厂合格证和混凝土、砂浆施工试验资料及施工日志，检查外加剂是否在有效期内使用。

（2）检查外加剂使用前是否按规定进行试验，试验单位资质如何，试验报告是否完整规范；外加剂试验不合格单后是否附双倍试件复试报告单或处理报告，不合格单不允许抽撤。

（3）检查混凝土、砌筑砂浆的配合比申请单、通知单和试件试压报告单，施工记录、施工日志、预检记录、隐检记录、质量评定、施工组织设计、技术交底和洽商记录等是否与外加剂的资料对应一致。

3. 核查结论

如发现有外加剂没有出厂合格证或质量证明书，或未经有资质的质量检测机构检验就使用，或检验项目不齐全或未做配合比试验等情况时，应核定该项目为“不符合要求”。

（五）粉煤灰

1.出厂合格证及技术性能指标

凡用于工程的粉煤灰必须有生产厂家质量检验部门提供的粉煤灰出厂质量合格证和试验报告单。质量合格证和试验报告单应有厂名、批号、合格证编号、出厂日期、粉煤灰级别及数量、质量检验结果，并有生产厂家质量检验部门盖章。

使用前质量检验的主要检验项目为细度、烧失量、需水量比、三氧化硫和含水量等指标。日常施工中主要检验粉煤灰的含水量，以便于搅拌时调整水和粉煤灰的用量。

粉煤灰质量必须合格，应先试验后使用，须采取技术处理措施的，应满足技术要求并经有关技术负责人批准后，方可使用。对于合格证、试验单或记录单的抄件（复印件）应注明原件存放单位，并有抄件人、抄件（复印件）单位的签字和盖章。

2.核查内容

（1）根据设计图纸和施工组织设计的内容，核查需要粉煤灰的品种、级别和用量，查出厂合格证或试验报告单的项目、子目是否齐全，编号是否填写，各项试验项目和数据指标是否符合要求。

（2）核对粉煤灰出厂合格证或试验报告单和配合比试配单、试块强度试验报告单上的粉煤灰品种、标号、厂牌、编号是否一致。

（3）核查各批粉煤灰批量之和，是否和该工程粉煤灰的需要量基本一致；核查试验数据是否异常或填写有误，是否审核或审核有误，签章是否齐全。

3.核查结论

经核查整个工程使用了粉煤灰而又无粉煤灰出厂合格证或试验报告单，或实际使用的粉煤灰和出厂合格证或试验报告单上提供的粉煤灰品种、标号、牌号、编号不一致等情况时，该项目核定为“不符合要求”。

（六）塑料管材

塑料管材在中小型灌溉与给排水工程中的使用日益广泛，特别是硬聚氯乙烯给水管（PVC-U）和聚乙烯（PE）的制造、安装技术日益成熟，基本取代了铸铁和混凝土管道。常见的塑料管材主要有硬聚氯乙烯（PVC-U）、聚乙烯（PE）、改性聚氯乙烯（PVC-M）和聚丙乙烯（PP）管材、管件。

1.质量合格证书、性能检验报告

工程所用的管材进场验收时应检查每批产品的订购合同、质量合格证书、性能检验报告、使用说明书、进口产品的商检报告及证件等。塑料管材必须有产品出厂质量合格证和生产厂家质量检验部门提供的产品技术性能检验报告，两者缺一不可。产品质量合格证和技术性能检验报告一般应包括：厂名、产品名称、品种、规格、型号、各项技术性能指标、生产厂家质量检验部门签证并盖章。

2.抽样复检

塑料管材进场后，按国家有关标准规定的批量及频率进行见证抽样、送检，在未获得检验合格的证明文件之前，不准启用，验收合格后方可使用。

硬聚氯乙烯（PVC-U）管材、管件应分别符合《给水用硬聚氯乙烯（PVC-U）管材》和《给水用硬聚氯乙烯（PVC-U）管件》的规定；低压输水灌溉用硬聚氯乙烯（PVC-U）管材应符合《低压输水灌溉用硬聚氯乙烯（PVC-U）管材》的规定；聚乙烯（PE）管材应符合《给水用聚乙烯（PE）管道系统》的规定；改性聚氯乙烯（PVC-M）管材、管件应分别符合《给水用抗冲改性聚氯乙烯（PVC-M）管材及管件》的规定；聚丙乙烯（PP）管材、管件应分别符合《冷热水用聚丙烯管道系统第2部分：管材》和《冷热水用聚丙烯管道系统第3部分：管件》的规定。

无论批量购置的何种塑料管材，每种规格管道的抽样数最少都不应少于3根。

3.核查内容

（1）根据设计图纸、施工组织设计查工程所有塑料管材的品种、规格、型号、用量。

（2）根据塑料管材的品种、规格、型号、用量，查每张出厂合格证和试验报告单的试验项目、子目是否齐全，试验结果及结论是否完整、明确。

（3）检查出厂合格证、试验报告单中的各项技术性能指标是否和检验标准的规定吻合，如单项试验项目不符合，核查是否复试或采取相应的技术措施和处理办法。

（4）核查试验报告单的取样方法是否正确，是否按批进行试验，批量总和所代表的数量是否符合实际情况。

（5）检查施工记录、施工日志、质量评定、施工组织设计、技术交底、设计变更洽商和竣工图等技术资料是否与塑料管材资料对应一致。

4.核查结论

如发现塑料管材没有出厂合格证或质量证明书或试验报告单；试验缺项、漏项或品种标号、技术性能不符合设计要求及规范、标准的规定；使用新型塑料管材，而又无可靠的鉴定数据等情况时，应核定该项目为“不符合要求”。

（七）止水材料

止水材料用于水工建筑物的永久接缝（温度缝）及水工闸门的周边。常见的止水材料有橡皮止水、塑料止水、紫铜片止水、铝片止水和白铁皮止水等。

1. 出厂合格证及技术性能试验报告

凡工程上使用的止水材料，既要有各验收批的止水材料出厂质量合格证，又要有生产厂家的试验报告单，两者缺一不可。止水材料出厂质量合格证应有品种、规格、型号、产地及各项试验指标、合格证编号、出厂日期、生产厂家质量检验部门的盖章及防伪认证标志等。有的还要求有地方政府主管部门颁发的建筑止水材料使用标志。止水材料出厂质量合格证和试验报告单应及时整理，试验单填写要字迹清楚，项目齐全、准确、真实，不得涂改、伪造、随意抽撤或损毁。

对重要部位或对其材质有疑虑的止水材料，必须委托有资质的检测单位进行试验，试验合格才能使用。须采取技术处理措施的，应满足技术要求并经有关技术负责人批准后，方可使用。对于合格证、试验单或记录单的抄件（复印件）应注明原件存放单位，并有抄件人、抄件（复印件）单位的签字和盖章。

2. 核查内容

（1）根据设计图纸、施工组织设计查工程所有止水材料的品种、规格、型号、用量并列出表（由施工单位协同），根据止水材料的品种、规格、型号、用量，查每张止水材料出厂合格证和试验报告单的试验项目、子目是否齐全，试验结果及结论是否完整、明确。

（2）检查出厂合格证、试验报告单中的各项防水技术性能指标是否和检验标准的规定吻合，如单项试验项目不符合，核查是否复试或采取相应的技术措施和处理办法；核查试验报告单的取样方法是否正确，是否按批进行试验，批量总和所代表的数量是否符合实际情况。

（3）止水材料材质证明是否有试验编号，便于与试验室的有关资料查证核实，材质证明是否有明确结论并盖章齐全；止水材料材质证明不合格单后是否附双倍试件复试报告单或处理报告，不合格单不允许抽撤。

（4）检查施工记录、施工日志、隐检记录、质量评定、施工组织设计、技术交底、设计变更洽商和竣工图等技术资料是否与止水材料材质证明资料对应一致。

3. 核查结论

如发现止水材料没有出厂合格证或质量证明书或试验报告单，试验缺项、漏项或品种标号、技术性能不符合设计要求及规范、标准的规定，使用新型止水材料而又无可靠的鉴定数据等情况时，应核定该项目为“不符合要求”。

（八）土工合成材料

土工合成材料产品的原材料主要有聚丙烯（PP）、聚乙烯（PE）、聚酯（PER）、聚酰胺（PA）、高密度聚乙烯（HDPE）和聚氯乙烯（PVC）等。土工合成材料种类很多，通常按其构造形式分为土工织物、土工膜、土工特种材料和土工复合材料四大类。

1.出厂合格证及技术性能试验报告

凡工程上使用的土工合成材料必须有产品出厂质量合格证和生产厂家质量检验部门提供的产品技术性能检验报告，两者缺一不可。产品质量合格证和技术性能检验报告一般应包括：厂名、产品名称、品种、规格、型号、各项技术性能指标、生产厂家质量检验部门签证并盖章。技术性能指标主要是物理性指标（包括单位面积质量、厚度、等效孔径等）、力学性指标（包括拉伸强度、撕裂强度、握持强度、顶破强度、胀破强度、材料与土相互作用的摩擦强度等）、水力学指标（垂直渗透系数、平面渗透系数等）和耐久性（抗老化性、抗化学腐蚀性）。

进货时，要检查产品质量合格证和厂家的质量检验报告，同时对于重要的工程或设计有要求时，还应对运至施工现场的土工合成材料进行抽样检验，检测内容一般为物理性能（单位面积重量、厚度）、力学性能（纵横向抗拉强度及伸长率）、水力学性能（抗渗、水力鼓破试验，用于反滤的土工织物，还应进行保砂性和透水性试验）和摩擦性能（在干湿2种情况下进行摩擦性能试验）。如合同有约定，还可能进行耐热性、低温性试验和耐久性试验。另外，还要根据施工现场不同温度条件进行室内外的黏结试验，要分别对不同黏剂的土工隔膜与土工隔膜、土工织物与土工隔膜、土工织物与土工织物的黏结进行测试。通常只进行抗拉试验，如有必要还应增加抗渗性能测试。

2.核查内容

（1）根据设计图纸、施工组织设计查工程所有土工合成材料的品种、规格、型号、用量。

（2）根据土工合成材料的品种、规格、型号、用量，查每张土工合成材料出厂合格证和试验报告单的试验项目、子目是否齐全，试验结果及结论是否完整、明确。

（3）检查出厂合格证、试验报告单中的各项技术性能指标是否和检验标准的规定吻合，如单项试验项目不符合，核查是否复试或采取相应的技术措施和处理办法。

（4）核查试验报告单的取样方法是否正确，是否按批进行试验，批量总和所代表的数量是否符合实际情况。

（5）检查施工记录、施工日志、隐检记录、质量评定、施工组织设计、技术交底、设计变更洽商和竣工图等技术资料是否与土工合成材料材质证明资料对应一致。

3.核查结论

如发现土工合成材料没有出厂合格证或质量证明书或试验报告单；试验缺项、漏项或品种标号、技术性能不符合设计要求及规范、标准的规定；使用新型土工合成材料，而又无可靠的鉴定数据等情况时，应核定该项目为“不符合要求”。

（九）防水材料

工程建设中使用的防水材料种类很多，主要有沥青、各类防水卷材、防水涂料、防水填料，并且其他各种防水材料随着社会的进步和科学的发展不断出现，这里就常用的防水材料提出要求。

1.出厂合格证和厂家试验报告

凡工程上使用的防水材料，既要有各验收批的防水材料出厂质量合格证，又要有生产厂家的试验报告单，两者缺一不可，特别是沥青材料必须具有出厂合格证和试验报告。防水材料出厂质量合格证应有品种、型号、产地及各项试验指标、合格证编号、出厂日期、生产厂家质量检验部门的盖章及防伪认证标志等。有的还要求有地方政府主管部门颁发的建筑防水材料使用标志。

防水材料出厂质量合格证和试验报告单应及时整理，试验单填写要字迹清楚，项目齐全、准确、真实，不得涂改、伪造、随意抽撤或损毁。核查出厂合格证时，若设计有要求或外观检查有疑义者，尚应有取样试验报告，内容包括：外观质量检验及不透水性、吸水性、耐热度、拉力、柔度等物理性能检验。

（1）建筑防水沥青嵌缝油膏厂合格证和抽样试验报告，主要包括：耐热度、黏结性、保油性、挥发率、施工度、低温柔性、浸水后黏结性等。

（2）聚氯乙烯胶泥有聚氯乙烯出厂合格证及其胶泥的配合比试配报告以及使用过程中的抽样试验报告单，内容包括：抗拉强度、黏结强度、耐热性、延伸率等。

（3）玛蹄脂有试验室提供的配合比试验报告，内容包括：耐热度、柔韧性、黏结力等项，每项至少3个试件。

（4）屋面防水涂料有出厂合格证和抽样试验报告，内容包括：耐久性、延伸性、黏结性、不透水性、耐热性等。

对于新型防水材料，应有可靠的、科学的鉴定资料，特别要注意对老化性能的鉴定，并按设计要求进行试验。使用过程中，应有专门的施工工艺操作规程和有代表性的抽样试验记录。

2.核查内容

（1）根据设计图纸、施工组织设计查工程所有防水材料的品种、型号、用量，列出表（由施工单位协同）；根据防水材料的品种、型号、用量，查每张防水材料由厂合格证和试验报告单的试验项目、子目是否齐全，试验结果及结论是否完整、明确。

（2）检查出厂合格证、试验报告单中的各项防水技术性能指标是否和检验标准的规定吻合，如单项试验项目不符合，核查是否复试或采取相应的技术措施和处理办法。

（3）核查试验报告单的取样方法是否正确，是否按批进行试验，批量总和所代表的数量是否符合实际情况。

（4）防水材料材质证明是否有试验编号，便于与试验室的有关资料查证核实，材质证明是否有明确结论并盖章齐全；材质证明不合格单后是否附双倍试件复试报告单或处理报告，不合格单不允许抽撤。

（5）检查施工记录、施工日志、隐检记录、质量评定、施工组织设计、技术交底、设计变更洽商和竣工图等技术资料是否与防水材料材质证明资料对应一致。

3.核查结论

如发现防水材料没有出厂合格证、质量证明书或试验报告单，主要的防水材料试验缺项、漏项或品种标号、技术性能不符合设计要求及规范、标准的规定，各种拌和物（如玛蹄脂、聚氯乙烯胶泥、细石混凝土防水层）不经试验室试配、在配制前和使用过程中无现场取样试验，使用新型防水材料而又无可靠的鉴定数据等情况时，应核定该项目为“不符合要求”。

二、中间产品

（一）砂、石骨料

1.质量检验报告

工程上使用的砂、石骨料必须先试验合格才能使用。

砂骨料的质量检验报告内容包括：委托单位、工程名称、试样编号、试验日期、主要试验项目（含泥量、泥团含量、云母含量、有机质含量）、其他试验项目（石粉含量、坚固性、密度、轻物质含量、硫化物含量）、级配和细度模数等指标，试验结论，以及试验人员签名及试验单位盖章。

石骨料的质量检验报告的内容包括：委托单位、工程名称、试样编号、试验日期、主要试验项目（泥团含量、软弱颗粒含量、有机质含量、针片状颗粒含量、超径量）、其他试验项目（含泥量、吸水率、密度、逊径、硫化物含量）、级配等指标，试验结论，以及试验人员签名及试验单位盖章。

2.核查内容

（1）检查工程使用的所有砂、石骨料在使用前是否都按批进行了检测试验；试验是否及时，批次、数量是否满足要求。

（2）检查每张试验单，查阅主要试验项目是否齐全，检查工程量结算单和进料记录，检查检验的数量是否与进料数量相吻合。

3.核查结论

核查时，如发现整个单位工程所使用的砂、石骨料未进行试验，或试验报告中主要项目缺漏严重等情况，核定该项为“不符合要求”。

（二）石料

1.抽样试验

石料使用前必须按要求进行有关的物理力学指标的检测，选择符合设计要求的石料。在料场进行取样和施工现场抽样试验的项目主要有：天然密度、极限强度（干抗压、湿抗压、抗拉、抗弯）、最大吸水率、软化系数、弹性模量等指标。

在砌筑前，对石料的质地和外形尺寸要进行检查，一般每10m左右检查一组（3块），并做检查记录。对石料质地的要求是坚硬、新鲜、完整，对石料外形尺寸的要求如下：

（1）毛石无一定规则形状，块重应大于25kg，中部厚度不小于15cm。规格更小的也称片石，可用于塞缝，但其用量不得超过该砌体重量的10%。

（2）块石上下两面大致平整，无尖角，块厚宜大于20cm。

（3）粗料石包括条石及异形石，要求棱角分明，六面大致平整，同一面最大高差宜为石料长度的1% ~ 3%。石料长度宜大于50cm，块高宜大于25cm，长厚比不宜大于3。

（4）卵石要求外形以椭圆形为宜，其长轴不小于20cm。

2.核查内容

核查工程上所用的石料是否按规定进行了检测试验，对石料外形尺寸检查是否有记录；对于主要质量指标达不到要求的石料，采取何种方式进行处置，处理是否有记录。

3.核查结论

核查时，如发现工程上使用了大量的石料，又没有石料试验报告；或试验报告中的主要检验项目不合格或没有外形尺寸检查记录，可核定该项目为“不符合要求”。

（三）混凝土拌和物

1.配合比试配和试块强度报告单

混凝土工程应按规范规定提供混凝土配合比试配报告单和混凝土试块试验报告单。混凝土试配报告单应由有资格的试验室提供。

混凝土配合比应根据混凝土强度等级要求及原材料、施工条件，使用用于工程施工的原材料进行试配、调整，并经理论计算来获得。混凝土所用的水泥、水、骨料、外加剂等必须符合施工规范和有关标准的规定，不同品种的水泥不得混合使用。

混凝土试块强度报告单是反映与鉴定混凝土工程质量的主要依据，各项数据应真实、可靠、齐全。报告单内容应包括：委托单位，报告编号，工程名称，结构部位，养护方法，试块编号，制作日朝，试压日期，养护龄期，设计强度等级，设计坍落度，试块尺寸，设计配合比及原材料品种、规格、性能，试块试压数据及强度评定结论等。

混凝土试块取样应具有代表性和随机性，取样频率及取样方式等应符合有关规范和标准的规定。混凝土试块的标准成型方法、标准养护方法、试压龄期及强度试验方法等均应符合有关规范和标准的规定。

对于地下结构的防水混凝土，应按设计要求提供混凝土抗渗试验记录单，其内容应包括：委托单位、工程名称、施工部位、水泥品种、配合比、外加剂、养护方法、龄期、抗渗标号、试验日期、起讫时间、压力、延续时间、试件抗渗能力、试验结论等。抗渗混凝土所用的原材料质量、配合比、试块留置、试块制作、养护及抗渗检验标号均须符合设计要求及有关技术标准的规定。

2.核查内容

（1）按照设计施工图要求，核查混凝土配合比及试块强度报告单中混凝土强度等级、试压龄期、养护方法、试块的留置部位及组数、试块抗压强度是否符合设计要求及有关规范、标准的规定。

（2）核查混凝土试块试验报告单中的水泥是否和水泥厂合格证或水泥试验报告单中的水泥品种、标号、厂牌相一致。对超龄的水泥或质量有疑义的水泥是否经检验重新鉴定其标号，并按实际强度设计和试配混凝土配合比。

（3）核验每张混凝土试块试验报告单中的试验子目是否齐全，试验编号是否填写，计算是否正确，检验结果是否明确。

（4）有抗渗设计要求的混凝土，还应核查混凝土抗渗试验报告单中的部位抗渗标号是否符合要求，是否有缺漏部位或组数不全以及抗渗标号达不到设计要求等情况。

3.核查结论

核查时，发现无试验室确定的混凝土配合比试配报告单和混凝土试块试验报告单；混凝土留置的试块不足，试压龄期普遍超龄，原材料状况与配合比要求有明显差异；有抗渗设计要求的混凝土，未提供混凝土抗渗试验报告单或抗渗报告单中的部位、组数、抗渗标号等达不到设计要求及有关规定；混凝土试块取样、制作、养护、试压等方法普遍不符合规范要求，以致试块强度不能真正反映和代表结构或构件混凝土的真实强度等情况，核定该项为“不符合要求”。

（四）混凝土试块

1.试块抗压强度

混凝土强度应按批进行检验评定，一个验收批应有强度等级相同、龄期相同以及生产工艺条件和配合比基本相同的混凝土组成。对于施工现场的现浇混凝土，应按单位工程的验收项目划分验收批。

混凝土试块抗压强度的检验评定应按《水利水电工程施工质量检验与评定规程》规定的原则进行。混凝土试块试验结果不合格所代表的结构或构件，应进行鉴定，并有处理措施、结论的记录与凭证。

混凝土试块处理措施包括：留置的后备试块达到要求并经监理单位认可，经设计单位重新验算与签证，认为结构或构件有较充裕的安全储备，不须进行处理；经法定检测单位进行检测鉴定，混凝土强度达到设计强度等级，出具鉴定报告，并经设计单位同意；按设计要求进行加固补强及返工重做等。

当对混凝土试块强度的代表性有怀疑时，应委托法定的检测部门采用从结构或构件中钻取试件的方法或采用非破损检验方法，按有关标准的规定对结构或构件中的混凝土强度进行推定。

2.核查内容

（1）核查混凝土试块报告单中，是否以混凝土强度等级取代混凝土标号；是否按照《水利水电工程施工质量检验与评定规程》的有关规定，检验评定混凝土的强度质量。

（2）核查所套用的标准是否得当，计算是否有错误，计算方法是否正确。

（3）当混凝土检验批抗压强度不合格时，是否及时进行鉴定，并采用相应的技术措施和处理办法，处理记录是否齐全，监理单位是否认可。

3.核查结论

核查时，如发现混凝土强度评定套用的标准不当，或计算错误导致误判，或出现不合格批的混凝土试块，又无科学鉴定和采取相应的技术措施进行处理等情况，核定该项为“不符合要求”。

（五）砂浆拌和物及试件

1.配合比和试块试验报告单

砌筑砂浆应按单位工程提供砂浆配合比报告单和砂浆试块试验报告单。

砌筑砂浆应采用经试验室确定的重量配合比，如砂浆组成材料有变更，应重新选定砂浆配合比。制配砂浆的所有材料须符合质量检验标准，不同品种的水泥不得混合使用；砂浆的种类、标号、稠度、分层度均应符合设计要求和有关规范的规定；混凝土砂浆所用生石灰、黏土及电石渣均应化膏使用，其使用稠度应符合有关规定；水泥砂浆和水泥石灰砂浆中掺用微末剂，其掺量应事先通过试验确定；水泥黏土砂浆，不得掺入有机塑化剂。

砂浆试块留置应符合规定的要求。试验报告应以标准养护龄期28天的试块试压结果为准，在一般情况下，应创造标准养护的条件。如确无标准养护条件，而在自然条件下进行养护，其养护条件、制度均应满足施工规范规定，试块试压强度应按规定换算为标准养护强度，并应附有养护地点的温度测温记录以及养护相对湿度情况。砂浆强度按单位工程同品种、同强度等级砂浆为同一验收批，其试块抗压强度必须满足有关标准和规范的规定。

试验报告单所列子目应填写齐全，试验数据记录与计算应准确，人员签字齐全，并加盖试验专用章；试验报告单应有试验室编号，便于整理和对照检查。

2. 核查内容

（1）按照设计施工图要求，核查砂浆配合比及试块强度报告单中砂浆品种、标号、试块制作日期、试压龄期、养护方法、试块组数、试块强度是否符合设计要求及施工规范的规定。

（2）核验每张砂浆试块抗压强度试验报告中的试验子目是否齐全，试验编号是否填写，试验数据计算是否正确。

（3）核查砂浆试块抗压强度试验报告单是否和水泥出厂质量合格证或水泥试验报告单的水泥品种、标号、厂牌相一致。

3. 核查结论

核查时，如发现无试验室确定的重量配合比单和砂浆试块试验报告，或砂浆留置的试块组数不足，试压龄期普遍超龄，原材料状况与配合比要求有明显差异；或混合砂浆中掺和的石灰或黏土不化膏；或砂浆试块抗压强度不符合质量检验评定标准的规定，又未提供鉴定和处理结论等情况，核定该项“不符合要求”。

（六）混凝土预制件（块）

混凝土预制件在建筑工程上按其使用功能、构造特点及生产工艺划分为四类。

第一，板类。包括各种空心楼板、大楼板、槽形板、T形板等。

第二，墙板类。包括外墙板、挂壁板、内隔墙板等。

第三，大型梁、柱类。包括各种预应力或非预应力大梁、吊车梁、基础梁、框架梁、屋架、桁架等。

第四，小型板、梁、柱类。包括挑檐板、栏板、拱板、方砖等。

对于水利工程来说，除上述类别外，还有钢筋混凝土预应力或非预应力管，混凝土预制块等。

1. 质量合格证和质量评审记录

混凝土预制构件有在工厂生产的，也有在工程施工现场制作的。

对于工厂生产的预制构件，应有质量合格证或质量检验报告。预制混凝土构件出厂合格证内容包括：委托单位、工程名称、合格证编号、合同编号、构件名称、型号、数量和生产日期、混凝土的设计强度等级、配合比编号、出厂强度、主筋的种类及规格、机械性能、结构性能、生产许可证等。

对于施工现场制作的混凝土预制构件，对于像预应力混凝土管等比较重要的构件，应在工程施工现场进行试制，试件经有资质的专业质量检测部门检验，并出具质量检验合格报告后，才能正式进行批量生产。

对于混凝土预制块等一些相对比较次要的混凝土构件，也应该先进行小批量生产，在经过有关部门对混凝土预制构件的强度、规格尺寸和外观等质量指标进行质量评审，其质量达到设计要求和规范规定时，方可进行批量生产。

质量评审要有记录，记录应按合格证和质量检测报告的要求进行收集整理。另外，施工现场生产的混凝土预制构件还应按规定留置混凝土试块，试块的试验资料也应按有关规定进行整理归档。

2. 核查内容

（1）根据设计图纸、施工组织设计核查工程所有混凝土预制构件的品种、规格、型号、批次、用量并列出表（由施工单位协同），根据混凝土预制构件的品种、型号、用量，查混凝土预制构件出厂合格证或检验报告或质量评审记录的符合性。

（2）检查现场生产的混凝土预制构件批量生产前是否按规定进行试验，试验单位资质如何，试验报告是否完整规范；混凝土预制构件出厂合格证或质量检测报告是否有试验编号，便于与试验室的有关资料查证核实，出厂合格证或质量检测报告是否有明确结论并盖章齐全。

（3）混凝土预制构件合格证或质量检测报告是否与所用混凝土预制构件物证吻合、批次对应；检查施工记录、施工日志、隐检记录、预检记录、质量评定、施工组织设计、技术交底、设计变更洽商和竣工图等技术资料是否与混凝土预制件（块）检验资料对应一致。

3. 核查结论

如发现混凝土预制构件没有出厂合格证或质量检测报告，或未经有资质的质量检测机构检验就投入使用或批量生产，或检验项目不齐全，或没有质量评审记录等情况时，应核定该项目为“不符合要求”。

三、重要隐蔽工程施工记录

（一）主要建筑物地基开挖处理

1. 基本要求

不论是岩石基础、土石软弱基础开挖，都必须严格按规范和设计要求进行。为了确保建基面的完整，防止因开挖造成的扰动和破坏，影响建筑物的安全和稳定，建筑物开挖都要按规定和要求留足保护层。

保护层的开挖应严格按规定和设计要求采用保护性开挖的方式进行，尽量采用人工铲除、撬挖或凿除的方式开挖。对于需要钻孔爆破的岩石基础保护层的开挖，尽量采用预裂、光面爆破、毫秒分段起爆等方式进行，并严格控制钻孔深度和装药量。保护层开挖完成后，要对建基面的地质情况进行描述、拍照或摄像，进行必要的检测或取样试验，并做好记录。

2.核查内容

（1）检查基础开挖特别是保护层的开挖是否按规范规定和设计要求进行，是否进行了地质描述和记录。

（2）基础处理是否按有关规定或要求进行，是否按规定进行了检验和复验，处理工程的质量和效果如何。

（3）处理工程是否履行了验收程序或进行了重要隐蔽单元工程签证，各种签证记录是否齐全、规范、完整。

3.核查结论

核查时，如发现主要建筑物基础开挖地质描述、必要的检验和试验、基础处理记录或重要隐蔽单元工程验收签证等记录，有一项未进行，可核定该项为“不符合要求”。

（二）基础排水

1.基本要求

基础排水系统应根据基础区地形、气象、水文、地质条件、排水量大小进行施工规划布置，并与场外排水系统相适应。基坑外围应设置截水沟。基坑排（降）水，应根据工程地质与水文地质情况，分别选定集水坑或井点等方法。用于排水的材料和设备的质量、规格、型号、数量应满足要求，并按规范和设计要求进行施工安装，必要时应进行现场抽水试验，对集坑或井点的位置、数量、深度或高程、尺寸或规格型号以及抽水设备的规格型号进行记录。

抽水期间应按时观测水位、流量，随时监视出水情况，如发现水质浑浊，应分析原因及时处理，必要时，可增设观测井，对轻型井点还应观测真空度。同时还应注意地下水降低后对邻近建筑物或基坑边坡可能产生的不利影响，必要时应设立沉降观测点进行观测。

基础排水的施工记录的内容主要包括：选择排水的方法（集水坑还是井点，是何种类型的井点），集水坑或井点的位置、数量、深度、尺寸或规格，抽水设备的规格、型号、数量、完好率；排水期间的观测资料，如水位、流量，水流浑浊程度，真空度，地基沉降情况，建筑物或边坡稳定情况，封井（坑）记录；发生的问题，处理的方法及其结论等。

基础排水按井点型式的不同，又有不同的施工记录，如井点施工记录、轻型井点降水记录、喷射井点降水记录、电渗井点降水记录、管井井点降水记录、深井井点降水记录等。

2. 核查内容

检查是否按施工图和施工组织设计的要求进行现场抽水试验，抽水期间对水位、流量及沉降等观测是否连续、记录是否完整，对出现的问题是否如实反映。

3. 核查结论

核查时，如发现观测记录缺漏较多，对曾经发生的问题未如实反映等情况，核定该项为“不符合要求”。

（三）灌浆

1. 基本要求

灌浆用的砂、水泥、黏土和其他胶结材料应有试验报告或产品合格证，有配合比试验报告；必要时应进行造孔和灌浆试验，以获取可靠的灌浆技术参数，造孔、终孔、清孔和清孔验收都应有记录；灌浆时，对浆液浓度和比重、灌浆压力、灌浆量、灌浆工序、灌注次数、封孔等也都应有记录。

其他的灌浆记录和图表包括：设计图纸、设计说明书、设计变更和有关的补充文件；竣工总平面图和剖面图，每个槽（桩）孔的竣工资料；施工原始记录（班组钻造孔记录、终孔验收记录、清孔验收记录、导管埋设情况记录等），质量检查资料，施工期地下水位观测资料，灌浆效果检查试验（如钻芯取样、压水试验等）成果资料。

2. 核查内容

（1）检查施工图或施工组织设计，工程上使用的原材料是否都有合格证或试验报告；是否进行了配合比试验，查试验报告。

（2）造孔和灌浆试验记录是否完整齐全，是否按试验取得的灌浆技术参数进行施工，查有关记录；造孔、终孔、清孔是否有测量和观测记录。

（3）灌浆的浆液浓度、比重、灌浆压力等是否有详细记录；灌浆施工过程的其他各种检查验收记录以及灌浆效果检查试验等记录或试验报告是否齐全。

3. 核查结论

核查时，如发现没有配合比试验报告，或未做造孔和灌浆试验，或施工过程记录严重残缺，或没有灌浆效果检查试验，则核定该项为“不符合要求”。

（四）造孔灌注桩

造孔灌注桩按照成孔工艺和施工方法的不同，分为泥浆护壁成孔灌注桩、干作业成孔灌注桩、套管护壁成孔灌注桩和爆扩成孔灌注桩。下面以泥浆护壁成孔灌注桩为例进行介绍：

1.基本要求

灌注桩施工前先应对用于灌注桩的混凝土原材料进行试验，原材料符合要求再进行混凝土配合比试验，并通过试桩确定技术参数；成孔过程中应对桩位、垂直度、护壁、孔变位、沉渣、清孔、护筒埋深与泥浆比重等进行观察、测量和记录；浇筑过程中应对钢筋笼质量、浇筑时间、浇筑速度、拔管速度、振捣情况等进行观察、测量和记录，并留置混凝土试件。

泥浆护壁成孔灌注桩的施工记录、图表一般包括：桩位测量放线平面图，水泥、外加剂及钢筋的出厂合格证，各种原材料检验报告，混凝土试块试压记录，钢筋笼施工质量检查记录，桩的工艺试验记录，护壁泥浆质量检查记录，成孔检查记录，施工过程记录，桩和承台的施工记录或施工记录汇总表，隐蔽工程验收记录，静动荷载试验记录，补强、补桩记录，设计变更通知书、事故处理记录及有关文件，桩基竣工平面图。

2.核查内容

（1）检查用于灌注桩的砂、石、水泥、钢筋等原材料是否有合格证及试验报告；检查是否有混凝土配合比试验报告单，是否进行了桩的工艺试验，查有关试验报告。

（2）对于施工过程的造孔、清孔和浇灌的施工过程是否有详细记录，查有关测量和记录资料；是否按规定留足了混凝土试块，试压记录如何。

（3）是否按规定或设计要求进行了桩的静动荷载试验，试验数量是否满足要求，查试验报告和有关记录。

3.核查结论

核查时，如发现没有混凝土配合比试验报告和桩的工艺试验报告，或施工过程记录缺漏严重，或无混凝土试块试压记录，或未进行桩的荷载试验，则核定该项为“不符合要求”。

（五）振冲桩

1.基本要求

施工前，先应查阅地质资料，了解地基多层土的高度、厚度、土工参数及级配曲线确定加固部位；清除地下、地上障碍物，平整场地做好排水及水循环使用设施；按设计桩位编号，安排施工顺序；检查施工机具运转及水、电设施情况；对填料的质量进行试验；进行填料配方试验；通过现场试验取得成孔施工所需水压，成孔速度、填料方式以及达到土体密实度时，振冲器电机电流控制值、留振时间及填料量等施工参数。

在施工过程中，应对施工顺序、操作方法、技术参数等进行严格控制，对加密所达到的电流值、空振电流值以及深度、填料量、振冲时间和电流量等认真进行记录，对表层应按规定或设计要求进行处理。

振冲桩的振冲记录主要包括：桩位测量放线平面图、填料材质试验报告、填料配方试验报告、桩的工艺试验报告、成孔施工记录、填料施工记录、施工控制参数记录、隐蔽验收记录、制桩成果统计图、桩体施工电流图、土工试验报告、干密度试验报告、贯入度试验报告或载荷试验报告等。

2.核查内容

（1）检查是否对填料进行了级配及配方试验；是否进行了现场工艺桩试验，试验结果如何。

（2）对振冲桩的成孔、填料施工的记录，内容是否齐全详尽；对表层处理是否有记录。

（3）对地基的加固效果是否按规范和设计要求进行了必要的试验，试验报告是否齐全完整。

3.核查结论

核查时，如发现没有桩的现场工艺试验记录，或施工过程记录缺漏严重，或没有桩的效果检查试验资料，则核定该项“不符合要求”。

（六）地下防渗墙

1.基本要求

施工前，设计单位应向施工单位进行技术交底，详细说明有关技术要求。施工单位应选择符合设计和规范规定的合格材料，进行混凝土和泥浆的配合比试验，对于重要或有特殊要求的工程，施工前，应在地质条件类似的地点，也可在防渗墙中心线上进行施工试验，以取得有关造孔、泥浆固壁、混凝土浇筑等资料。

工程施工过程中，对造孔前的准备、造孔、终孔验收、清孔、清孔验收、灌注或填筑墙体材料（包括埋入基岩的灌浆管和各种观测仪器），全墙质量检查及验收等各个环节都要严格把关，认真记录。

防渗墙施工的技术资料主要包括：设计图纸、设计说明书、设计变更和有关的补充文件，竣工总平面图和剖面图，每个槽（桩）孔的竣工资料，施工原始记录（班组钻造孔记录，终孔验收记录，清孔验收记录，导管埋设情况记录，泥浆下混凝土浇筑记录等），质量检查资料，各种原材料质量合格证和有关材质试验资料，混凝土和泥浆配合比报告，混凝土、泥浆试验资料，施工期地下水位观测资料，墙身检查孔成果资料等。

2.核查内容

（1）检查用于灌浆的各种原材料是否有合格证及材质试验报告，是否进行了混凝土或泥浆配合比试验。

（2）是否按规定进行了造孔、灌浆试验，施工过程中对造孔、终孔和清孔。

（3）是否进行了测量和详细记录，各种图纸、技术文件、试验报告及其他有关资料等是否完整齐全。

3.核查结论

如发现原材料没有质量合格证或材质试验报告，未按要求做混凝土或泥浆配合比试验或造孔和灌浆试验，或施工记录缺失严重等，可核定该项为“不符合要求”。

（七）其他重要施工记录

其他重要记录内容，如重锤夯实、强夯地基施工记录，挤密、旋喷地基施工记录，打（压）桩施工记录，沉井施工记录等诸多内容，可参照上述介绍的有关内容，进行质量检验与评定资料核查。

四、金属结构及启闭机

（一）焊工资格证明材料（复印件）

1.考试合格证或资格等级证书

国家有关部门按其技术水平的高低，将焊工的资格分为Ⅰ级、Ⅱ级、Ⅲ级，级别越高，焊工的技术水平越好。一般要求高级别的焊工，焊接一类、二类焊缝。

焊工的考试是由有关主管部门认定的具有焊工培训和考试能力的焊工考试委员会负责，同时，有关部门对焊工考试合格证的失效或过期等有一套管理制度。

2.核查内容

核查时，主要查焊工资格证明材料，各类焊工焊接的焊缝印记记录是否与焊工的资格等级相吻合，焊工的资格证明与现场人员是否对应。

3.核查结论

如发现焊接一类、二类焊缝的焊工没有资格证明，则核定该项为“不符合要求”。

（二）焊接及探伤报告

1.基本要求

水工金属结构制作，不仅要求焊工有一定的资格，而且还要求焊接材料有合格证，使用前进行必要的检查、检验和处理。对于首次焊接的钢种或焊接材料改变、焊接方法改变、焊接坡口形式改变等情况，要进行焊接工艺评定。在焊接过程中，还要注意环境温度观测、焊缝印记记录。施焊结束，不仅要对焊缝外观进行检查，还对焊缝内部质量进行检测，对于不合格的焊缝应按规定做补充检查或返修处理。

2.核查内容

（1）检查焊接材料的出厂合格证和检验记录。

（2）检查焊接工艺评定报告及其他焊接记录。

（3）焊缝外观质量和内部质量检查或检测记录。

（4）检查对不合格焊缝的补充检查和返修记录等资料是否齐全。

3. 核查结论

如果主要焊接材料没有出厂合格证明，或探伤检查不符合要求，或对探伤不合格焊缝未进行补充检查和必要的返修处理，则核定该项为“不符合要求”。

（三）闸门

1. 出厂合格证及有关技术文件

按照国家和水利部的有关规定，生产水工闸门的厂家必须具有水利部或国家质量技术监督部门颁发的水工闸门生产许可证。水工闸门生产许可证是根据生产厂家的生产能力，按品种（平面闸门、弧形闸门、人字门）和规格（大、中、小）划分。

生产厂家应向用户提供产品质量合格证，其内容通常包括：生产厂家、厂址、产品名称、型号、规格、生产许可证批号、生产日期、产品主要技术性能指标、保修期限等。如用户有要求，生产单位还应向用户提供具有法定资格质量检验单位提供的质量检验报告（复印件），水利部或国家质量技术监督部门颁发的生产许可证或有关文件的复印件，主要部位材料的品种、型号及材质证明，制造时最终的检查和检测试验记录，设计修改通知书，焊缝探伤报告，防腐检测结果等有关技术文件。

2. 核查内容

（1）检查水工闸门的品种、规格、型号是否与设计文件一致。

（2）生产厂家是否有生产许可证，许可证允许的生产能力是否与产品一致，是否有法定检测单位提供的与产品规格、型号相对应的质量检验报告，是否有产品合格证。

（3）合同要求提供的其他技术资料是否提供。

3. 核查结论

核查时，如发现无生产许可证，产品型号、规格与设计要求不一致，或产品无质量合格证，核定该项为“不符合要求”。

（四）拦污栅

1. 出厂合格证及有关技术文件

按照国家和水利部的有关规定，生产拦污栅的厂家必须具有水利部或国家质量技术监督部门颁发的拦污栅生产许可证。

生产厂家应向用户提供产品质量合格证，其内容通常包括：生产厂家、厂址、产品名称、型号、规格、生产许可证批号、生产日期、产品主要技术性能指标、保修期限等。

如用户有要求还应提供具有法定资格质量检验单位提供的质量检验报告（复印件），水利部或国家质量技术监督部门颁发的生产许可证（复印件），主要部位材料的出厂合格证，制造时最终的检查和试验检测记录，设计修改通知书，焊缝探伤报告，防腐检测结果等有关技术文件。另外，对产品使用或维修证明书等资料也应妥善保存。

2.核查内容

（1）核查拦污栅的规格、型号、技术性能（包括各部位使用材料的品种等）是否与设计文件一致。

（2）生产厂家是否有生产许可证，许可证允许的生产能力是否与产品一致，是否有试运行记录，是否有产品合格证。

3.核查结论

核查时，如发现无生产许可证，产品型号与设计要求不一致，或产品无质量合格证等情况，核定该项为“不符合要求”。

（五）闸门、拦污栅安装测量记录

1.基本要求

闸门、拦污栅安装先要进行埋件安装。在埋件安装前，应仔细检查一期、二期混凝土接合面的清理和凿毛情况，并做好记录。在二次混凝土浇筑前，应认真测量埋件安装的牢固程度和安装后的允许偏差是否在规定范围，并做好记录。二次混凝土浇筑后，应再次测量埋件的位置偏差是否在规定范围，如不合格应处理合格后，再进行闸门、拦污栅的安装。

在安装过程中，不仅要注意观察和测量主体结构的位置和偏差，还应注意观察和测量其附件的位置和偏差，及其就位后的变形情况，并认真做好记录。平面闸场安装时还要做静平衡试验，试验过程要仔细观察和测量，并做好记录。

此外，安装单位还应向用户提供安装时最终的检查和试验检测记录，重大缺陷处理记录和有关会议纪要，焊缝探伤报告，防腐检测结果和安装竣工图纸等有关技术文件。

2.核查内容

（1）检查安装过程检查、测量和调试记录是否符合规定要求。

（2）合同要求的其他技术文件是否具备。

3.核查结论

如没有进行必要的测量和记录，或测量记录缺漏严重，或平面闸门未做静平衡试验等，则核定该项为“不符合要求”。

（六）启闭机

1.出厂合格证及有关技术文件

水利工程中使用的启闭机有多种型号和种类，有卷扬式、螺杆式、单吊点、双吊点，启闭力的大小又有各种不同的规格。根据国家有关规定，对不同品种和型号的启闭机，水利部或国家质量技术监督局对各生产厂家都颁发了生产许可证。

生产厂家应向用户提供产品质量合格证，其内容通常包括：生产厂家、厂址、产品名称、型号、规格、生产许可证批号、生产日期、产品主要技术性能指标、保修期限等。如用户有要求，生产厂家还应向用户提供具有法定资格质量检验单位提供的质量检验报告（复印件）及水利部或国家质量技术监督部门颁发的生产许可证或有关文件（复印件），主要部位材料的品种、型号和合格证，制造时最终的检查和试验检测记录，防腐检测结果等有关技术文件。

2.核查内容

（1）检查启闭机的品种、规格、型号及其他有关技术参数是否与设计文件一致。

（2）生产厂家是否有生产许可证，许可证允许的生产能力是否与产品一致，是否有法定检测单位提供的与产品规格、型号相对应的质量检验报告，是否有产品合格证。

（3）合同要求提供的其他技术资料是否提供。

3.核查结论

核查时，如发现无生产许可证，产品型号、规格或主要技术参数与设计要求不一致。或产品无质量合格证等情况，核定该项为“不符合要求”。

（七）启闭机安装测量记录

1.基本要求

安装前应仔细检查启闭机的构造质量，如有必要还应进行现场组装，观察测量并做好记录。主体结构安装前应进行埋件和其他附件的安装，并仔细观察、认真测量其质量是否符合要求，并进行记录。经检查验收质量符合要求后，再进行主体结构的安装。安装应严格按设计要求、施工规范和产品安装说明书进行，认真观察、调试和测量，并做好记录。

此外，安装单位还应向用户提供安装时最终的检查和试验检测记录，重大缺陷处理记录和有关会议纪要，焊缝探伤报告，防腐检测结果和安装竣工图纸等有关技术文件。

2.核查内容

（1）检查安装过程检查、测量和调试记录是否符合规定要求。

（2）合同要求的其他技术文件是否具备。

3.核查结论

如没有进行必要的测量和记录，或测量记录缺漏严重，则核定该项为“不符合要求”。

（八）运行试验记录

1.基本要求

（1）闸门

闸门安装完毕，应在无水情况下做全行程启闭试验。共用闸门应对每个门槽做启闭试验。闸门启闭过程中应检查滚轮转动情况，闸门升降有无卡阻，止水橡皮有无损伤等现象。闸门全部处于工作部位后，应用灯光或其他方法检查止水橡皮的压缩程度，不应有透亮或有间隙。对上游止水闸门，则应在支承装置和轨道接触后检查。如有条件，可检查闸门在承受设计水头的压力时，橡皮止水的漏水量是否在规定值范围。闸门试验要仔细观察，认真测量，并做好记录。

闸门试运行记录内容一般包括：工程名称，闸门品种、型号、规格尺寸，台数，孔位，上下游水位；闸门的渗漏水量、开启高度，止水设备与闸槽的摩擦情况，滑块或滑轮的滑动或转动情况，闸门的振动、摆动反噪声情况；出现问题，处理方法及调整后的结果等。

（2）拦污栅

栅体吊入栅槽，安装调试结束后，应进行升降试验，并做好试验记录。拦污栅试验记录内容一般包括：拦污栅的品种、规格、型号、台数，上、下游水位，流量；试验的方式、方法，清污量，灵敏程度；出现的问题，处理方法及调整后的结论等。

（3）启闭机

启闭机安装完毕后，应按规定做运行试验。试验前应对电气及机械部分进行仔细检查、调试和测量，并认真做好记录；如无异常，先进行无负荷试验，试验满足要求，做好试验记录；再按规定进行静负荷试验，试验次数、加载量等符合设计要求和有关规定，注意观察和测量，并做好记录；如无异常再按规定进行动负荷试验或其他试验，如快速启闭机应做快速关闭试验，有继电保护装置的要进行继电保护模拟试验，有自动、电动或手动装置的要进行自动、电动或手动试验等，但不论是何种试验，都应仔细观察、检查和测量，并认真进行记录。

启闭机试验运行记录一般包括：启闭机的型号、规格、品种、台数、位置、上下游水位；手动、电动或自动运行时的运转时间，声音、振动是否正常，转动方向是否正确，有无摩擦和卡阻现象；出现问题，处理方法及调整后的结论等。

（4）钢管

钢管安装过程中或安装完毕后，应对新钢种或新型结构的岔管和明管按有关规定进行压水试验。

钢管压水试验记录一般包括：试压的部位、名称，管道设备号、规格和数量及试压管道长度；系统试压或埋地隐蔽试压；试压方式、方法，试压压强标准（工作台压力、试验压力、压力下降、稳压时间、气温）及其结果；出现的问题及处理方法、复试结果等。

2. 核查内容

（1）检查各种水工金属结构产品安装结束后，是否按规定进行了必要的调整、测试和运行试验。

（2）运行试验结果如何，记录是否详细。

3. 核查结论

如未进行必要的运行试验，或主要试验项目不全，或未做试验记录，则核定该项为“不符合要求”。

第三节　施工质量评定资料核查

一、工序、单元工程施工质量评定表

（一）主控项目

每个分部工程中的每一个单元工程，都应有一张单元工程施工质量评定表，单元工程中有试验项目的应提供试验报告，例如，土方填筑工程资料核查，应该检查土料（包括黏性土料和无黏性土料）的物理力学指标检测试验资料，击实试验、相对密度试验资料等，现场的取大样检测试验资料是检查核查的重点；管道压水试验，检查核查水压试验计划、试验参数确定、试验设备、人员配置、试验过程、试验结果等资料；有些评定项目还应提供检查记录，是重要隐蔽单元工程或关键部位的单元工程，还应提供重要隐蔽单元工程或关键部位单元工程签证记录。

查阅质量评定资料时，应重点对《水利水电工程单元工程施工质量验收评定标准》中的主控项目质量评定情况进行抽查。如果是由若干根桩（孔）或若干个工序组成的单元工程，还应有各桩（孔）或每一工序的质量评定表及相关记录。表中的数据应真实，填写规范，描写具体、准确、客观，用笔规范，没有漏项，评定准确，签证及时。

（二）核查内容

（1）将单元工程的数量，以及有工序单元工程中工序的数量与工序及单元工程施工

质量评定表的数量进行对照检查，对于重要隐蔽单元工程或关键部位的单元工程还应查相关的验收签证记录。

（2）如果工序或单元工程中有检查试验项目的应查检查记录或试验报告。

（三）核查结论

如果工序、单元表格缺漏较多，或数据严重不实，或没有及时身份证等情况，或缺少必要的检查记录或试验报告，则核定该项为“不符合要求”。

二、分部工程、单位工程施工质量评定表

（一）基本要求

每一分部工程应有一张分部工程施工质量评定表和一份分部工程验收鉴定书。每一个单位工程除有一张单位工程施工质量评定表外，还应有外观质量评定表、单位工程施工质量检验与评定资料核查表等记录。

对于重要隐蔽单元工程、关键部位单元工程都应有签证记录，分部工程、单位工程施工质量评定过程记录等也应作为备查资料，不能缺少。

（二）核查内容

核查时，应将分部工程、单位工程的施工质量评定表与质量监督部门确认的项目划分方案中的分部工程和单位工程的数量进行对照，检查质量评定与质量标准的符合性、质评表填写的完整性，相关的验收鉴定书或签证记录及必要的检查记录也一并进行查对，确认是否符合验收规程的要求。

（三）核查结论

如发现分部工程、单位工程施工质量评定表缺漏，或缺少必要的验收签证记录，则核定该项为“不符合要求”。

第四节　工程综合资料的核查

一、质量问题处理记录

（一）基本要求

按照质量问题造成的经济损失情况，界定问题的性质是属于质量事故、质量缺陷、

质量不达标三种中的哪一种，按照规范规定的质量事故报告或质量缺陷备案表程序区别对待、及时整改，落实补救措施。

（二）核查内容

（1）如果发生了质量问题，有无处理记录。

（2）质量问题的界定是否正确，问题原因是否确定，质量责任是否明确，处理方法是否按照有关规定的要求。

（3）处理记录是否完整、真实。

（三）核查结论

如果工程建设中发生了质量事故或出现了质量缺陷，而又没有相应的事故调查分析报告或质量缺陷备案表，则核定该项为“不符合要求”。

二、施工期及工程试运行期观测资料

（一）观测项目

水利水电工程在施工和试运行期间，应对影响建筑物安全和稳定的有关技术指标进行跟踪，以便为验证设计的数据、评价工程施工质量和运行管理提供必要的资料。通常的观测项目包括：裂缝观测、温度观测、变形观测、变位观测、沉降观测、渗漏观测、渗流观测、水位观测、渗透压力观测、流态观测、噪声观测、振动观测、摆度观测等。

（二）核查内容

将设计文件或设计图纸中布设的观测仪器及其技术要求或相关规程规范中要求的观测项目与实际观测记录进行对照检查。

（三）核查结论

如果工程试运行期间，水工建筑物所埋设的观测仪器没有取得初始值，且主要观测指标资料严重不全，则核定该项为“不符合要求”。

参考文献

[1] 袁洁，李华春，朱立柱.水利工程质量与安全监督探索[M].长春：吉林科学技术出版社，2022.

[2] 朱卫东，刘晓芳，孙塘根.水利工程施工与管理[M].武汉：华中科技大学出版社，2022.

[3] 屈风臣，王安，赵树.水利工程设计与施工[M].长春：吉林科学技术出版社，2022.

[4] 丁亮，谢琳琳，卢超.水利工程建设与施工技术[M].长春：吉林科学技术出版社，2022.

[5] 沈英朋，杨喜顺，孙燕飞.水文与水利水电工程的规划研究[M].长春：吉林科学技术出版社，2022.

[6] 尹红莲，庄玲.现代水利工程项目管理[M].第3版.郑州：黄河水利出版社，2022.

[7] 潘运方，黄坚，吴卫红.水利工程建设项目档案质量管理[M].北京：中国水利水电出版社，2021.

[8] 李少元，梁建昌.工程测量[M].北京：机械工业出版社，2021.

[9] 周利军.工程测量实验指导[M].郑州：黄河水利出版社，2021.

[10] 代端明，卢燕芳.建筑水电安装工程识图与算量[M].第2版.重庆：重庆大学出版社，2021.

[11] 蔡晓光.工程地质原位试验教程[M].北京：应急管理出版社，2021.

[12] 赵永前.水利工程施工质量控制与安全管理[M].郑州：黄河水利出版社，2020.

[13] 韩晓琳.水利工程的质量与安全管理[M].长春：吉林大学出版社，2020.

[14] 程令章，唐成方，杨林.水利水电工程规划及质量控制研究[M].北京：文化发展出版社，2020.

[15] 关晓明，张荣贺，陈三潮.水利水电工程外观质量评定办法及方案[M].沈阳：辽宁科学技术出版社，2020.

[16] 谢文鹏，苗兴皓，姜旭民.水利工程施工新技术[M].北京：中国建材工业出版社，2020.

[17] 林雪松，孙志强，付彦鹏.水利工程在水土保持技术中的应用[M].郑州：黄河水利出版社，2020.

[18]闫文涛，张海东，等.水利水电工程施工与项目管理[M].长春：吉林科学技术出版社，2020.
[19]刘勇，郑鹏，王庆.水利工程与公路桥梁施工管理[M].长春：吉林科学技术出版社，2020.
[20]张正禄.工程测量学[M].第3版.武汉：武汉大学出版社，2020.
[21]刘志强，季耀波，孟健婷.水利水电建设项目环境保护与水土保持管理[M].昆明：云南大学出版社，2020.
[22]郑晓燕，李海涛，李洁.土木工程概论[M].北京：中国建材工业出版社，2020.
[23]王伟灵.中小型水利工程质量监督实践与示例[M].北京：中国水利水电出版社，2019.
[24]郭海，彭立前.水利水电混凝土工程单元工程施工质量验收评定表实例及填表说明[M].北京：中国水利水电出版社，2019.
[25]孙玉玥，姬志军，孙剑.水利工程规划与设计[M].长春：吉林科学技术出版社，2019.
[26]刘贞姬，金瑾，龚萍.现代水利工程治理研究[M].北京：中国原子能出版社，2019.
[27]袁俊周，郭磊，王春艳.水利水电工程与管理研究[M].郑州：黄河水利出版社，2019.
[28]高喜永，段玉洁，于勉.水利工程施工技术与管理[M].长春：吉林科学技术出版社，2019.
[29]姬志军，邓世顺.水利工程与施工管理[M].哈尔滨：哈尔滨地图出版社，2019.
[30]贺芳丁，刘荣钊，马成远.水利工程施工设计优化研究[M].长春：吉林科学技术出版社，2019.
[31]高明强，曾政，王波.水利水电工程施工技术研究[M].延吉：延边大学出版社，2019.
[32]刘景才，赵晓光，李璇.水资源开发与水利工程建设[M].长春：吉林科学技术出版社，2019.
[33]张云鹏，戚立强.水利工程地基处理[M].北京：中国建材工业出版社，2019.
[34]程伟.工程质量控制与技术[M].郑州：黄河水利出版社，2019.
[35]陈雪艳.水利工程施工与管理以及金属结构全过程技术[M].北京：中国大地出版社，2019.
[36]曹广稳.水利工程质量管理研究[M].北京：中国国际广播出版社，2018.
[37]贾洪彪.水利水电工程地质[M].武汉：中国地质大学出版社，2018.
[38]王海雷，王力，李忠才.水利工程管理与施工技术[M].北京：九州出版社，2018.
[39]魏温芝，任菲，袁波.水利水电工程与施工[M].北京：北京工业大学出版社，2018.
[40]孙三民，李志刚，邱春.水利工程测量[M].天津：天津科学技术出版社，2018.